金属材料塑性变形晶体学

毛卫民 著

科学出版社

北 京

内 容 简 介

本书在金属塑性变形晶体学理论的基础上，以最新的理论发展为背景，详细阐述了各种内、外载荷应力作用下金属塑性变形的基本晶体学行为及其与晶体学塑性变形系组合开动之间的密切关系。本书介绍了塑性变形晶体学行为的定量计算方法，指出了当今金属塑性变形晶体学在理论和实践中存在的不足，提出了以金属多晶体晶粒间力学交互作用为基础的新型塑性变形晶体学理论。本书分别以面心立方金属、体心立方金属、密排六方金属的塑性变形过程为实例，详述了塑性变形晶体学理论在揭示不同金属塑性变形晶体学过程以及预测和控制金属制品晶体学各向异性等方面的实际应用。

本书可作为高等学校材料科学与工程专业的选修课教材，也可为金属塑性加工领域的科研人员提供基础理论支撑，为相关领域工程技术人员的技术改进提供参考。

图书在版编目（CIP）数据

金属材料塑性变形晶体学/毛卫民著. —北京：科学出版社，2022.4
ISBN 978-7-03-072030-6

Ⅰ. ①金…　Ⅱ. ①毛…　Ⅲ. ①金属材料-塑性变形-晶体学-研究生-教材　Ⅳ. ①TG111.7

中国版本图书馆 CIP 数据核字（2022）第 054922 号

责任编辑：侯晓敏　李丽娇 / 责任校对：杨　赛
责任印制：吴兆东 / 封面设计：迷底书装

科学出版社 出版
北京东黄城根北街 16 号
邮政编码：100717
http://www.sciencep.com
北京中石油彩色印刷有限责任公司印刷
科学出版社发行　各地新华书店经销
*
2022 年 4 月第　一　版　开本：720×1000　1/16
2024 年 6 月第四次印刷　印张：11 1/2
字数：225 000

定价：68.00 元

（如有印装质量问题，我社负责调换）

前　　言

多数金属工程材料都需要经历塑性变形加工，因此金属的塑性变形理论往往是材料科学与工程专业研究生需要掌握的基础知识。传统的塑性变形理论课程多侧重于变形金属宏观力学的弹塑性原理。金属工程材料通常是多晶体材料，其塑性变形的本质行为是在宏观外力作用下的复杂晶体学过程，塑性变形对变形金属性能的进一步改进，尤其是对各向异性的控制有独特的作用。然而，相关晶体学原理迄今尚未充分融入现有塑性变形理论的教学中，也未见相关的教材和著作；同时，现代金属加工工业越来越重视塑性变形晶体学原理在改进产品性能和开发新产品方面的关键性作用。鉴于此，作者编写了材料科学与工程专业研究生“金属材料塑性变形晶体学”课程的相关教材。

作者自 20 世纪 80 年代以来一直从事金属塑性变形晶体学理论的研究，并以此为基础开展了多种以充分利用晶体各向异性为目标的新型金属产品的研究和开发，积累了大量的研究成果和工程经历。众多的研究表明，早期泰勒为金属塑性变形提供的晶体学原则在理论上和实践上都是不完善或不正确的，因而在一定程度上使当今宏观晶体学理论的发展陷入了瓶颈。作者在长期的探索和研究过程中，以与世界各地的专家、学者持续不断的交流、探讨为基础，放弃了泰勒的晶体学原则，进而提出并逐步完善了以多晶体晶粒间力学交互作用为基础的新型塑性变形晶体学理论。新理论具备简单、自然、直观、合理、不预设主观前提、符合微观晶体学各种定律、适合工程应用等众多特征，克服了泰勒晶体学原则存在的理论缺陷；且经实践证明，新理论适用于描述各种不同晶体结构金属材料的塑性变形晶体学过程，有助于借助塑性变形过程控制金属材料晶体学各向异性的产生、转变和调整。基于多年研究的理论和实践成果，作者编写了本书以奉献给广大读者。希望本书能为金属材料的科学研究和高等学校的教学提供一定的参考、借鉴和启发，也希望能为金属塑性加工生产企业的新加工技术发展、新产品的开发研究，以及塑性加工生产工艺的制定和调整提供一定的支持。

在本书涉及理论研究的早期，北京科技大学余永宁教授参与了相关研究，并提供了重要的指导和建议。丹麦原 Risø 国家实验室 Leffers 博士早期为作者提供了多次学术交流的机会，协助作者拓展思路，为相关理论的发展提供了有力支持。

比利时天主教鲁汶大学 van Houtte 教授多次与作者就相关问题做学术探讨，并提出了研究建议。海德鲁铝业集团德国波恩铝研究开发中心 Engler 教授积极为作者提供协助，利用不同理论为作者计算金属材料织构，并提供交流机会。北京科技大学解清阁博士与作者多次交流探讨，也向作者提供了相应的理论计算结果。加拿大魁北克大学希库蒂米分校陈晓光教授、挪威科技大学李彦军教授、德国弗劳恩霍夫材料力学研究所孙东志博士、美国韦恩州立大学吴昕教授等均多次邀请作者就相关理论进行交流和探讨。北京科技大学杨平教授长期就相关研究与作者合作，尤其在密排六方金属塑性变形行为方面与作者进行了非常有益的分析与探讨。内蒙古科技大学李一鸣博士为本书涉及的内容提供了多方的实验数据和技术支持。内蒙古科技大学任慧平教授参与本书所涉及塑性变形理论的研究，并提供了多方面的科研支持。作者在此对以上各位学者表达深深的感谢！

作者感谢内蒙古科技大学材料与冶金学院(稀土学院)、内蒙古科技大学工业技术研究院、内蒙古自治区新金属材料重点实验室等对本书编写工作的支持、协调和资助。本书所涉及的理论研究得到了国家自然科学基金资助项目(批准号：50171014，51571024，51761033)的资助。本书的出版得到了内蒙古自治区科技重大专项“白云鄂博矿铌钛资源在高附加值钢材生产中高效应用的技术集成”(项目编号：ZDZX2018032)、内蒙古自治区“草原英才”工程“优势资源高性能金属材料研究与开发科技创新团队”、省部共建 “白云鄂博共伴生矿资源高效综合利用协同创新中心”等项目和部门的资助。

由于作者的学识水平有限，书中不妥之处在所难免，恳请广大读者给予指正。

作　者
2021 年 11 月

目　　录

第 1 章　塑性变形的金属学基础

大多数工程用多晶体金属材料需经历变形加工。在足够高的外载荷作用下，金属会改变其外部形状，且当外载荷被去除后金属无法再恢复其原始的外部形状，即其外部形状的改变被永久性地保留下来，这种变形显然不属于弹性变形，称为塑性变形。良好的塑性是金属材料区别于非金属材料的核心特征之一。塑性变形加工往往也是金属材料制备过程中难以避免的技术环节。塑性变形不仅改变了金属的外部形状，而且其内部的微观组织和相应力学性能也会发生复杂的变化。由此可见，塑性变形过程是调整金属材料内部组织结构和服役性能的重要工艺过程。绝大多数金属材料都具备特定的晶体结构，为便于阐述金属塑性变形的基本晶体学原理，需先简述相应的金属学基础。

1.1　晶体学塑性变形系

1.1.1　金属晶体塑性变形的微观行为

如图 1.1(a)所示，设完整金属晶体中有某组规则排列的水平原子面，面上原子垂直向上的排列位置完全一致，且面间距为 a；在外部切应力 τ 的作用下，一晶面及其上面的原子在发生相对滑动的过程中需要同时克服两原子面间所有原子之间的键合力而做功[图 1.1(b)]。当原子面上的原子滑动一个原子间距 b 后，原子面又会到达新的平衡位置，使原子规则排列的初始晶体结构得以保持[图 1.1(c)]。继续滑动时，上述过程会不断重复发生。图 1.1(b)显示滑动半个原子间距 $b/2$ 时原子面处于亚稳平衡位置，此时初始晶体结构遭受了局部扰动，因而结构变得不稳定。

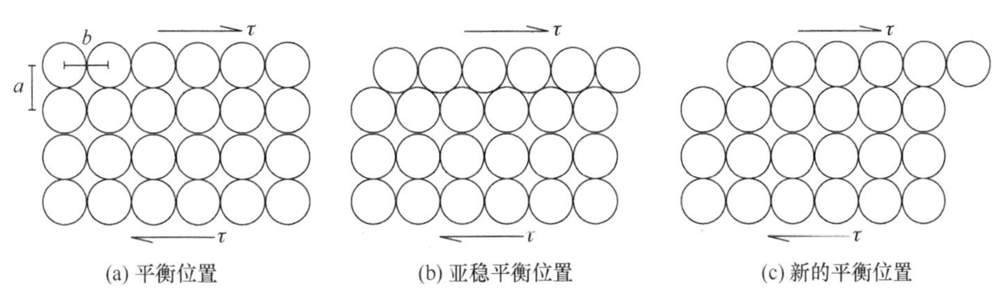

图 1.1　金属晶体原子面相对滑动过程示意图

原子面可以继续滑动到图 1.1(c)的平衡位置，也可以反向滑动回到图 1.1(a)的平衡位置。图 1.1(c)所示滑动后实现的平衡状态虽然以造成切应变 δ_s 的形式永久性改变了滑动区的几何外形，但并未改变原来的晶体结构。

在外部切应力 τ 的作用下也会发生大量金属原子的集体性切变运动。设完整金属晶体中有某组规则排列的原子面，如图 1.2 中虚线所示。虚线面右上侧所有原子各自沿与虚线面平行的面做集体切变运动，即运动的原子从原来的白圈位置移动到了灰圈的位置。在平行于虚线面的相邻灰色原子面之间，每个原子的相对移动矢量相同，切变运动导致了运动原子区域产生切应变 δ_t。切变运动完成后永久性改变了运动区域的几何外形，但并未改变原来的晶体结构；灰原子区的晶体结构与未发生切变运动的黑原子区完全一致，只是相对于黑原子所代表的初始状态发生了转角为 θ 的旋转(图 1.2)，使原 ***A***、***B*** 方向转到 ***A′***、***B′***；此时灰原子区与黑原子区沿虚线面呈镜面对称，形似孪生；灰原子为切变区，黑原子为未发生切变区。形成镜面对称的两部分晶体也称为孪晶，分割两部分晶体的对称镜面称为孪晶界面，或孪晶界。

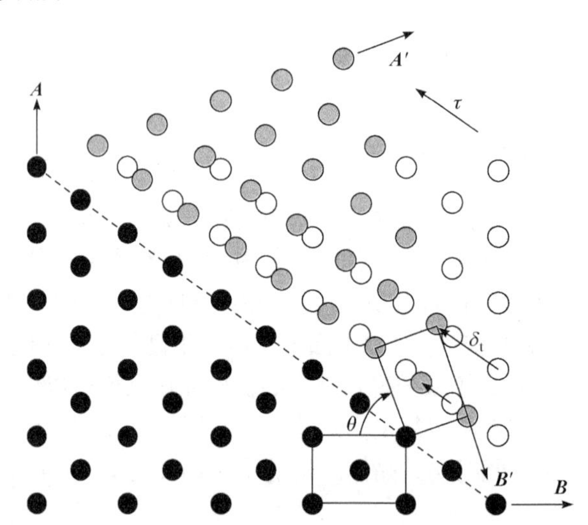

图 1.2　金属晶体中切应力 τ 导致部分原子的切变运动示意图

在外力作用下，金属永久改变其几何外形的现象称为塑性变形。图 1.1 和图 1.2 展示的是金属塑性变形的典型微观行为，前者借助金属中位错的滑移实现，后者则称为机械孪生。金属发生塑性变形前后，其几何形状虽然发生了变化，但其基本的晶体结构却保持不变。金属晶体中实现塑性变形的晶体学微观机制主要涉及位错的滑移及机械孪生，具体实现变形的滑移系和孪生系可统称为晶体学塑性变形系，简称塑性变形系。

1.1.2　金属晶体中的位错

在常规的金属晶体结构中不可避免地存在不同数量的位错，属于线型一维尺度的晶体缺陷。图 1.3 为用透射电子显微镜观察到的高纯铝薄膜中的线型位错影像[1]，可以观察到一些位错线互相交割、连接。

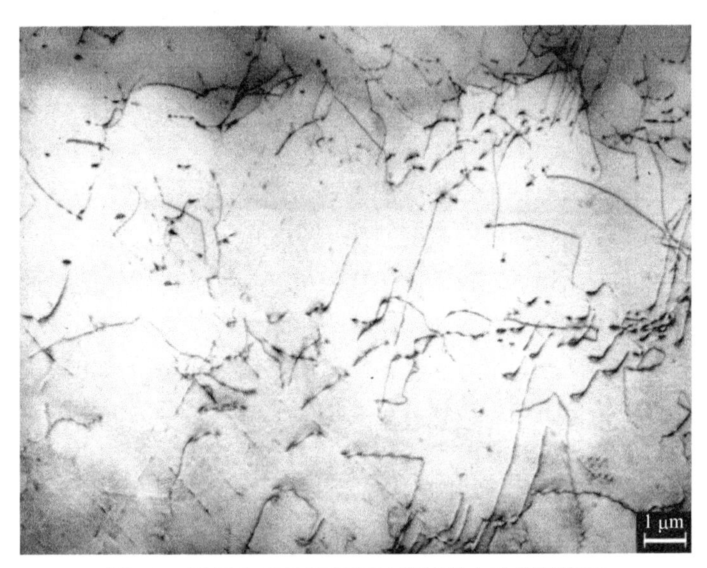

图 1.3　透射电子显微镜下的高纯铝中的线型位错

在位错周围有一个畸变区，且只在一维方向上有很大的尺度，与其垂直的其他两维尺度则非常小，通常只涉及几个原子的距离。位错很大尺度的方向被视为位错线的方向，用矢量 $\boldsymbol{l}$ 表示，称为位错线方向矢量。位错线不会在晶体内部有端点，它或者形成某种形式的封闭位错线，或者结束于晶体表面或内部界面。当金属晶体中存在位错时，晶体的滑移并非通过滑动面上下两部分晶体同时地、整体地刚性滑动，而是通过在切应力作用下借助原子排列局部不规则的位错在滑动面上逐步迁移来实现(图 1.4)[2]，称为滑移，提供给位错实施滑移的面称为滑移面，用单位矢量 $\boldsymbol{n}$ 表示其法向矢量；滑移面通常是晶体的最密排面。位错滑移时滑移面上下两层相邻原子面间的原子键合不是同时被整体破坏，而是一列一列地按顺序依次被破坏，因此滑移所需的切应力也就大大降低。

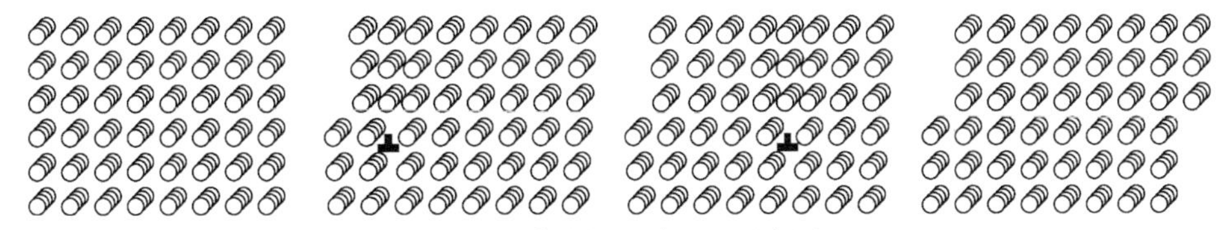

图 1.4　位错的滑移过程示意图

位错主要分为两种基本形式：一种是刃位错，另一种是螺位错，分别如图 1.5(a)、(b)所示[3]。其中刃位错附近，垂直于如图 1.4 所示滑移面的原子面在滑移面上、下的数目不相同，一侧多出了一个原子面，称为多余半原子面；螺位错中则没有这个面。如果人为定义出位错线单位矢量 $\boldsymbol{l}$ 的正向，在距离位错线足够远并达到几乎完整晶体的地方绕位错线 $\boldsymbol{l}$ 方向以原子的完整间距为步长做右旋闭合回路[图 1.5(a)和(b)]，称为柏氏回路；然后在完整晶体中以原子的完整间距为步长做相同的回路后，它必然是不闭合的[图 1.5(c)]。这个不闭合回路的终点(回路箭头)指向起点(小圆圈)的矢量称为柏氏矢量，其长度为 b，用矢量 $\boldsymbol{B}$ 表示，通常沿晶体的最密排方向；柏氏矢量的单位矢量用滑移矢量 $\boldsymbol{b}$ 表示，其长度为 1。柏氏矢量反映了晶体结构中位错线周围的畸变情况。图 1.5(c)分别对照图 1.5(a)和(b)，利用柏氏回路确定出了刃位错和螺位错的柏氏矢量。不同类型位错的特征可以通过滑移矢量 $\boldsymbol{b}$ 和位错线方向矢量 $\boldsymbol{l}$ 表达出来。刃位错的矢量 $\boldsymbol{b}$ 和矢量 $\boldsymbol{l}$ 互相垂直，螺位错的矢量 $\boldsymbol{b}$ 和矢量 $\boldsymbol{l}$ 互相平行。其他形式的位错大多可分解出刃位错分量和螺位错分量。由刃位错分量与螺位错分量叠加而成的位错称为混型位错，混型位错的矢量 $\boldsymbol{b}$ 和矢量 $\boldsymbol{l}$ 互相既不垂直，也不平行[图 1.5(d)]。

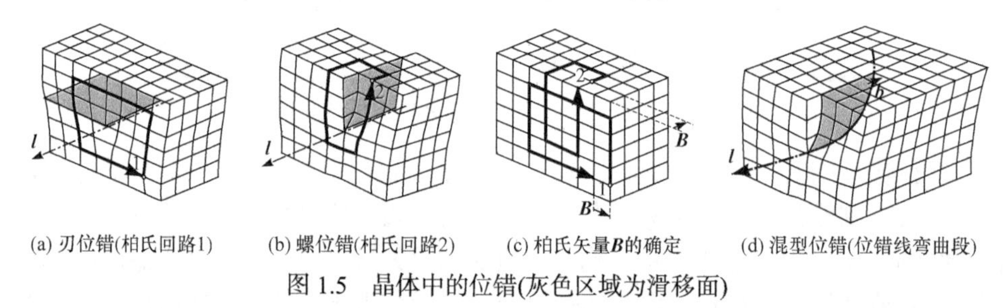

(a) 刃位错(柏氏回路1)　(b) 螺位错(柏氏回路2)　(c) 柏氏矢量B的确定　(d) 混型位错(位错线弯曲段)

图 1.5　晶体中的位错(灰色区域为滑移面)

一根位错线可以在晶体中以弯曲的形式延伸分布，只要不与其他位错线交割，就有唯一的柏氏矢量 $\boldsymbol{B}$ 和滑移矢量 $\boldsymbol{b}$[图 1.5(d)]。因此，随着位错线的弯曲变化，位错的刃型、螺型特征也会发生改变。当晶体中出现几根位错线合并成一根位错线或一根位错线分解成几根位错线的现象时，合一的位错线柏氏矢量是这几根位错线尚未合一时的柏氏矢量之和。柏氏矢量表征了位错所引起的错排原子间相对位移的方向及位移总量的大小。推动位错滑移的正、负切应力可以使位错分别向正、反两个相反的方向滑移。一根位错线在其滑移面上沿柏氏矢量方向滑移，则滑移面法向矢量 $\boldsymbol{n}$ 和滑移矢量 $\boldsymbol{b}$ 就构成了一个滑移系。由图 1.5 可知，无论位错线的方向矢量 $\boldsymbol{l}$ 朝向如何，也无论位错线的迁移方向如何，滑移过程所造成晶体滑移面上下实际的相对移动方向始终是柏氏矢量方向。

图 1.6(a)给出钴单晶体室温变形后用扫描电子显微镜在其表面观察到的滑移

现象。在切应力作用下单晶钴内一个滑移系开动后，在该滑移系的滑移面上可以有多个滑移系依次开动并顺序迁移扫过滑移面，当滑移系迁移出晶体后会在晶体表面留下线型痕迹，称为滑移线；紧邻该滑移面并与其平行的滑移面上也会有多个滑移系扫过，并溢出晶体表面；多个密集靠近的滑移线形成的区域称为滑移带[图 1.6(b)][4]。类似的互相平行的许多滑移带会不均匀地出现在变形金属晶体内。设一个滑移带内多个滑移系扫过后在柏氏矢量方向上累积的总滑移量平均为 Δs，滑移带的平均间距为 l，则滑移系开动造成金属晶体的切应变约为 δ_s：

$$\delta_s = \frac{\Delta s}{l} \tag{1.1}$$

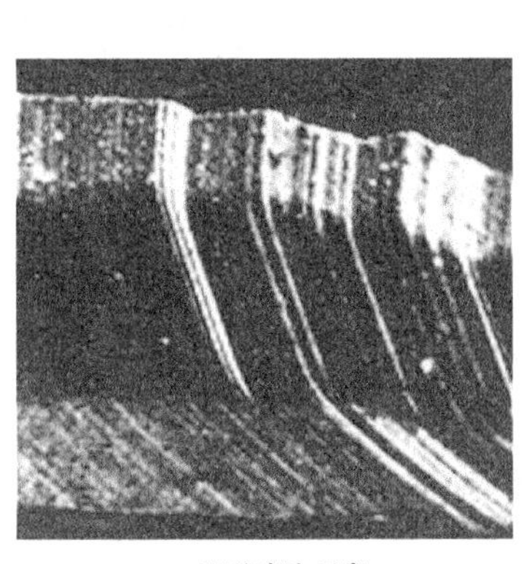

(a) 滑移痕迹观察

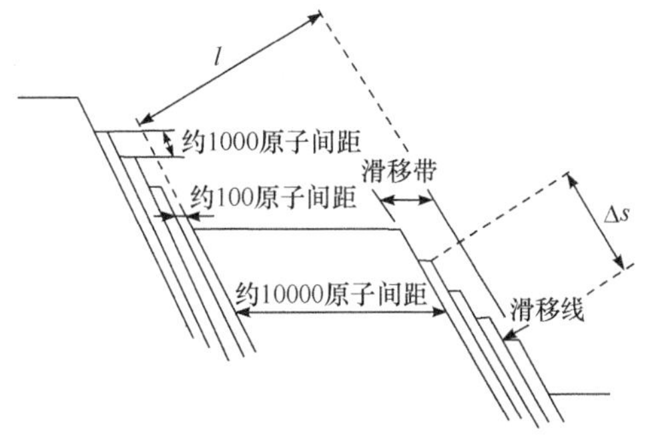

(b) 滑移线与滑移带分析

图 1.6　室温变形钴单晶体表面滑移

1.1.3　金属晶体中的机械孪生与孪晶

在切应力作用下，晶体材料可能会借助机械孪生机制实现塑性变形(图 1.7)。图 1.7 给出了在纯锌和纯铁塑性变形过程中观察到机械孪生造成的组织形貌[5]。图 1.8 是在铜中观察到的孪晶界高分辨电子显微镜照片，在不同类型金属晶体结构中也会有孪晶和孪晶界出现[4]。

在切应力 τ 作用下发生机械孪生时，晶体中特定晶面一侧的原子沿该晶面的一特定方向发生切变运动，称为切变晶体，而晶面另一侧的原子保持不动，称为母晶体。该特定晶面称为孪生面，用 K_1 表示，其法向单位矢量为 $\boldsymbol{K}_1$。机械孪生完成前后孪生面上的原子位置没有发生任何变化，因此 K_1 面称为第一不畸变面。孪生面上原子切变运动的方向称为孪生方向，用 $\boldsymbol{\eta}_1$ 表示[6]，其单位方向矢量为 $\boldsymbol{\eta}_1$[图 1.9(a)]。机械孪生完成后晶体仍保持原结构不变，孪生面两侧的原子呈镜面对称。一个孪生面与其上的孪生方向构成一个机械孪生系，简称孪生系；与滑移面及滑移方向组成滑移系的方式类似。

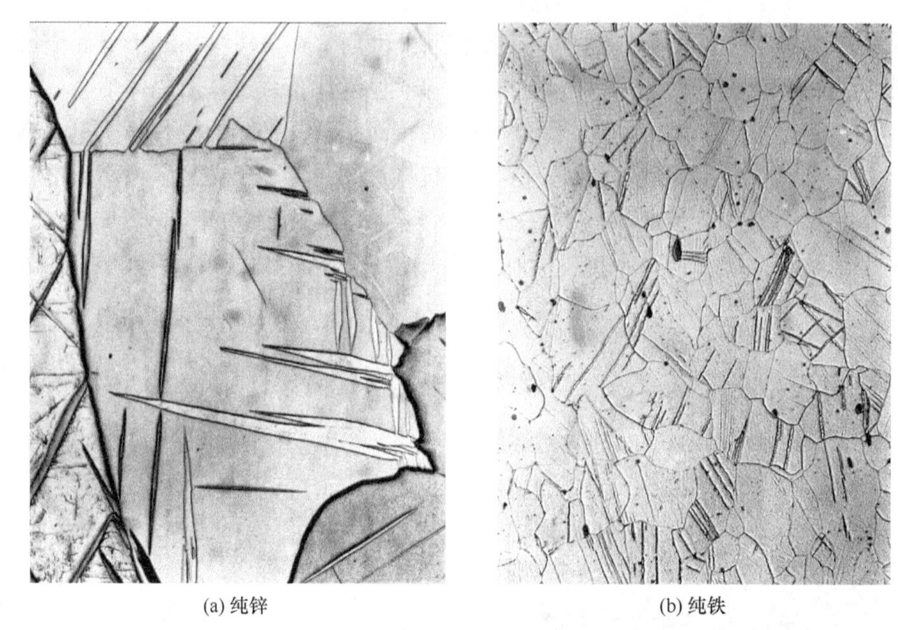

(a) 纯锌　　(b) 纯铁

图 1.7　塑性变形机械孪生组织

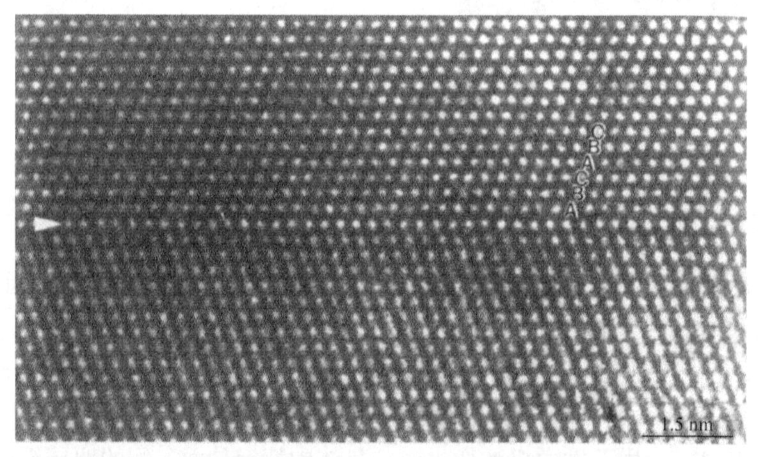

图 1.8　在铜中观察到的水平孪晶界及上下呈镜面对称的孪晶

如图 1.9(b)所示，在机械孪生发生前，即将做切变运动的那些区域中还存在一个 K_2 面；切变运动完成后 K_2 面到达了新位置。机械孪生过程中做切变运动的原子之间的位置会发生规律性的变化，但 K_2 面上原子之间的相对位置没有发生任何变化，因此 K_2 面称为第二不畸变面。不同金属的 K_1 面、K_2 面和 $\boldsymbol{\eta}_1$ 方向都是已知的。令 ω 为 K_1 面和 K_2 面的夹角，则机械孪生造成的切应变 δ_{t} 为(一些文献中也用 S 表示)

$$\delta_{\mathrm{t}} = 2\cot\omega \tag{1.2}$$

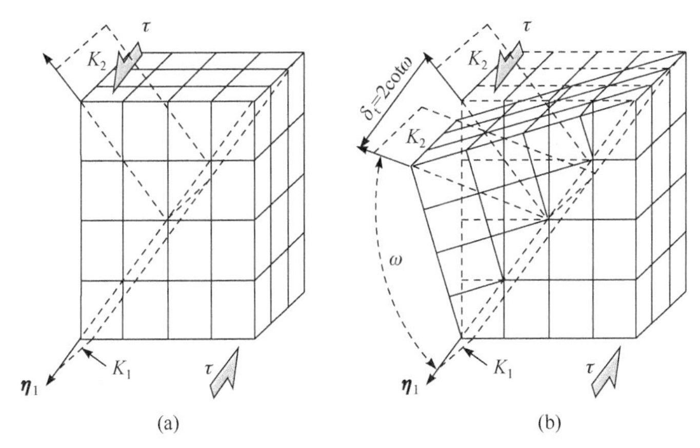

图 1.9　晶体机械孪生的晶面晶向几何关系

孪生系开动与滑移系开动所造成的切应变有几点重要差异。在同一滑移面上，同样的滑移系可以不断地扫过，并持续累积滑移量Δs，因此可以实现不同水平的切应变[参见式(1.1)]。而孪生系的开动只能是一次性的，一旦开动则同一孪生系不能再开动，因此孪生造成的切应变一定是一个固定值[参见式(1.2)]，无法连续累积。依照切应力的作用方向，滑移面上的滑移系可以在正反两个与切应力一致的方向上开动，造成不同的切应变；而孪生系只能在确定的一个方向上，即沿$\boldsymbol{\eta}_1$方向造成切变，原则上即使承受反向的切应力也无法实现反向的切变。

密排六方金属中机械孪生开动导致原子改变位置时会造成沿母晶体[0001]方向的正应变。参照式(1.2)，$\omega<90°$时该正应变为正值，孪生容易在[0001]方向有拉应力分量的情况下开动，称为拉伸孪生；$\omega>90°$时该正应变为负值，孪生容易在[0001]方向有压应力分量的情况下开动，称为压缩孪生[7]。这里指的是扣除静压力后的正应力(参见 2.3.2 节)。

1.1.4　塑性变形系的受力分析

设某种外加应力场作用到一金属晶体上并推动了晶体内滑移系的开动，如果该外加应力场转化成滑移面上沿垂直于位错线方向的推动力，且使长度为 L 的位错线在滑移面上移动了 dS 距离；用τ表示沿柏氏矢量 $\boldsymbol{B}$ 方向的切应力，则其作用面积(图 1.10 灰色区)为 $L\cdot \mathrm{d}S$，作用总力为$\tau\cdot L\cdot \mathrm{d}S$。滑移系开动后位错线扫过区域的两侧原子面相对移动的距离为柏氏矢量 $\boldsymbol{B}$ 的长度 b，因此外力对位错滑移做功为$\tau\cdot L\cdot \mathrm{d}S\cdot b$。设单位长度位错线受到垂直于位错线的推动力为 f，则 L 长位错线受力为$f\cdot L$，位错线滑移 dS 消耗的能量为$f\cdot L\cdot \mathrm{d}S$。根据能量守恒原理，外力对位错滑移做功与位错线滑移消耗的能量相等，因此有

$$f\cdot L\cdot \mathrm{d}S=\tau\cdot b\cdot L\cdot \mathrm{d}S \quad 或 \quad f=\tau\cdot b \tag{1.3}$$

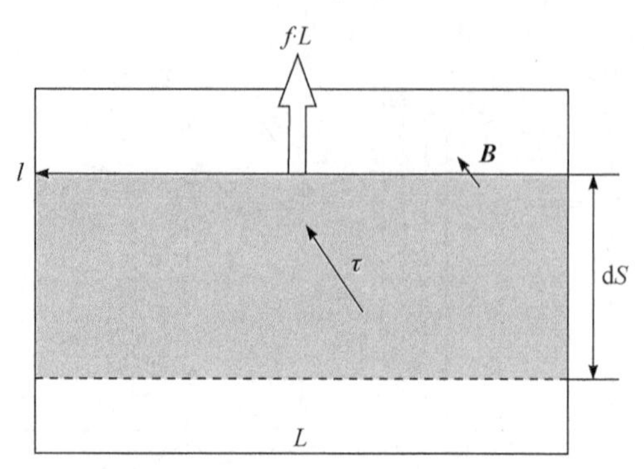

图 1.10　滑移系受力分析示意图

可以看出，在切应力τ不变的情况下，柏氏矢量的长度 b 越长，则承受的滑移推动力 f 越大。对滑移系来说，滑移面上推动位错线迁移的推动力 f 永远垂直于位错线，且位错线会沿推动力 f 的方向迁移。但是分析塑性变形系所承受的切应力时，只需要计算外应力场造成滑移面(法向矢量为 $\boldsymbol{n}$)上沿滑移方向 $\boldsymbol{b}$ 的分切应力，或孪生面(法向矢量为 $\boldsymbol{K}_1$)上沿孪生方向 $\boldsymbol{\eta}_1$ 的分切应力。在外部施加力学载荷时，在变形金属内部各处产生的应力统称为来自外部的应力，简称外应力。

切应力推动金属晶体内原子按照特定规则滑动或集体性切变运动需要一定程度地克服原子之间的键合力，因此只有在达到特定临界值的外来切应力的作用下才可能推动一个塑性变形系开动。也就是说，当所承受的外部载荷达到所需的特定水平后，金属才会发生塑性变形。加载到金属表面的外载荷力会传递到变形金属的每一个微区部位。设想变形金属的某一个微区处于由 x_1、x_2、x_3 3 个互相垂直且相交的矢量组成的空间直角坐标系内，微区内一个滑移系的滑移面法向矢量和滑移矢量分别为 $\boldsymbol{n}$ 和 $\boldsymbol{b}$(参见图 1.11 影线面)，则这个微区和滑移系所承受的应力张量$[\sigma_{ij}]$通常表达为

$$[\sigma_{ij}]=\begin{bmatrix}\sigma_{11} & \sigma_{12} & \sigma_{13}\\ \sigma_{21} & \sigma_{22} & \sigma_{23}\\ \sigma_{31} & \sigma_{32} & \sigma_{33}\end{bmatrix} \tag{1.4}$$

式中，下标 $i=j$ 时表示正应力，$i\neq j$ 时表示切应力，且有 $\sigma_{ij}=\sigma_{ji}$。无外载荷的情况下，外部作用造成的应力恒有 $\sigma_{ij}=0$。

如果微区在 x_1 向承受了一个拉应力$\sigma_{11}>0$，则滑移面上滑移系所承受沿滑移矢量 $\boldsymbol{b}$ 的滑移切应力τ为$\sigma_{11}\cos\varphi_{11}\cos\theta_{11}$，其中$\varphi_{11}$和 θ_{11} 分别为 x_1 向与滑移面法向矢量 $\boldsymbol{n}$ 和与滑移矢量 $\boldsymbol{b}$ 的夹角；如果微区在 x_3 向承受了一个压应力$\sigma_{33}<0$，则滑移系所承受的这个切应力τ为$\sigma_{33}\cos\varphi_{33}\cos\theta_{33}$，其中$\varphi_{33}$和 θ_{33} 分别为 x_3 向与滑移面法向矢量 $\boldsymbol{n}$ 和与滑移矢量 $\boldsymbol{b}$ 的夹角(图 1.11)。如果σ_{11}和σ_{33}同时作用于该滑移系，且 $\boldsymbol{x}_1$ 和 $\boldsymbol{x}_3$ 分别为单位矢量，则有

$$\tau = \sigma_{11}\cos\varphi_{11}\cos\theta_{11} + \sigma_{33}\cos\varphi_{33}\cos\theta_{33} = \sigma_{11}(\boldsymbol{x}_1\cdot\boldsymbol{n})(\boldsymbol{x}_1\cdot\boldsymbol{b}) + \sigma_{33}(\boldsymbol{x}_3\cdot\boldsymbol{n})(\boldsymbol{x}_3\cdot\boldsymbol{b}) \tag{1.5}$$

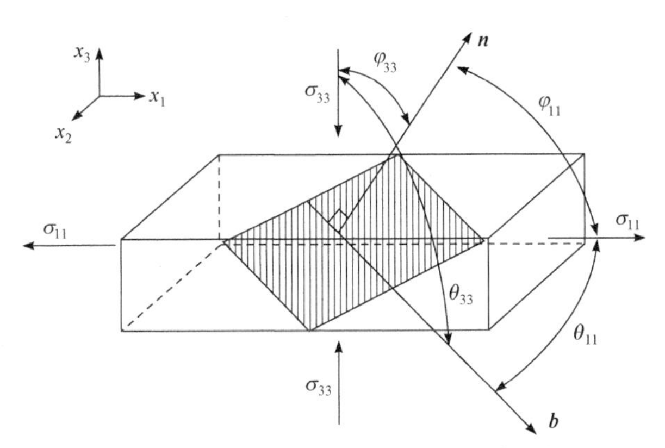

图 1.11　变形金属微区内一滑移系的受力分析

推动滑移系开动的切应力τ上升到可以克服滑移阻力的临界值τ_c时，滑移系就会开始滑移，这一现象称为临界分切应力定律；滑移系开动所需要的最小分切应力τ_c称为临界分切应力。通常，在变形温度和变形速度不变，以及塑性变形初期时，临界分切应力是一个常数。单一在x_1向承受拉应力σ_{11}时，临界分切应力定律表现为

$$\tau_c = \sigma_{11}\cos\varphi_{11}\cos\theta_{11} = \sigma_{11}\mu = \sigma_s\mu \tag{1.6}$$

式中，μ为塑性变形系的施密特(Schmidt)因子，或取向因子；σ_s为使金属晶体开始塑性变形的拉伸屈服应力。参照图 1.11 所示的几何关系可知，当变形金属微区发生偏转时，滑移系与外力的几何关系会随之改变，进而导致取向因子μ的起伏变化。临界分切应力定律限定临界分切应力τ_c是一个常数，因此μ的提高会造成拉伸屈服应力σ_s的降低，反之亦然。

图 1.12 给出了高纯锌单晶体在拉伸变形条件下滑移系开动时的拉伸屈服应力σ_s与取向因子μ的关系[3,5]，结果显示出在单晶体受力方向不断变化的情况下，σ_s与μ的关系基本符合式(1.6)给出的临界分切应力定律。临界分切应力定律显示，虽然临界分切应力是常数,但促使金属开始塑性变形的拉伸屈服应力并不是常数;外力加载方向与滑移面及滑移矢量的几何关系对真实屈服应力有明显影响。如果晶粒的取向因子较高且接近μ可能取值范围的上限，则晶粒的屈服应力比较低，因而其取向称为软取向(图 1.12 右侧)；而取向因子很低时，相应的屈服应力很高，因而称为硬取向(图 1.12 左侧)。

实际上，式(1.4)中应力张量$[\sigma_{ij}]$中每个非零应力分量都会对推动滑移系开动的分切应力τ以及促进达到τ_c值有贡献，第 3 章将详细阐述具体的计算方法。另

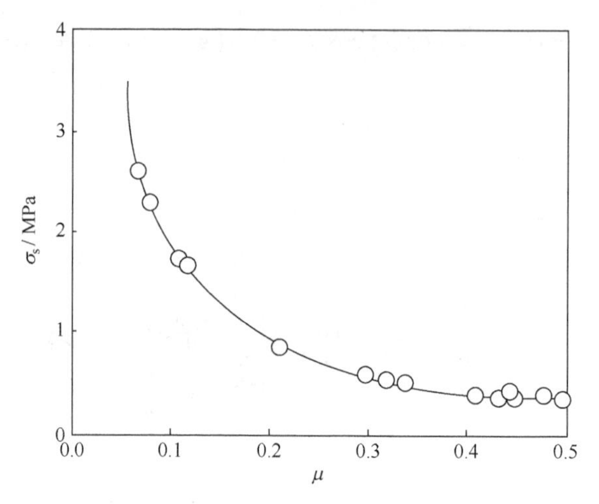

图 1.12　高纯锌单晶体滑移系开动时屈服应力σ_s与取向因子μ的关系($\tau_c = 0.18$ MPa)

外，推动孪生系开动也涉及临界分切应力的类似问题，即机械孪生临界分切应力。相应的分析与滑移系开动类似，只要把滑移面法向矢量 $\boldsymbol{n}$ 换成孪生面法向矢量 $\boldsymbol{K}_1$，把滑移矢量 $\boldsymbol{b}$ 换成孪生方向矢量 $\boldsymbol{\eta}_1$，其余的分析与上述对滑移的分析相同。特定条件下孪生临界分切应力也是常数，外力加载方向与孪生面及孪生方向的几何关系同样会影响宏观的孪生屈服应力。

1.2　金属塑性变形的晶体学基础

1.2.1　塑性变形系的晶体学参数

通常采用晶面、晶向指数(米勒指数)作为塑性变形系的晶体学参数。对于立方、四方、正交等晶系的金属晶体，其滑移面和滑移方向可以表达为{*hkl*}和<*uvw*>；六方晶系金属晶体的滑移面和滑移方向则应表达为{*hkil*}和<*uvtw*>。表 1.1 列出了常见金属中一些常规滑移系的晶体学参数等。设图 1.11 所示的坐标系为晶体坐标系，即晶体的 *a*、*b*、*c* 分别与参考坐标系的 x_1、x_2、x_3 平行，则根据滑移系的晶体学参数和金属晶体的单胞常数可以在 O-x_1-x_2-x_3 直角参考坐标系中计算如下滑移面法向矢量 $\boldsymbol{n}$ 和滑移矢量 $\boldsymbol{b}$[3,7]：

对立方晶系有

$$\boldsymbol{n} = [n_1 \quad n_2 \quad n_3] = \frac{[h \quad k \quad l]}{\sqrt{h^2 + k^2 + l^2}}; \quad \boldsymbol{b} = [b_1 \quad b_2 \quad b_3] = \frac{[u \quad v \quad w]}{\sqrt{u^2 + v^2 + w^2}} \tag{1.7}$$

对四方晶系有

$$\boldsymbol{n}=\frac{\left[h\quad k\quad \frac{a}{c}l\right]}{\sqrt{h^2+k^2+\frac{a^2}{c^2}l^2}};\quad \boldsymbol{b}=\frac{\left[u\quad v\quad \frac{c}{a}w\right]}{\sqrt{u^2+v^2+\frac{c^2}{a^2}w^2}} \tag{1.8}$$

表 1.1　常见金属中一些常规滑移系的晶体学参数

金属	点阵类型	滑移面 $\{hkl\}$ 或 $\{hkil\}$	滑移方向 $\langle uvw\rangle$ 或 $\langle uvtw\rangle$	滑移系个数	c/a
Cu，Al，Au，Ag，Ni	面心立方	$\{111\}$	$\langle 110\rangle$	24	1
α-Fe，Mo，Nb，Ta，W，Cr，V	体心立方	$\{110\}$ $\{112\}$	$\langle 111\rangle$	24 24	1
Cd	密排六方	$\{0001\}$	$\langle \overline{11}20\rangle$	6	1.886
Zn	密排六方	$\{0001\}$	$\langle \overline{11}20\rangle$	6	1.856
Mg	密排六方	$\{0001\}$ $\{\bar{1}010\}$ $\{10\bar{1}1\}$	$\langle \overline{11}20\rangle$	6 6 12	1.624
Co	密排六方	$\{0001\}$	$\langle \overline{11}20\rangle$	6	1.621
Zr	密排六方	$\{10\bar{1}0\}$ $\{0001\}$	$\langle 11\bar{2}0\rangle$	6 6	1.593
Ti	密排六方	$\{10\bar{1}0\}$ $\{10\bar{1}1\}$ $\{0001\}$	$\langle \overline{11}20\rangle$	6 12 6	1.587
Be	密排六方	$\{0001\}$	$\langle \overline{11}20\rangle$	6	1.568
β-Sn	体心四方	$\{100\}$ $\{110\}$	$\langle 001\rangle$	4 4	0.546
α-U	底心正交	$\{010\}$ $\{001\}$	$\langle 100\rangle$	2 2	1.736

对正交晶系有

$$\boldsymbol{n}=\frac{\left[\frac{h}{a}\quad \frac{k}{b}\quad \frac{l}{c}\right]}{\sqrt{\frac{h^2}{a^2}+\frac{k^2}{b^2}+\frac{l^2}{c^2}}};\quad \boldsymbol{b}=\frac{[ua\quad vb\quad wc]}{\sqrt{u^2a^2+v^2b^2+w^2c^2}} \tag{1.9}$$

六方晶体的晶体学参数通常用 a_1、a_2、a_3、c 四个坐标矢量表达。设如图 1.13(a)

所示，六方晶体 c 与参考坐标系 x_3 向平行，a_2 与参考坐标系 x_2 向平行，a_2 与 c 的矢量积为 x_1 向，则有[3]

$$\boldsymbol{n}=\frac{\left[2h+k\quad \sqrt{3}k\quad \sqrt{3}l\dfrac{a}{c}\right]}{\sqrt{(2h+k)^2c^2+3k^2c^2+3l^2a^2}};\quad \boldsymbol{b}=\frac{\left[\sqrt{3}u+\dfrac{\sqrt{3}}{2}v\quad \dfrac{3}{2}v\quad w\dfrac{c}{a}\right]}{\sqrt{3\left(u+\dfrac{v}{2}\right)^2a^2+\dfrac{9}{4}v^2a^2+w^2c^2}} \tag{1.10}$$

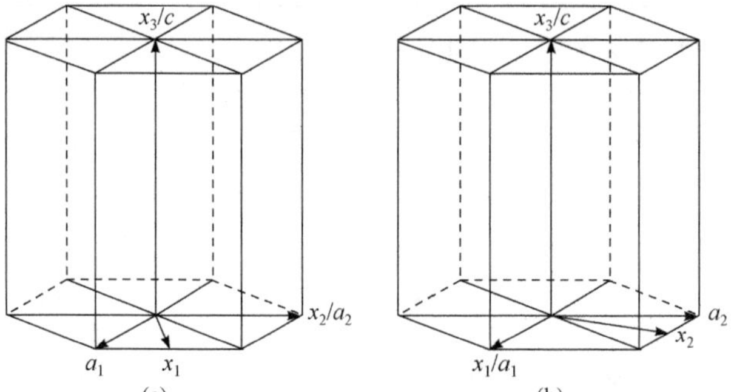

(a)　　(b)

图 1.13　六方晶体坐标系及起始取向的确定

不同金属发生机械孪生时常见孪生的 K_1 和 K_2 面指数以及 $\boldsymbol{\eta}_1$ 米勒指数、孪生系个数等见表 1.2。根据各晶系内晶面间夹角的计算公式[3]以及式(1.2)可计算出各金属晶体孪生系开动后所产生的切应变 δ_t(表 1.2)。

表 1.2　常见金属中孪生系的孪生要素

金属	点阵类型	K_1 孪生面	η_1 孪生方向	δ_t	K_2 不畸变面	孪生系个数
α-Fe	体心立方	$\{112\}$	$<11\bar{1}>$	0.70711	$\{11\bar{2}\}$	12
Cu	面心立方	$\{111\}$	$<11\bar{2}>$	0.70711	$\{11\bar{1}\}$	12
Ni	面心立方	$\{111\}$	$<11\bar{2}>$	0.70711	$\{11\bar{1}\}$	12
Cd	密排六方	$\{10\bar{1}2\}$	$<\bar{1}011>$	0.17020	$\{10\bar{1}\bar{2}\}$	6
Zn	密排六方	$\{10\bar{1}2\}$	$<\bar{1}011>$	0.13865	$\{10\bar{1}\bar{2}\}$	6
Mg	密排六方	$\{10\bar{1}2\}$	$<\bar{1}011>$	0.12922	$\{\bar{1}012\}$	6
		$\{10\bar{1}1\}$	$<10\bar{1}\bar{2}>$	0.13745	$\{10\bar{1}3\}$	6
Co	密排六方	$\{10\bar{1}2\}$	$<\bar{1}011>$	0.13015	$\{\bar{1}012\}$	6
Zr	密排六方	$\{10\bar{1}2\}$	$<\bar{1}011>$	0.16818	$\{\bar{1}012\}$	6
Ti	密排六方	$\{10\bar{1}2\}$	$<\bar{1}011>$	0.17508	$\{\bar{1}012\}$	6

续表

金属	点阵类型	K_1 孪生面	η_1 孪生方向	δ_t	K_2 不畸变面	孪生系个数
Be	密排六方	$\{10\bar{1}2\}$	$<\bar{1}011>$	0.19925	$\{\bar{1}012\}$	6
β-Sn	体心四方	{301}	$<\bar{1}03>$	0.09798	$\{\bar{1}01\}$	4
α-U	底心正交	{130}	$<3\bar{1}0>$	0.29912	$\{1\bar{1}0\}$	2

可利用式(1.7)～式(1.10)计算不同晶系金属孪生系的 K_1 孪生面法向矢量 $\boldsymbol{K}_1$ 和孪生方向矢量 $\boldsymbol{\eta}_1$；此时 $\boldsymbol{n}$ 表示 $\boldsymbol{K}_1$ 方向，$\boldsymbol{b}$ 表示 $\boldsymbol{\eta}_1$ 方向。

1.2.2　金属晶体的取向与多晶体织构

设空间有一 O-x_1-x_2-x_3 直角参考坐标系，称为坐标系 S，即在坐标系 S 中有 $x_1 = [100]_S$、$x_2 = [010]_S$、$x_3 = [001]_S$；同时，有一个与该参考坐标系共用原点的立方晶体坐标系，其坐标轴的排列方式为：[100]晶向平行于 $x_1 = [100]_S$，[010]晶向平行于 $x_2 = [010]_S$，[001]晶向平行于 $x_3 = [001]_S$，且三个晶体方向分别同与之平行的 x_1、x_2、x_3 坐标轴保持同向。把晶体坐标系中各晶体方向在参考坐标系内的这种排布方式称为晶体的起始取向，用 e 表示[图 1.14(a)]。

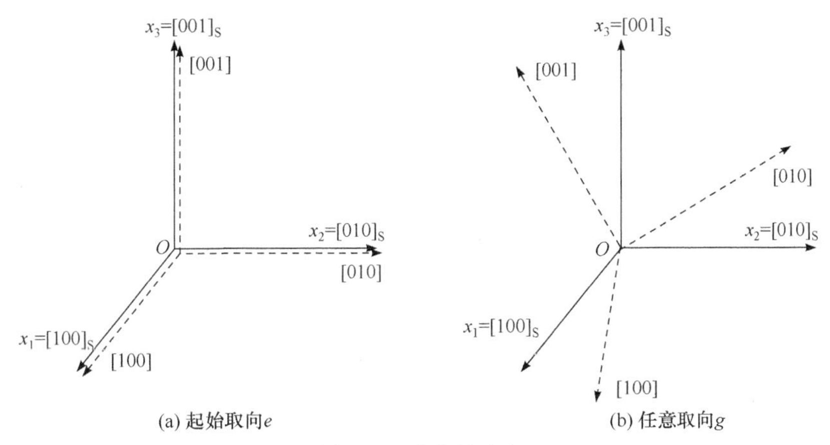

(a) 起始取向e　(b) 任意取向g

图 1.14　取向的确定

将一立方多晶体内的晶粒或任一单晶体放在坐标系 O-x_1-x_2-x_3 内，每个晶粒坐标系的<100>方向通常不具有上述排列，因此它们只有一般的取向，用 g 表示[图 1.14(b)]。如果把一具有起始取向 e 的晶体坐标系做转动，使其与单晶体或多晶体内一晶粒的晶体坐标系重合，这样转动过的晶体坐标系就具有了与之重合的晶体坐标系的取向。综上可知，取向描述了晶体相对于参考坐标系的转动状态。

可以用具有起始取向的晶体坐标系到达实际晶体坐标系时所转动的角度表达该实际晶体的取向。

通常用晶体的某晶面、晶向在参考坐标系中的排布方式来表达晶体的取向，如在上述 $O\text{-}x_1\text{-}x_2\text{-}x_3$ 参考坐标系 S 中用$(hkl)[uvw]$表示立方晶系晶粒的取向。这种晶粒的取向特征为(hkl)晶面平行于以$[001]_S$ 为法线的$(001)_S$ 面，$[uvw]$晶向平行于$[100]_S$ 向。另外，用$[rst] = [hkl]\times[uvw]$表示平行于$[010]_S$ 的晶向，这样就可以构成一个标准正交矩阵。用 g 代表一取向，则有

$$g=\begin{bmatrix} g_{11} & g_{12} & g_{13} \\ g_{21} & g_{22} & g_{23} \\ g_{31} & g_{32} & g_{33} \end{bmatrix}=\begin{bmatrix} u & r & h \\ v & s & k \\ w & t & l \end{bmatrix} \tag{1.11}$$

由式(1.11)可见，晶体取向还表达了晶体坐标轴在参考坐标系内排布的方式。对起始取向 e 有

$$e=\begin{bmatrix} 1 & 0 & 0 \\ 0 & 1 & 0 \\ 0 & 0 & 1 \end{bmatrix} \tag{1.12}$$

从起始取向出发经过适当转动可将参考坐标系 $O\text{-}x_1\text{-}x_2\text{-}x_3$ 转到任意取向的晶体坐标系上，所以也可以用这种转动操作的转角表示晶体取向。图 1.15 给出了从起始取向出发，按φ_1、Φ、φ_2 的顺序所做的三个欧拉转动，以实现任意的晶体取向；转动导致晶体的$[uvw]$方向平行于 x_1 轴，$[rst]$方向平行于 x_2 轴，$[hkl]$方向平行

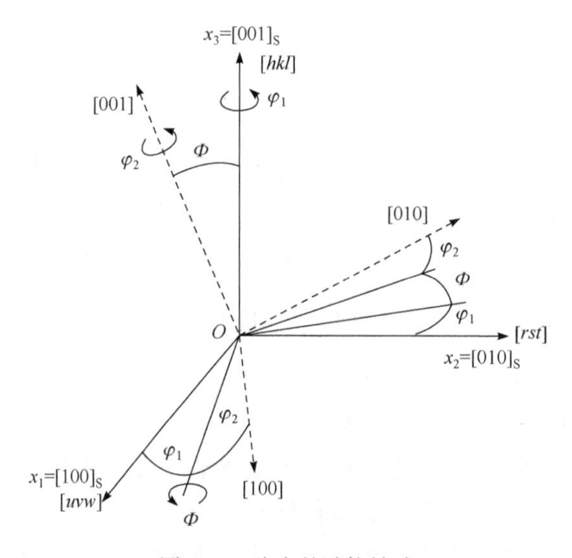

图 1.15　取向的欧拉转动

于 x_3 轴，因此取向 g 可表示为

$$g = (\varphi_1, \Phi, \varphi_2) \tag{1.13}$$

显然对于起始取向 e 有

$$e = (0, 0, 0) \tag{1.14}$$

若用矩阵表示相对于参考坐标系 S 经任意$(\varphi_1, \Phi, \varphi_2)$转动所获得的取向，则有

$$\begin{aligned} g &= \begin{bmatrix} \cos\varphi_2 & \sin\varphi_2 & 0 \\ -\sin\varphi_2 & \cos\varphi_2 & 0 \\ 0 & 0 & 1 \end{bmatrix} \begin{bmatrix} 1 & 0 & 0 \\ 0 & \cos\Phi & \sin\Phi \\ 0 & -\sin\Phi & \cos\Phi \end{bmatrix} \begin{bmatrix} \cos\varphi_1 & \sin\varphi_1 & 0 \\ -\sin\varphi_1 & \cos\varphi_1 & 0 \\ 0 & 0 & 1 \end{bmatrix} \begin{bmatrix} 1 & 0 & 0 \\ 0 & 1 & 0 \\ 0 & 0 & 1 \end{bmatrix}_{\mathrm{S}} \\ &= \begin{bmatrix} \cos\varphi_1\cos\varphi_2 - \sin\varphi_1\sin\varphi_2\cos\Phi & \sin\varphi_1\cos\varphi_2 + \cos\varphi_1\sin\varphi_2\cos\Phi & \sin\varphi_2\sin\Phi \\ -\cos\varphi_1\sin\varphi_2 - \sin\varphi_1\cos\varphi_2\cos\Phi & -\sin\varphi_1\sin\varphi_2 + \cos\varphi_1\cos\varphi_2\cos\Phi & \cos\varphi_2\sin\Phi \\ \sin\varphi_1\sin\Phi & -\cos\varphi_1\sin\Phi & \cos\Phi \end{bmatrix} \\ &= \begin{bmatrix} u & r & h \\ v & s & k \\ w & t & l \end{bmatrix} \end{aligned} \tag{1.15}$$

即有 $x_1 = [100]_{\mathrm{S}}$、$x_2 = [010]_{\mathrm{S}}$ 和 $x_3 = [001]_{\mathrm{S}}$ 分别平行于$[uvw]$、$[rst]$和$[hkl]$，这样就建立了两种取向表达方式的换算关系。式(1.15)中的$\begin{bmatrix} 1 & 0 & 0 \\ 0 & 1 & 0 \\ 0 & 0 & 1 \end{bmatrix}_{\mathrm{S}}$项实际上属于参考坐标系 S 的初始状态,对所需计算的取向结果无影响,因此在通常的表达中往往被忽略。由式(1.11)所示的取向表达方式可知表达式中共有 9 个变量，但这 9 个变量并不都是独立的。由于该矩阵的标准正交特点，其中必有下列 6 个归一以及正交的约束条件，即

$$\begin{gathered} r^2 + s^2 + t^2 = 1,\ h^2 + k^2 + l^2 = 1,\ u^2 + v^2 + w^2 = 1, \\ rh + sk + tl = 0,\ hu + kv + lw = 0,\ ur + vs + wt = 0 \end{gathered} \tag{1.16}$$

由此可见，9 个变量中只可能有 3 个变量是独立的，因此取向的自由度是 3。用欧拉角表达取向时，φ_1、Φ、φ_2 刚好反映出取向的 3 个独立变量。对于非立方晶系的金属晶体，可以根据其 a、b、c 等单胞常数确定取向的米勒指数与欧拉角的关系。

设正交晶体起始取向中 c 与参考坐标系 x_3 向平行，a 与参考坐标系 x_1 向平行(图 1.14)，则可用φ_1、Φ、φ_2 确定正交晶体的取向，且与用$(hkl)[uvw]$表达取向时有如下关系：

$$\begin{bmatrix} \dfrac{ua}{r_{uvw}} & \dfrac{h}{ar_{hkl}} \\ \dfrac{vb}{r_{uvw}} & \dfrac{k}{br_{hkl}} \\ \dfrac{wc}{r_{uvw}} & \dfrac{l}{cr_{hkl}} \end{bmatrix} = \begin{bmatrix} \cos\varphi_1\cos\varphi_2 - \sin\varphi_1\sin\varphi_2\cos\Phi & \sin\varphi_2\sin\Phi \\ -\cos\varphi_1\sin\varphi_2 - \sin\varphi_1\cos\varphi_2\cos\Phi & \cos\varphi_2\sin\Phi \\ \sin\varphi_1\sin\Phi & \cos\Phi \end{bmatrix} \tag{1.17}$$

$$r_{uvw} = \sqrt{u^2a^2 + v^2b^2 + w^2c^2}\ ;\ r_{hkl} = \sqrt{\frac{h^2}{a^2} + \frac{k^2}{b^2} + \frac{l^2}{c^2}}$$

根据式(1.17)可互相换算正交晶体取向$(hkl)[uvw]$和$(\varphi_1,\Phi,\varphi_2)$这两种表达方法，换算结果与 a、b、c 值有关，说明不同正交晶体同一$(\varphi_1,\Phi,\varphi_2)$可能对应着不同的$\{hkl\}\langle uvw\rangle$指数。

设四方晶体起始取向中 c 与参考坐标系 x_3 向平行，a 与参考坐标系 x_1 向平行(图 1.14)，用φ_1、Φ、φ_2 确定四方晶体取向时与用$(hkl)[uvw]$表达取向有如下关系：

$$\begin{bmatrix} \dfrac{u}{r_{uvw}} & \dfrac{h}{r_{hkl}} \\ \dfrac{v}{r_{uvw}} & \dfrac{k}{r_{hkl}} \\ \dfrac{wc}{r_{uvw}a} & \dfrac{la}{r_{hkl}c} \end{bmatrix} = \begin{bmatrix} \cos\varphi_1\cos\varphi_2 - \sin\varphi_1\sin\varphi_2\cos\Phi & \sin\varphi_2\sin\Phi \\ -\cos\varphi_1\sin\varphi_2 - \sin\varphi_1\cos\varphi_2\cos\Phi & \cos\varphi_2\sin\Phi \\ \sin\varphi_1\sin\Phi & \cos\Phi \end{bmatrix} \tag{1.18}$$

$$r_{uvw} = \sqrt{u^2 + v^2 + w^2\frac{c^2}{a^2}}\ ;\ r_{hkl} = \sqrt{h^2 + k^2 + l^2\frac{a^2}{c^2}}$$

根据式(1.18)可互相换算四方晶体取向$(hkl)[uvw]$和$(\varphi_1,\Phi,\varphi_2)$这两种表达方法，换算结果与 c/a 有关，因此不同四方晶体同一$(\varphi_1,\Phi,\varphi_2)$可能对应着不同的$\{hkl\}\langle uvw\rangle$指数。

在六方晶体取向采用的 a_1、a_2、a_3、c 四个坐标矢量中，设起始取向中 c 与参考坐标系 x_3 向平行，a_2 与参考坐标系 x_2 向平行，a_2 与 c 的矢量积为 x_1 向[图 1.13(a)]，则可用φ_1、Φ、φ_2 确定六方晶体的取向。四轴坐标系中用$\{hkil\}\langle uvtw\rangle$表达六方晶体的取向，可以推导出如下关系：

$$\begin{bmatrix} \dfrac{\sqrt{3}u+\dfrac{\sqrt{3}}{2}v}{d_{uvw}} & \dfrac{2h+k}{d_{hkl}} \\ \dfrac{3}{2}\dfrac{v}{d_{uvw}} & \dfrac{\sqrt{3}k}{d_{hkl}} \\ \dfrac{wc}{d_{uvw}a} & \dfrac{\sqrt{3}la}{d_{hkl}c} \end{bmatrix} = \begin{bmatrix} \cos\varphi_1\cos\varphi_2-\sin\varphi_1\sin\varphi_2\cos\Phi & \sin\varphi_2\sin\Phi \\ -\cos\varphi_1\sin\varphi_2-\sin\varphi_1\cos\varphi_2\cos\Phi & \cos\varphi_2\sin\Phi \\ \sin\varphi_1\sin\Phi & \cos\Phi \end{bmatrix}$$

$$d_{uvw}=\frac{1}{a}\sqrt{3\left(u+\frac{v}{2}\right)^2a^2+\frac{9}{4}v^2a^2+w^2c^2}\ ;\quad d_{hkl}=\frac{1}{c}\sqrt{(2h+k)^2c^2+3k^2c^2+3l^2a^2} \tag{1.19}$$

根据式(1.19)可互相换算六方晶体取向$\{hkil\}\langle uvtw\rangle$和$(\varphi_1,\Phi,\varphi_2)$这两种表达方法。由式(1.19)可知换算结果与 c/a 有关，即不同六方晶体同一$(\varphi_1,\Phi,\varphi_2)$可能对应不同的$\{hkil\}\langle uvtw\rangle$指数。有些文献在定义六方晶体起始取向时设 c 与参考坐标系 x_3 向平行，同时 a_1 与参考坐标系 x_1 向平行，a_1 与 c 的矢量积为 x_2 向[图 1.13(b)]。这两种不同定义的起始取向绕 c 向相互偏转了 30°。

单相多晶体中所有晶粒具有相同的晶体结构和化学成分，但每个晶粒的取向有所不同。如果用一个小立方体在参考坐标系内的偏转状态表示晶粒取向，则多晶体内各晶粒取向的分布状态如图 1.16(a)所示。当多晶体内大量晶粒的取向变得一致时，多晶体内就会呈现织构现象。如图 1.16(b)所示，一多晶体板中许多晶粒都有类似的取向，即该多晶体内有织构存在。一般认为，许多晶粒取向集中分布在某一或某些取向位置附近时称为择优取向。择优取向的多晶体取向结构称为织构。

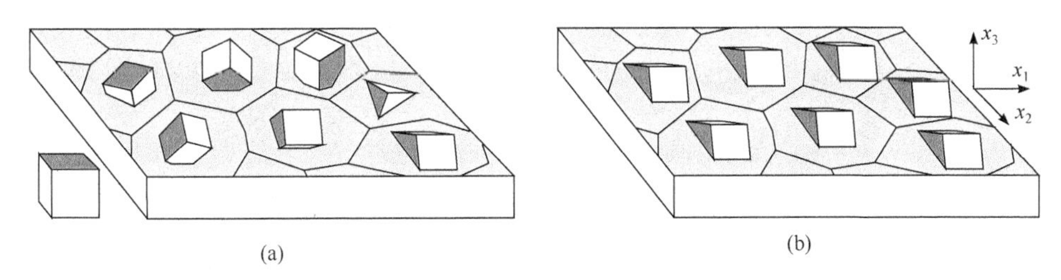

图 1.16　金属多晶体织构示意图

在金属多晶材料的生产、制备加工过程中难免出现织构现象。织构会导致工程金属材料的各向异性，在现代金属工业生产中对多晶体各向异性的利用成为新金属材料高技术化发展的重要内容。塑性变形是形成织构乃至控制织构结构的关键加工环节，因此是金属材料塑性变形晶体学原理的核心内容之一。

1.2.3　塑性变形系开动导致取向变化的趋势

在外力作用下，晶体中的滑移系开动后会改变晶体的几何外形，且晶体也会发生一定偏转。假如在某方向上对单晶体施加拉力 F，使某一滑移系开动[图 1.17(a)]。简单的滑移会以图 1.17(b)的形式改变晶体外形，且晶体的取向会保持不变。但滑移会在变形晶体上造成一个力矩 $F\times x$，并促使晶体取向转动至图 1.17(c)所示的状态，只有这样才能使晶体保持力学平衡。这种转动实际上可以理解为该单晶体的晶体坐标系相对于拉伸试样外观参考坐标系发生的旋转，因此会造成单晶体取向的改变。

如果在变形前的试样表面刻画一个与拉伸方向平行的矢量 $\boldsymbol{d}$[图 1.17(a)]，拉伸变形完成后，拉伸样品坐标系内的矢量 $\boldsymbol{d}$ 转变成矢量 $\boldsymbol{D}$[图 1.17(c)]，仍与拉伸方向平行。拉伸试样上一个与拉伸方向平行的矢量在拉伸变形后仍与拉伸方向平行的特性称为拉伸方向不变规则。然而，在拉伸变形过程中晶体发生了转动[图 1.17]，即改变了晶体取向，因此矢量 $\boldsymbol{d}$ 与 $\boldsymbol{D}$ 的米勒指数会有所差异。拉伸变形的另一个规则是，变形过程中滑移矢量的偏转方向倾向于更接近平行于拉伸应力方向。如果开动的是孪生系，则孪生方向的偏转方向倾向于更接近平行于拉伸应力方向。

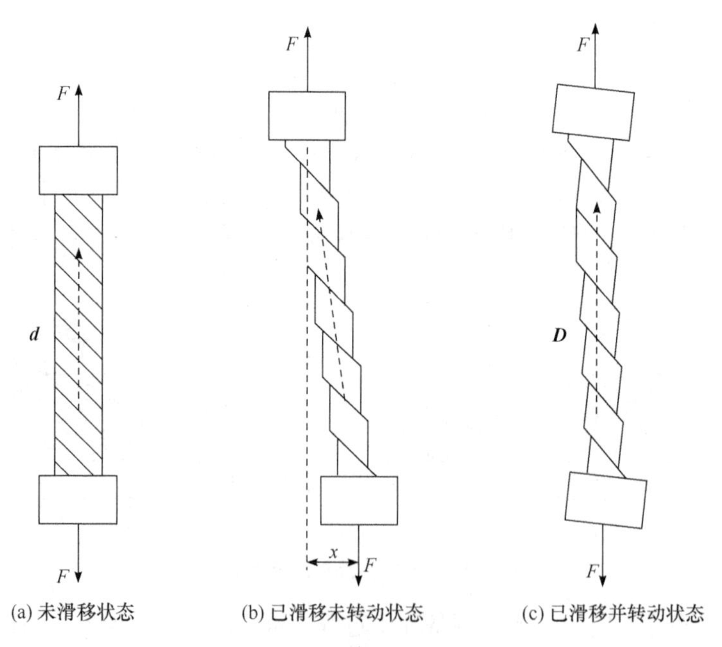

图 1.17　晶体在拉伸时的取向变化

同理，若在某方向上对单晶体施加压应力并使一滑移系开动[图 1.18(a)]，滑移导致晶体外形改变的同时也会引起该晶体的转动[图 1.18(b)]，即该单晶体的晶体坐标系相对于压缩试样外观参考坐标系发生了旋转，因此会造成单晶体取向的改变。如果在变形前的试样任何部位标识出一个与压缩面平行的平面，其法向矢量为 $\boldsymbol{d}$[图 1.18(a)]，压缩变形完成后压缩试样坐标系内的矢量 $\boldsymbol{d}$ 转变成了矢量 $\boldsymbol{D}$[图 1.18(b)]，以矢量 $\boldsymbol{D}$ 为法向的平面仍与压缩平面平行。压缩试样上一个与压缩面平行的平面在压缩变形后仍与压缩面平行的特性称为压缩面不变规则。然而，在压缩变形过程中晶体发生了转动[图 1.18(b)]，即改变了晶体取向，因此矢量 $\boldsymbol{d}$ 与 $\boldsymbol{D}$ 的米勒指数也会有所差异。压缩变形的另一个规则是，变形过程中滑移面法向的偏转方向倾向于更接近平行于压缩应力方向。如果开动的是孪生系，则孪生面的偏转方向倾向于更接近平行于压缩面。

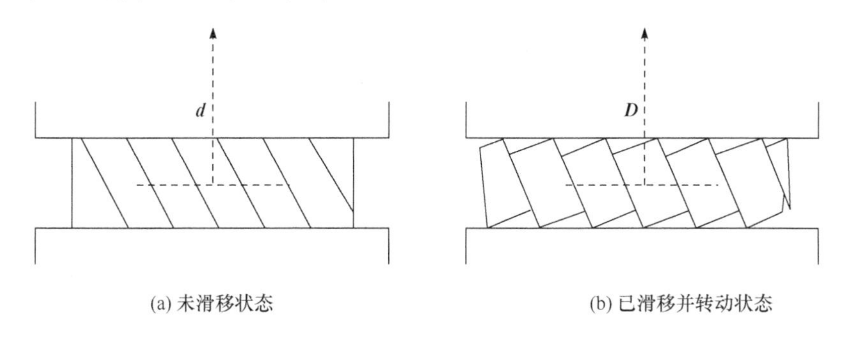

(a) 未滑移状态　　(b) 已滑移并转动状态

图 1.18　晶体在压缩时的取向变化

轧制变形是金属材料工业生产过程中经常实施的加工过程，其间各晶粒取向变化的情况略微复杂。理想轧制变形过程中外载荷作用于变形微区的应力状态可以简单地表达为轧板法线方向的压应力和轧制方向的拉应力。如果 x_1、x_2、x_3 分别为轧制样品坐标系的轧向、横向和法向，则轧制变形的应力状态如图 1.11 所示，即轧向的拉应力$\sigma_{11}>0$ 和法向的压应力$\sigma_{33}<0$。参照上述对拉伸变形和压缩变形的阐述可以理解：足够高的σ_{11}和σ_{33}可使一滑移系开动，并导致晶体外形改变和晶体转动，进而引起晶体相对于轧制试样外观参考坐标系的旋转和晶体取向的改变。与拉伸变形和压缩变形的规则相对应，轧制试样上一个与轧制面平行的平面在轧制变形后仍与轧制面平行，一个与轧制方向平行的矢量在轧制变形后仍与轧制方向平行，称为轧面不变和轧向不变规则，但轧制变形使晶体取向发生了变化。轧制变形的另一个规则是，变形过程中滑移面法向的偏转方向倾向于更接近平行于轧板法向、滑移矢量的偏转方向倾向于更接近平行于轧制方向。如果开动的是孪生系，则孪生面的偏转方向倾向于更接近平行于轧制面，孪生方向的偏转方向倾向于更接近平行于轧制方向。

1.3　取向与织构的表达与分析

1.3.1　取向与织构的极图与反极图表达

以直角坐标系 $O\text{-}x_1\text{-}x_2\text{-}x_3$ 为样品坐标系，以坐标系原点为中心作一半径为单位长度 1 的球面。将某一取向的立方晶体放到该坐标系的球心原点处，作该晶体 P_{HKL} 个$\{HKL\}$面的法线，交球面于若干点，成球面投影图，P_{HKL} 为$\{HKL\}$面的多重性因子[3]。图 1.19(a)给出了一立方晶体所有{100}面法线投影而成的 1、2、3 各点。然后对这些投影点再作极射赤面投影，使它们与垂直于 x_3 向且过球心的圆面(即赤面)有一组交点，如图 1.19(b)所示的 1′、2′、3′各点。设样品坐标系中 x_3 向与球面的正向交点为 N 极，反向交点为 S 极，则投影线是图 1.19(a)中上半球面上各投影点与下半球 S 极点的连线，以及下半球面上各投影点与上半球 N 极点的连线。一般任意$\{HKL\}$晶面法线在上下球面上都各有一个交点，图 1.19(b)中只取上半球的那一组点作极射赤面投影。投影过的赤面图即为表达该晶体取向的极射赤面投

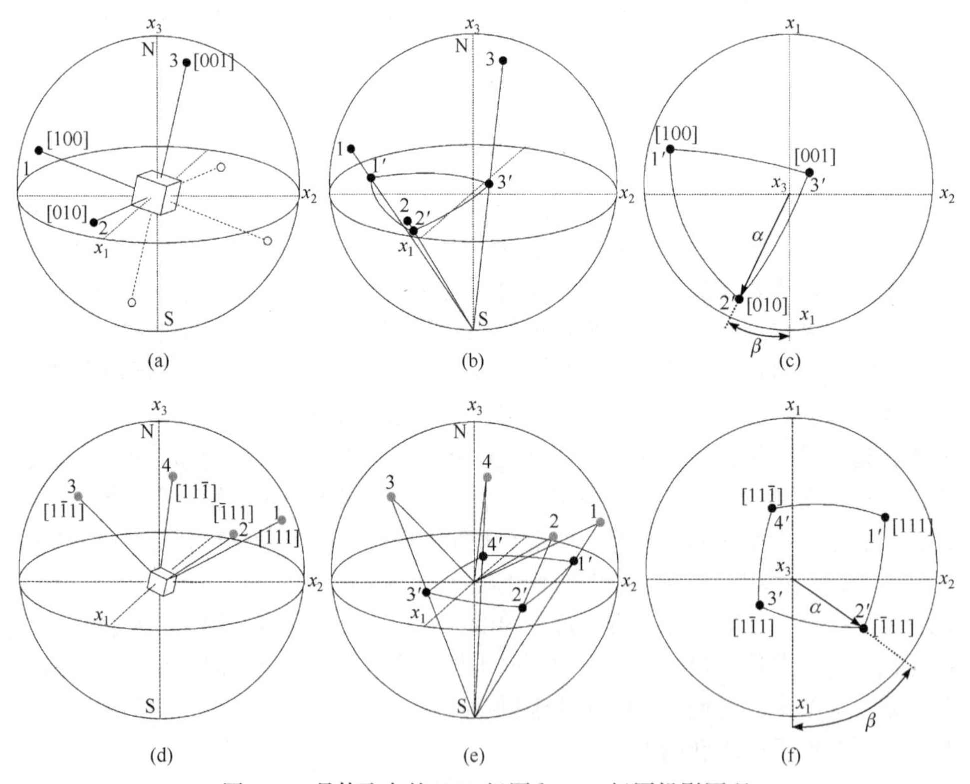

图 1.19　晶体取向的{100}极图和{111}极图投影原理

影图或称为极图，图 1.19(c)即为相应的{100}极图，$P_{100} = 6$。图 1.19(a)～(c)描述了表达晶体取向的{100}极图的形成过程。图 1.19(d)～(f)给出了获得一立方晶体取向{111}极图的投影过程，$P_{111} = 8$。可以通过与此相似的过程得到表达晶体取向的{110}、{112}或任一{*HKL*}极图。如图 1.19(c)和(f)所示，极图上各点的位置可用纬度角α和经度角β两个方位角表示(图 1.20)[8]；α角表示{*HKL*}晶面法向与样品坐标系 x_3 向的夹角，β角表示该{*HKL*}晶面法向绕 x_3 向转动的角度。不同{*HKL*}极图上每个晶粒出现投影点的个数与该{*HKL*}晶面的多重性因子 P_{HKL} 有关。极图只记录了 P_{HKL}个{*HKL*}晶面中一半的投影点[图 1.19(a)、(f)]，所以不同{*HKL*}极图上每个晶粒出现的投影点个数为 $P_{HKL}/2$。

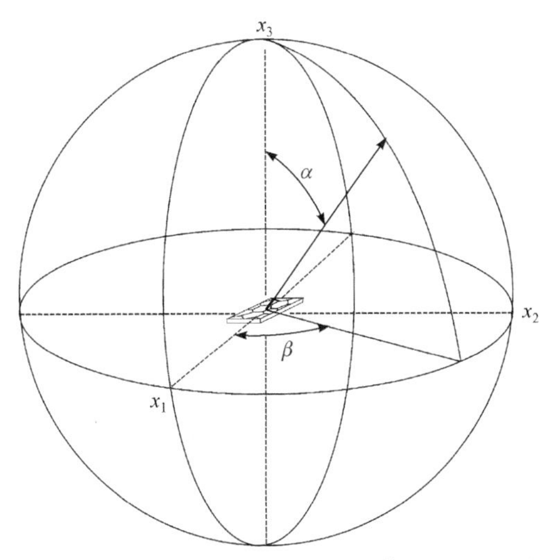

图 1.20　在以 x_1、x_2、x_3 为坐标轴的极图上某立方晶体(*HKL*)面法向[*hkl*]的方位角α和β

如果把一多晶体内所有晶粒都作上述投影，则会在球面上得出许多投影点。把每个点所代表晶粒的体积作为这个点的权重，则这些点在球面上的加权密度分布称为极密度分布，且是纬度角α、经度角β两个角的函数。通常球面上极密度分布在赤面上的投影分布图称为多晶体的极图。假如多晶体内无织构，极密度分布在整个球面的分布将是均匀一致的；按照规定，此时极图上的密度值处为 1，1 即为取向随机分布的密度值。如果多晶体内存在织构，极密度在极图上呈不均匀分布，有些地方极密度值会比较高。根据极密度的高低可得到赤面投影后的极图密度分布。再根据具体极密度值的起伏范围画出等密度线，即可制成通常分析织构所用的极图。图 1.21 给出了用极图显示铝板织构的{200}和{111}极图，其中把图 1.19 中的参考坐标系换成了轧制样品坐标系，即有 x_1 = ***RD***(轧向)、x_2 = ***TD***(横向)、x_3 = ***ND***(法向)。极图上的密度数值为相对于随机分布密度的倍数，大于 1 或小于 1 分别表示高于或低于随机分布的情况。{*HKL*}极图上需用相关的 $P_{HKL}/2$ 个极密度分布峰表示一种织构；对{100}和{111}极图分别有 $P_{100}/2 = 3$ 和 $P_{111}/2 = 4$。

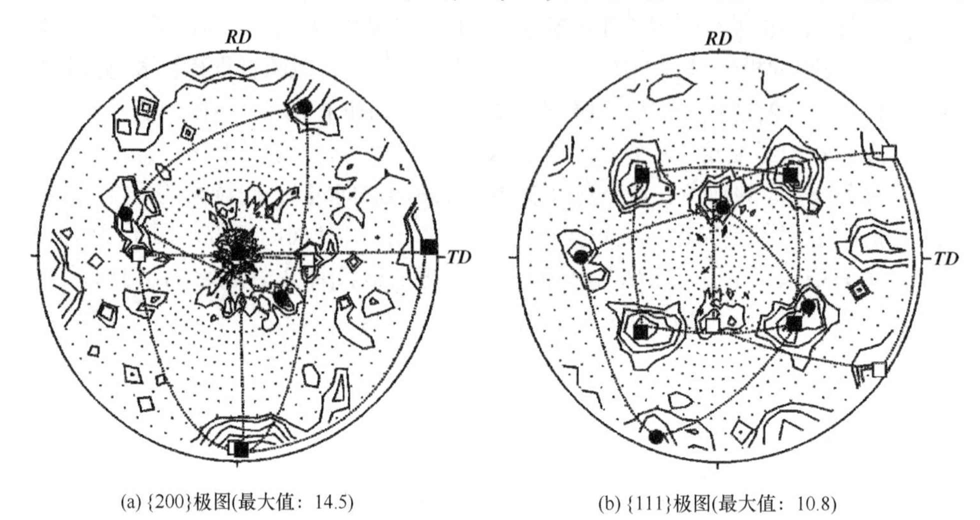

(a) {200}极图(最大值：14.5)　　(b) {111}极图(最大值：10.8)

图 1.21　纯铝板再结晶织构(密度水平：1，2，4，7，10)

■:{001}<100>；●:{124}<211>；□:{110}<001>

为了一目了然地看出一晶体中所有重要晶面的分布及其相对关系，有时需要制作和分析各晶面法线的标准投影图。一般选择某个低指数晶面作为投影面，将其他重要的晶面的法线方向以极射投影的方式投影到赤面上。如所选的投影面是(*HKL*)，则此投影图就称为(*HKL*)标准投影图。图 1.22 是立方晶体(001)标准投影图的制作过程及其标准赤面投影图，也称为反极图；图 1.22(c)是立方晶系的(001)标准反极图，图 1.22(d)是六方晶系的(0001)标准反极图。

由图 1.22(c)和(d)可以看出，立方和六方晶体都有很高的对称性，其任一{*HKL*}/{*HKIL*}晶面族的法向会在反极图上重复出现 $P_{HKL}/2$ 次或 $P_{HKIL}/2$ 次。如果只选取图 1.22(c)反极图中一个球面三角投影区构成简化反极图，则可使立方晶系任一晶面族法向<*HKL*>只出现一次；通常从中心投影点沿标准(001)反极图中心水平线向右取右上侧第一个球面三角区。如果只选取图 1.22(d)反极图中由(0001)、$(10\bar{1}0)$、$(11\bar{2}0)$ 三个晶面法线构成的球面三角投影区作为简化反极图，也可使六方晶系任一晶面族法向在该范围内只出现一次。在实际织构分析中，人们不只是分析在试样参考坐标系中晶体取向的分布情况，而且有时也要分析某试样参考坐标轴在晶体坐标系中的分布情况。这种分布情况可以在反极图的球面三角区内通过绘制密度分布图的形式反映出来。图 1.19 所示极图是以样品坐标系为参考坐标系，可显示特定{*HKL*}晶面法向在空间的分布；图 1.22 所示反极图则能够以晶体坐标系为参考坐标系，显示特定样品方向在空间的分布。图 1.23 以密度分布的形式给出了工业铝材特定试样坐标轴在立方晶体球面三角区的分布情况。可以看出，

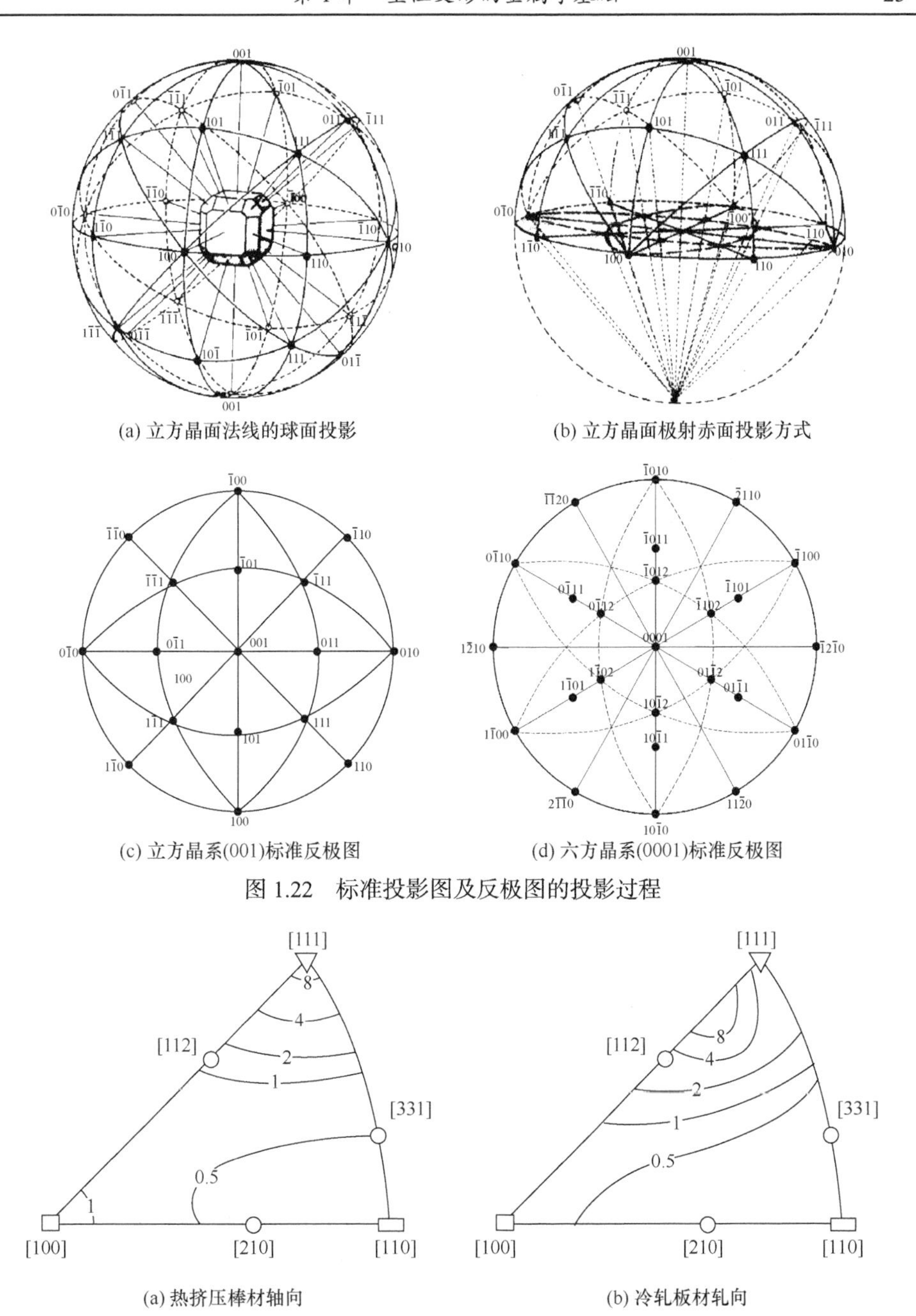

(a) 立方晶面法线的球面投影

(b) 立方晶面极射赤面投影方式

(c) 立方晶系(001)标准反极图

(d) 六方晶系(0001)标准反极图

图 1.22　标准投影图及反极图的投影过程

(a) 热挤压棒材轴向

(b) 冷轧板材轧向

图 1.23　工业铝材特定试样坐标轴在反极图球面三角区的密度分布

热挤压棒材轴向偏聚于[111]方向，冷轧板材轧向则偏聚于[111]与[112]方向之间。其中，随机分布的密度为 1，大于 1 或小于 1 分别表示高于或低于随机分布的情况。

1.3.2 取向分布函数与取向空间

图 1.21 在极图上所展示的极密度分布只是α、β两个变量的函数，适合在极图的二维空间内表达。然而，式(1.16)给出的约束条件显示，取向有 3 个自由度，即多晶体取向在三维空间内的分布是 3 个变量的函数，因此难以借助二维的极图一一对应而清晰地表达出来；反极图也是一个二维空间，存在着与极图同样的表达局限。如图 1.21 所示，用{200}极图表达一取向时需要 $P_{200}/2 = 3$ 个投影点[图 1.21(a)]，用{111}极图表达一取向时需 $P_{111}/2 = 4$ 个投影点[图 1.21(b)]；且同一试样不同织构的投影点存在重叠或互相干扰的情况，这就造成了极图表达织构的不确定性。为了便于对织构做精确的定量分析，需要建立一个受 3 个变量影响的函数，以表达多晶体取向在三维空间内的分布情况。这就是由 3 个欧拉角决定的函数，即取向分布函数：

$$f(g) = f(\varphi_1, \Phi, \varphi_2) \tag{1.20}$$

这里定义取向完全随机分布时的取向密度 $f(g)$ 为 1，因此式(1.20)中的取向密度数值实际上表示的是取向 g 处相对于随机密度的倍数，大于 1 或小于 1 分别表示高于或低于随机分布的情况。可以借助 X 射线衍射技术测量多晶体试样的若干极图，进而计算出试样的取向分布函数，以表达试样的宏观织构；也可以借助扫描电子显微镜或透射电子显微镜的背散射电子衍射技术测量并计算出取向分布函数，以表达试样的微区织构[3,8]。

由式(1.13)和式(1.15)可知用一组欧拉角$(\varphi_1, \Phi, \varphi_2)$即可表达晶体的一个取向，且有 $0 \leqslant \varphi_1 \leqslant 2\pi$、$0 \leqslant \Phi \leqslant \pi$、$0 \leqslant \varphi_2 \leqslant 2\pi$。用$\varphi_1$、$\Phi$、$\varphi_2$ 作为空间直角坐标系的三个变量就可以建立起一个取向空间，或称欧拉空间，这一取向空间的范围是 $2\pi \times \pi \times 2\pi$。

然而，对于金属工程材料，由于其检测试样存在多种对称性，实际需要使用的取向空间范围会大幅度缩小。晶体的旋转会导致其取向变化，当晶体存在旋转对称性时，在其做 360°旋转过程时同一取向会以同样的形式多次出现，实际上只需观察其某一次的取向分布密度情况，因而可以成倍缩小所需观察的取向空间范围。

多数经过工业生产加工的金属工程材料往往具备绕其参考样品坐标系做 180°旋转，即 2 次旋转后其取向分布状态与旋转前相同。例如，将图 1.21 中的极图分别绕其 ***RD***、***TD*** 或极图法向(***ND***)翻转 180°后所观察到的各级密度分布没有太大差别，即所检测试样及所获得的极图绕 ***RD***、***TD***、***ND*** 都存在 2 次旋转对称性。金属试样这种旋转对称性用点群符号表达为 222，在所有这些旋转操作中任何取向都出现 4 次，由此造成所需观察的多晶体取向空间减小到原来的 1/4[3]。加上金属晶体本身存在的旋转对称性，可以大大缩小所需观察的取向空间。例如，多数立方结构金属的晶体存在 4 次、3 次和 2 次旋转对称性，一个取向重复出现 24 次，其点群符号表达为 432；多数六方结构金属的晶体存在 6 次和 2 次旋转对称性，一个取向重复出现 12 次，点群符号表达为 622；多数四方结构金属的晶体存在 4 次和 2 次旋转对称性，一个取向重复出现 8 次，点群符号表达为 422；多数正交结构金属的晶体存在三个方向的 2 次旋转对称性，一个取向重复出现 4 次，点群符号表达为 222[3]。综合考虑试样对称性和晶体对称性，在整个取向空间内如上的立方晶体金属材料的同一取向共出现 96 次，而六方、四方、正交晶体金属材料的同一取向的出现次数则分别为 48 次、32 次、16 次。因此，立方和四方晶体金属材料常用的取向空间范围$\varphi_1 \times \Phi \times \varphi_2$为 $\pi/2 \times \pi/2 \times \pi/2$，即 $0 \leqslant \varphi_1$、Φ、$\varphi_2 \leqslant \pi/2$；六方晶体金属材料常用的取向空间范围为 $\pi/2 \times \pi/2 \times \pi/3$；正交晶体金属材料常用的取向空间范围为 $\pi/2 \times \pi/2 \times \pi$。其实，最高旋转对称性立方晶体的常用取向空间还可以进一步缩小，只是其 3 次旋转对称性无法对取向空间作进一步的线性分割；这样在 $\pi/2 \times \pi/2 \times \pi/2$ 范围内每个取向仍会出现 3 次[8]。以上只是各种金属晶体取向空间常用的观察范围，根据实际需求，也会出现其他的观察范围。

φ_1、Φ、φ_2为空间直角坐标系三个互相垂直的坐标轴的变量，以 O 为原点，就可以构建出立方晶体的取向空间，如图 1.24 所示。取向空间内每一个点对应一组欧拉角值，即每一个点都对应一个取向，既可以用欧拉角表示，也可以用米勒指数表示。

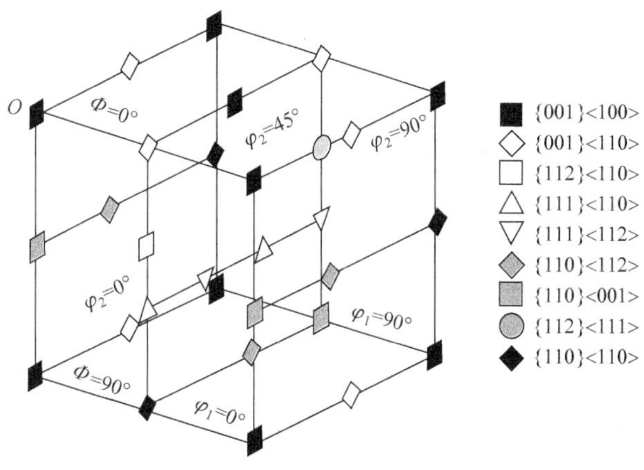

图 1.24　立方晶体以 O 为原点的取向空间 ($\varphi_1 \times \Phi \times \varphi_2$范围为$\frac{\pi}{2} \times \frac{\pi}{2} \times \frac{\pi}{2}$)

表 1.3 列出了立方晶体金属材料中一些重要取向的名称，借助式(1.15)中欧拉角与米勒指数的关系可以在两者之间进行换算，也可以用特定的符号表示各常见取向的位置(图 1.24 和表 1.3)。

表 1.3　立方晶体重要的取向举例

名称	{*hkl*}<*uvw*>	φ_1　Φ　φ_2	符号[图 1.25(a)]
立方	{001}<100>	0°　0°　0°	■
旋转立方	{001}<110>	45°　0°　0°	◇
铜型	{112}<111>	90°　35°　45°	●
黄铜型	{110}<112>	35°　45°　0°	◆
戈斯	{110}<001>	0°　45°　0°	■
S	{123}<634>	59°　37°　63°	●
R	{124}<211>	57°　29°　63°	●
反戈斯	{110}<110>	90°　45°　0°	◆
	{112}<110>	0°　35°　45°	□
	{111}<112>	90°　55°　45°	▽
	{111}<110>	0°　55°　45°	△

1.3.3　取向分布函数分析

为观察和分析金属变形织构及其演变规律，常需在取向空间内垂直于某一欧拉角坐标轴方向取得一系列等值截面，并把相应的取向分布函数值绘在各截面图上。所绘制的形式是表达为取向密度的等密度线，由此即获得了取向分布函数的图像表达。

例如，如图 1.24 所示立方晶体金属材料的取向空间中垂直于 φ_2 轴且间隔 5°取一系列等 φ_2 截面图，称为等 φ_2 全截面图，如图 1.25(a)所示。图 1.25(a)还将图 1.24 和表 1.3 所列的一些重要取向的符号绘入取向空间等 φ_2 全截面图的相应位置上。图 1.25(b)则是冷轧管线钢板如图 1.25(a)所示等 φ_2 全截面图上取向分布函数的等密度线分布[8]。在 $\varphi_2 = 45°$ 截面图上可以看到比较高的取向密度分布，对照图 1.25(a) 相应的取向位置可以得知，冷轧管线钢板内存在显著的{111}<110>和{112}<111>织构(表 1.3)。

在很多情况下并不需要分析取向分布函数所能提供的全部数据，即不需要全截面图，而只需观察某一个特征截面上的取向分布情况就足以满足织构分析的需求。图 1.26(a)给出了立方晶系取向分布函数等 $\varphi_2 = 0°$ 截面图并参照图 1.24 标记出一些重要取向的位置。图 1.26(b)、(c)则在等 $\varphi_2 = 0°$ 截面图上展示了铝板 95%冷轧前、后的取向密度分布[9]；参照表 1.3 可以看出，轧制变形使取向{110}<001>附近的取向密度迁移至取向{110}<112>附近。

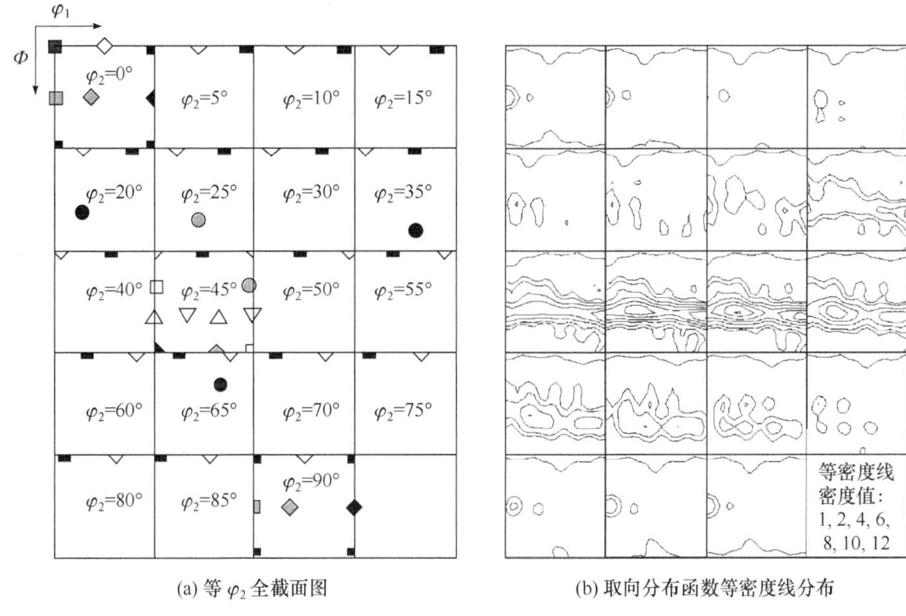

(a) 等 φ_2 全截面图　　(b) 取向分布函数等密度线分布

图 1.25　冷轧管线钢板取向分布函数

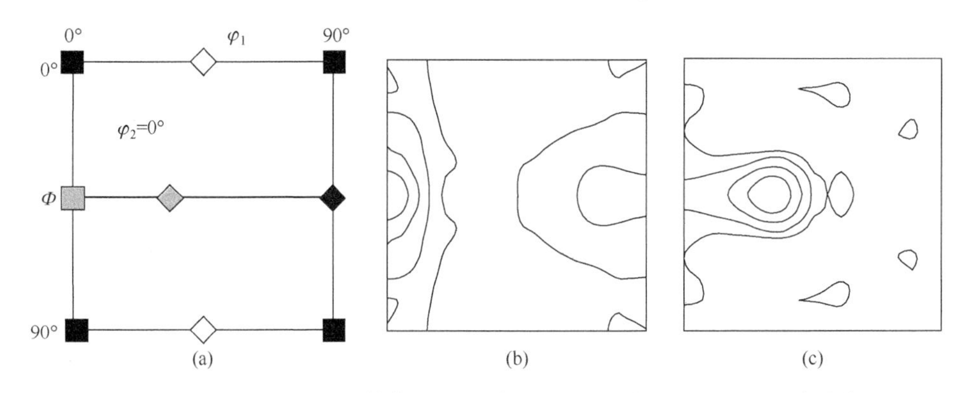

(a)　(b)　(c)

图 1.26　立方晶系取向分布函数等 $\varphi_2 = 0°$ 截面图(a)及该截面上铝板 95%冷轧前(b)、后(c)的取向密度分布(等密度线密度值：1，3，7，13)

图 1.27(a)给出了立方晶系取向分布函数等 $\varphi_2 = 45°$ 截面图并参照图 1.24 标记出一些重要取向的位置。图 1.27(b)、(c)则在等 $\varphi_2 = 45°$ 截面图上展示了铁板冷轧量从 25%提升至 92%前后取向密度分布的变化[10]；参照表 1.3 可以看出，轧制变形使密度值趋向在取向{112}<110>、{111}<110>、{111}<112>附近聚集。

图 1.28(a)给出了六方晶系取向分布函数等 $\varphi_2 = 0°$ 截面图并标记出一些重要取向的位置。图 1.28(b)、(c)则在等 $\varphi_2 = 0°$ 截面图上展示了钛板冷轧量从 70%提升至 80%后取向密度分布的变化；可以看出，轧制变形使密度值在靠近 $\Phi = 0°$处

聚集，即轧制使很多晶粒的{0001}面倾向于平行于轧板平面，其中聚集偏重点为取向$\{\bar{1}2\bar{1}\underline{18}\}<10\bar{1}0>$附近。

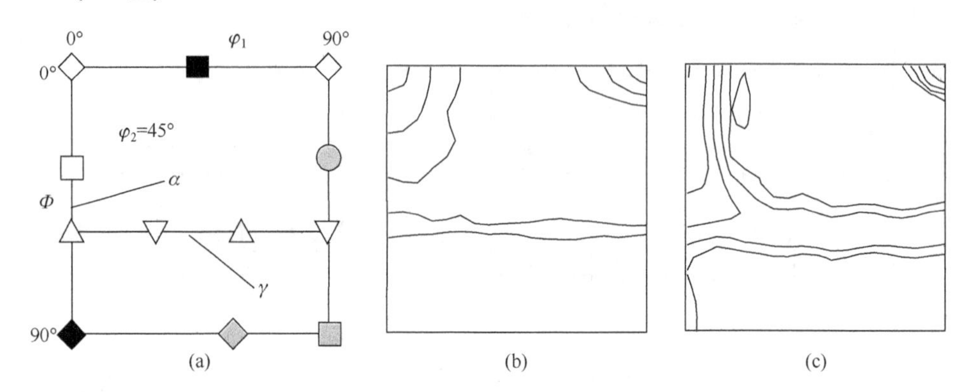

图 1.27　立方晶系取向分布函数等$\varphi_2=45°$截面图(a)及该截面上铁板冷轧 25%(b)、冷轧 92%(c)的取向密度分布(等密度线密度值：2，4，7，12，20)

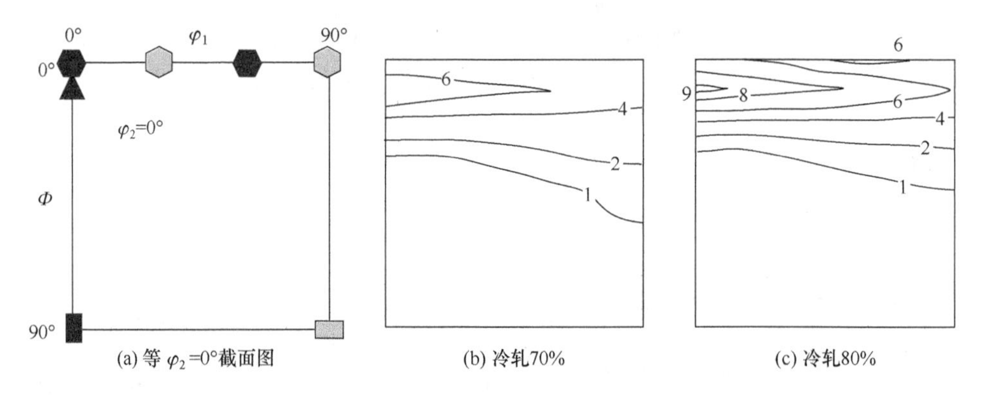

图 1.28　六方晶系钛板取向分布函数(等密度线密度值：1, 2, 4, 6, 8, 9)

⬢: $\{0001\}<10\bar{1}0>$; ⬢: $\{0001\}<2\bar{1}\bar{1}0>$; ■: $\{\bar{1}2\bar{1}0\}<10\bar{1}0>$; ■: $\{01\bar{1}0\}<2\bar{1}\bar{1}0>$; ▲: $\{\bar{1}2\bar{1}18\}<10\bar{1}0>$

大量研究显示(图 1.27、图 1.28)，在金属多晶体的塑性变形过程中，各晶粒首先由在该变形条件下不稳定的取向移向稳定的取向，然后晶粒取向在稳定取向附近聚集程度不断提高。在很多情况下，塑性变形使晶粒取向沿取向空间内的特定取向线聚集。例如，轧制过程中面心立方金属内各晶粒的取向往往向图 1.29(a)所示的管状空间内聚集[8]，管状空间的中心线就是晶粒取向聚集的目标线；其中面心立方金属连接取向{112}<111>、{123}<634>、{110}<112>的取向线称为β取向线，连接取向{110}<001>、{110}<112>的取向线称为α取向线。图 1.29(b)显示的是随轧制变形量增加工业纯铝板β取向线上取向密度变化的情况，可以观察到取向密度在{112}<111>、{123}<634>、{110}<112>附近聚集，以及这三个织构不断强化的过程[9]。β取向线在取向空间内的位置并不完全确定，因此图 1.29(c)给出了随轧制变形量增加 β 取向线位置变化的情况；其中显示了{110}<112>织构的增强也有赖于取向峰值密度沿α取向线向取向{110}<112>迁移，即密度峰的Φ值从 0°向 35°迁移的过程。这一过程可以在图 1.29(d)中更清楚地观察到，取向密度峰在沿 α 取向线向{110}<112>迁移的过程中不断增强，显示出取向{110}<112>很高的轧制稳定性。

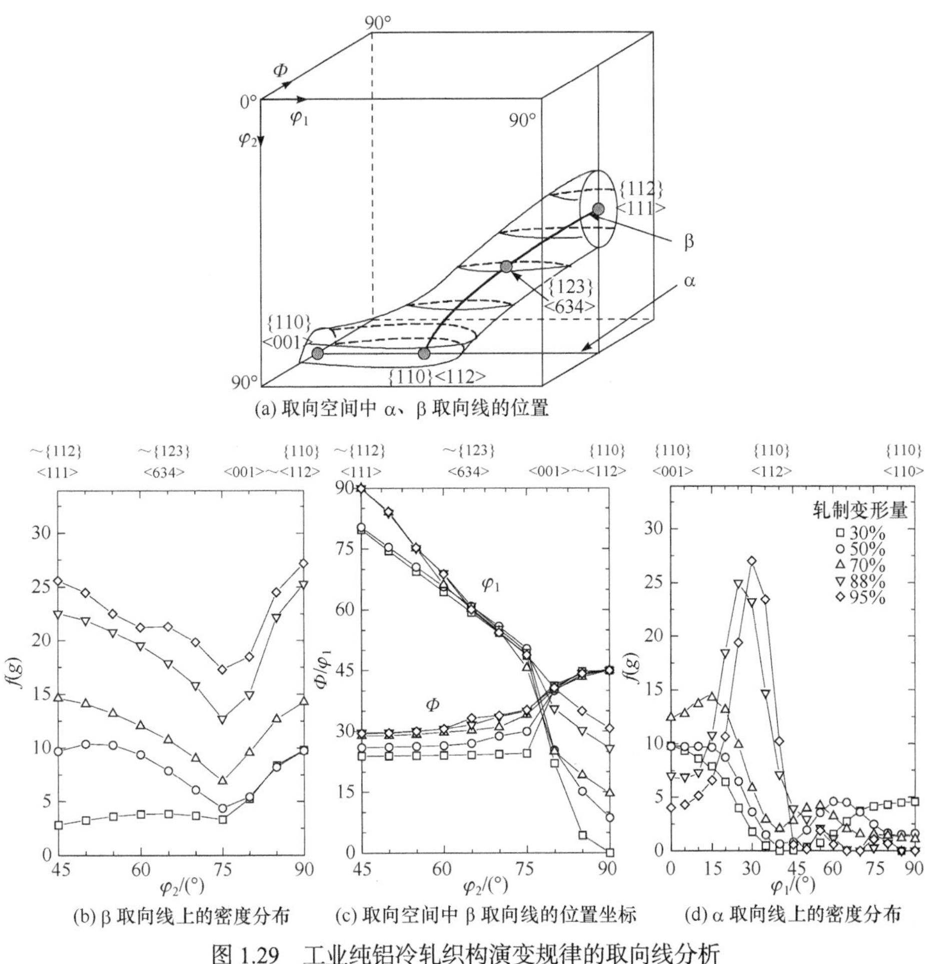

(a) 取向空间中 α、β 取向线的位置

(b) β 取向线上的密度分布　(c) 取向空间中 β 取向线的位置坐标　(d) α 取向线上的密度分布

图 1.29　工业纯铝冷轧织构演变规律的取向线分析

再如，轧制过程中体心立方金属内各晶粒的取向往往向图 1.27(a)所示等$\varphi_2 = 45°$截面的左边沿纵向的取向线，即体心立方金属的 α 取向线聚集，该取向线连接了体心立方金属的{001}<110>、{112}<110>、{111}<110>、{110}<110>等取向。另外，冷轧变形也会造成取向密度在{111}<110>和{111}<112>附近聚集。连接体心立方金属取向{111}<110>和{111}<112>的取向线称为 γ 取向线，即为

图 1.27(a)中连接若干{111}<110>和{111}<112>取向的水平取向线。图 1.30(a)显出了随轧制变形量增加低碳钢板 α 取向线上取向密度变化的情况，可以观察到取向密度在{001}<110>和{112}<110>附近聚集，以及{001}<110>和{112}<110>织构不断强化的过程[10]。图 1.30(b)则给出了随轧制变形量增加低碳钢板 γ 取向线上取向密度在{111}<110>和{111}<112>附近聚集的情况。如前所述，立方晶体 3 次旋转对称性的特性导致其无法对取向空间作进一步线性分割，在$\frac{\pi}{2}\times\frac{\pi}{2}\times\frac{\pi}{2}$的取向空间范围内每个取向都会出现 3 次[8]，这里{111}<110>和{111}<112>的 3 次出现刚好在 γ 取向线上。因此，可以把 γ 取向线划分成 3 段，每段的密度分布均相同，图 1.30(b)只需给出 γ 取向线的 1/3。

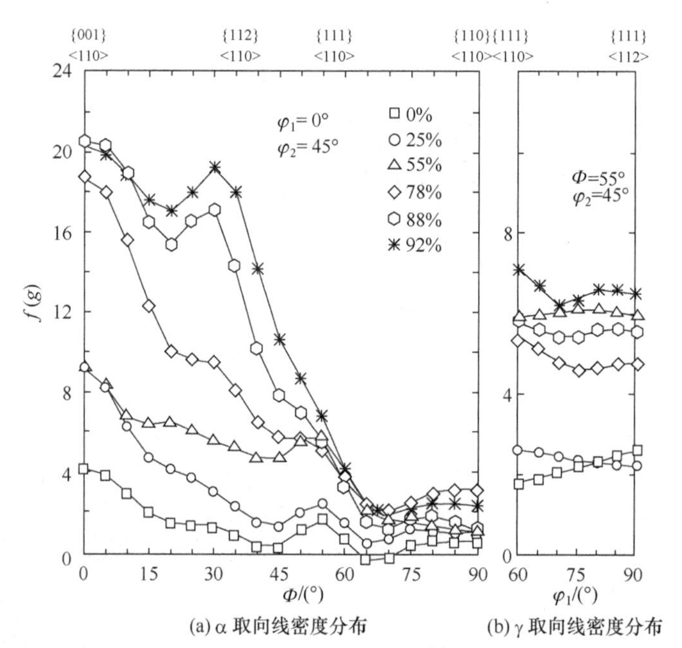

(a) α 取向线密度分布　　(b) γ 取向线密度分布

图 1.30　低碳钢冷轧织构演变规律的取向线分析

实际上对每种金属多晶体的塑性变形过程都可以找到适当的取向线，以分析变形过程中取向密度及织构的变化情况。追踪金属多晶体在塑性变形过程中取向分布的演变行为和相关规律有助于揭示相关塑性变形的晶体学机制，也有助于为控制、调整和利用金属多晶体的晶体学各向异性提供理论基础和技术支持。

参 考 文 献

[1] 毛卫民. 工程材料学原理. 北京：高等教育出版社, 2009.

[2] 刘国权. 材料科学与工程基础(上册). 北京：高等教育出版社, 2015.

[3] 毛卫民. 无机材料晶体结构学概论. 北京: 高等教育出版社, 2019.
[4] 余永宁. 材料科学基础. 北京: 高等教育出版社, 2006.
[5] 任怀亮. 金相实验技术. 北京: 冶金工业出版社, 1986.
[6] 毛卫民. 金属材料的晶体学织构与各向异性. 北京: 科学出版社, 2002.
[7] 余永宁. 金属学原理. 2 版. 北京: 冶金工业出版社, 2013.
[8] 毛卫民, 杨平, 陈冷. 材料织构分析原理与检测技术. 北京: 冶金工业出版社, 2008.
[9] 毛卫民, 何业东. 电容器铝箔加工的材料学原理. 北京: 高等教育出版社, 2012.
[10] 毛卫民, 杨平. 电工钢的材料学原理. 北京: 高等教育出版社, 2013.

第 2 章　金属多晶体晶粒的塑性变形行为

2.1　金属塑性变形的微观行为

2.1.1　金属多晶体晶粒塑性变形的基本现象

绝大多数金属工程材料都是多晶体材料。基于良好的塑性，金属工程材料可以加工成各种复杂的形状。复杂的加工过程不会破坏金属内部的连续性。图 2.1 显示了在冷轧铝板横向观察到的变形过程中内部组织的演变过程[1]，其中水平的轧辊压制方向为轧制样品坐标系的 x_3 方向，观察面法线方向为轧板横向 x_2，竖直的方向为轧制方向 x_1。变形前多晶体内部为大量等轴的晶粒[图 2.1(a)]，当轧制压下量达到初始板厚的 40%时，等轴晶粒明显地沿 x_3 方向减薄、沿 x_1 方向伸长[图 2.1(b)]。当轧制压下量达到 95%时，变形组织沿 x_1 方向拉长成细条带组织，已经难以清楚地分辨变形前的晶界，但多晶材料体始终保持连续状态[图 2.1(c)]。对金属变形行为的研究和分析证实，塑性变形过程中多晶体内部各处始终存在应力和应变的连续性；在多晶材料体内部不存在内裂和第二相异物的情况下，通常

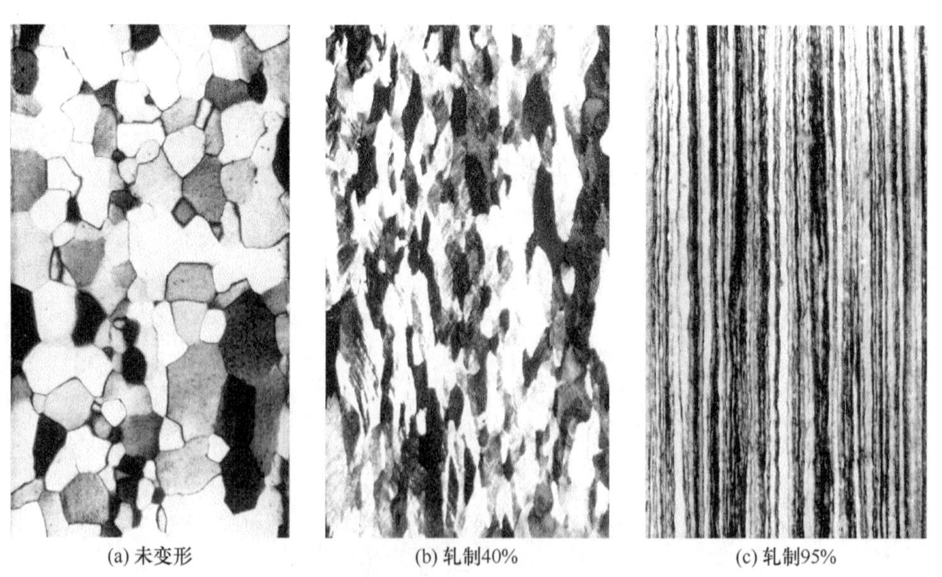

(a) 未变形　　(b) 轧制40%　　(c) 轧制95%

图 2.1　轧制铝板塑性变形组织(水平为轧制压力方向 x_3)

不出现应力与应变的奇异点或跳跃点。也就是说，变形过程中良好的塑性使单相金属内部很难出现裂纹，并确保了应力与应变的连续性。

以轧制变形为例，可以借助图 2.2 细化对变形过程中单相金属内部真实应力与应变连续性的理解。图中水平的虚线表示变形前多晶金属板均匀一致的宏观屈服应力σ_s，沿水平 x_3 方向起伏的点线表示各晶粒因其取向的差异和相应临界分切应力定律的效应[式(1.5)]而导致实际上不同的屈服应力值(图 1.12)，其数值通常在多晶金属板宏观均匀屈服应力值σ_s的上下波动。点线水平的高低差异源于所对应晶粒的取向不同，高低起伏之间的连续过渡段涉及两个相邻晶粒的晶界区域；由于晶界区域的屈服行为受限于晶界两侧晶粒的取向，因此其屈服应力值往往介于两相邻晶粒屈服应力水平之间，这也使这两个晶粒差异化的屈服应力值借助在晶界区的过渡而保持连续。若轧辊沿轧板法向 x_3 对轧板施加一个较小的压力，轧板内部会产生一个沿 x_3 方向的正应力σ_{33}，并沿 x_3 板厚方向贯穿，且处处保持大体恒定一致；此时应力的水平并没有达到板材整体及各晶粒变形所需的屈服应力，因此板材整体只有弹性应变，其塑性应变量 ε_{33}^{p} 处处为 0[图 2.2(a)中水平实线]。随着外部载荷的增加，当轧板内部的正应力σ_{33} 非常接近宏观屈服应力时，可能已经达到一些软取向晶粒的屈服应力，造成这些晶粒率先开始屈服，以及板材内的局部塑性变形，即板材局部出现 ε_{33}^{p} 为非 0 状态[图 2.2(b)]。当外部载荷增加导致所有晶粒承受的正应力σ_{33} 都达到它们的屈服应力时，板材整体就进入屈服状态，各晶粒局部σ_{33}的实际值的高低有所起伏。此时板材整体的 ε_{33}^{p} 不断升高，各

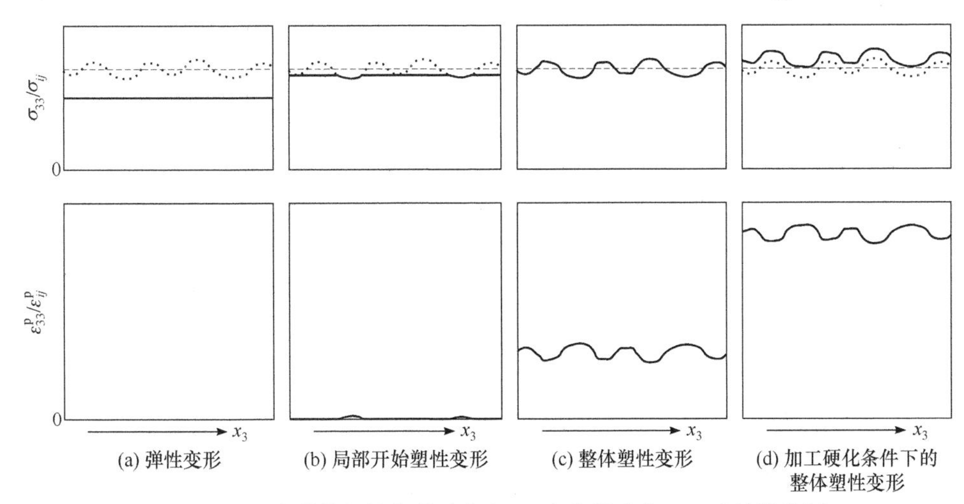

图 2.2　金属多晶体塑性变形时应力(σ_{ij})与塑性应变 (ε_{ij}^{p}) 连续性分析

水平虚线为宏观屈服应力σ_s

晶粒局部ε_{33}^{p}的高低仍有所起伏，但板材和各晶粒处于屈服状态下的σ_{33}基本保持稳定，不再升高[图 2.2(c)]。当塑性变形量明显增大，并导致金属晶体显著的加工硬化后，金属保持塑性变形的流变应力σ_{y}水平会有所升高，高于初始的屈服应力水平；但因取向因子和加工硬化率的差异，各晶粒实际承受的流变应力水平仍会保持高低起伏的状态[图 2.2(d)]。

以上分析了金属塑性变形时正应力分量σ_{33}与塑性正应变分量ε_{33}^{p}在变形多晶体中的分布及随变形过程而变化的情况。实际上，式(1.4)中应力张量内所有其他的正应力分量和切应力分量σ_{ij}在塑性变形过程中都存在类似的分布及随变形过程而变化的规律，相应的其他正应变分量和切应变分量ε_{ij}^{p}的情况也与ε_{33}^{p}的分布和变化类似(图 2.2)，这里不需要再逐一细述。总之，塑性变形过程中多晶体内部各处确实始终存在应力和应变的连续性，这种连续性表现为起起伏伏地穿越变形基体的连续，且跨越晶界时经常会出现起、伏的转换。由于相邻乃至次相邻晶粒之间的相互制约作用，即使在一个晶粒内部应力和应变保持连续的同时，也会在各部位呈现出一定程度的起伏差异。例如，晶粒中心位置的应力与应变值会有别于靠近晶界区域的应力与应变值，晶粒内各部位之间的应力与应变会以连续起伏的方式互相过渡，而不是稳定的常数值。以上的分析与阐述只是对应力和应变的连续性问题给出一个初步的概况和印象，实际上，应力和应变连续状态的问题要复杂得多，还有众多动态的因素会影响应力和应变的连续性，后面将逐步分析和探讨。

2.1.2 弹性各向同性体的广义胡克定律

将连续、均匀的三维弹性体放置于直角坐标系 $O\text{-}x_1\text{-}x_2\text{-}x_3$ 内，如果弹性体内某一微区出现了弹性应变，则可用弹性应变张量$[\varepsilon_{ij}]$把该应变表达为

$$[\varepsilon_{ij}]=\begin{bmatrix}\varepsilon_{11} & \varepsilon_{12} & \varepsilon_{13}\\ \varepsilon_{21} & \varepsilon_{22} & \varepsilon_{23}\\ \varepsilon_{31} & \varepsilon_{32} & \varepsilon_{33}\end{bmatrix}=\begin{bmatrix}\varepsilon_{11} & \gamma_{12}/2 & \gamma_{13}/2\\ \gamma_{21}/2 & \varepsilon_{22} & \gamma_{23}/2\\ \gamma_{31}/2 & \gamma_{32}/2 & \varepsilon_{33}\end{bmatrix} \tag{2.1}$$

式中，下标 $i=j$ 时表示正应变；$i\neq j$ 时表示切应变，且对切应变有 $\gamma_{ij}=\gamma_{ji}=2\varepsilon_{ij}=2\varepsilon_{ji}$。因此，应变张量中有 6 个独立的变量。

应变张量$[\varepsilon_{ij}]$会引起相应区域的弹性应力张量$[\sigma_{ij}]$，如果所出现的弹性应变足够微小，则 6 个独立的应变分量与相应应力分量的关系可表达为线性关系，这种线性关系即为广义胡克定律：

$$[\sigma_{ij}]=\begin{bmatrix}\sigma_{11}\\ \sigma_{22}\\ \sigma_{33}\\ \sigma_{12}\\ \sigma_{23}\\ \sigma_{31}\end{bmatrix}=\begin{bmatrix}c_{11} & c_{12} & c_{13} & c_{14} & c_{15} & c_{16}\\ c_{21} & c_{22} & c_{23} & c_{24} & c_{25} & c_{26}\\ c_{31} & c_{32} & c_{33} & c_{34} & c_{35} & c_{36}\\ c_{41} & c_{42} & c_{43} & c_{44} & c_{45} & c_{46}\\ c_{51} & c_{52} & c_{53} & c_{54} & c_{55} & c_{56}\\ c_{61} & c_{62} & c_{63} & c_{64} & c_{65} & c_{66}\end{bmatrix}\begin{bmatrix}\varepsilon_{11}\\ \varepsilon_{22}\\ \varepsilon_{33}\\ \gamma_{12}\\ \gamma_{23}\\ \gamma_{31}\end{bmatrix} \tag{2.2}$$

式中，$c_{mn}(1\leqslant m、n\leqslant 6)$为弹性系数。

当三维弹性体为弹性各向同性体时，式(2.2)所示的广义胡克定律就转变为[2]

$$[\sigma_{ij}]=\begin{bmatrix}\sigma_{11}\\ \sigma_{22}\\ \sigma_{33}\\ \sigma_{12}\\ \sigma_{23}\\ \sigma_{31}\end{bmatrix}=\begin{bmatrix}c_{12}+2c_{44} & c_{12} & c_{12} & 0 & 0 & 0\\ c_{12} & c_{12}+2c_{44} & c_{12} & 0 & 0 & 0\\ c_{12} & c_{12} & c_{12}+2c_{44} & 0 & 0 & 0\\ 0 & 0 & 0 & c_{44} & 0 & 0\\ 0 & 0 & 0 & 0 & c_{44} & 0\\ 0 & 0 & 0 & 0 & 0 & c_{44}\end{bmatrix}\begin{bmatrix}\varepsilon_{11}\\ \varepsilon_{22}\\ \varepsilon_{33}\\ \gamma_{12}\\ \gamma_{23}\\ \gamma_{31}\end{bmatrix} \tag{2.3}$$

即弹性各向同性体的弹性系数大多为 0，且只存在两个独立的弹性系数 c_{12} 和 c_{44}。通常用杨氏模量 E、剪切模量 G、泊松比 ν 三个参数描述宏观弹性各向同性体的弹性特征，且三者之间的关系为 $E=2G(1+\nu)$，即三个参数中只有两个是独立的。由此可以推导出它们与弹性系数 c_{12} 和 c_{44} 的关系为[2]

$$c_{44}=G\ ;\ c_{12}=\frac{2\nu G}{1-2\nu}=\frac{\nu E}{(1+\nu)(1-2\nu)}\ ;\ \nu=\frac{c_{12}}{2(c_{12}+c_{44})} \tag{2.4}$$

若将式(2.4)代入式(2.3)，并以式(1.4)的形式表达应力张量(考虑 $\varepsilon_{ij}=\varepsilon_{ji}$)，则有[3]

$$\begin{aligned}[\sigma_{ij}]=\begin{bmatrix}\sigma_{11} & \sigma_{12} & \sigma_{13}\\ \sigma_{21} & \sigma_{22} & \sigma_{23}\\ \sigma_{31} & \sigma_{32} & \sigma_{33}\end{bmatrix}&=\begin{bmatrix}c_{12}\theta+2c_{44}\varepsilon_{11} & c_{44}\gamma_{12} & c_{44}\gamma_{31}\\ c_{44}\gamma_{12} & c_{12}\theta+2c_{44}\varepsilon_{22} & c_{44}\gamma_{23}\\ c_{44}\gamma_{31} & c_{44}\gamma_{23} & c_{12}\theta+2c_{44}\varepsilon_{33}\end{bmatrix}\\ &=2G\begin{bmatrix}\frac{\nu}{1-2\nu}\theta+\varepsilon_{11} & \varepsilon_{12} & \varepsilon_{13}\\ \varepsilon_{21} & \frac{\nu}{1-2\nu}\theta+\varepsilon_{22} & \varepsilon_{23}\\ \varepsilon_{31} & \varepsilon_{32} & \frac{\nu}{1-2\nu}\theta+\varepsilon_{33}\end{bmatrix}\end{aligned} \tag{2.5}$$

其中，

$$\theta=\varepsilon_{11}+\varepsilon_{22}+\varepsilon_{33} \tag{2.6}$$

θ表达了式(2.1)所示弹性应变张量造成的弹性体的体积变化[2]，当$\theta = 0$时无体积变化。

2.1.3 塑性变形系开动时的应变与旋转

设空间直角坐标系 $O\text{-}x_1\text{-}x_2\text{-}x_3$ 内的一金属单晶体中有一滑移系，其滑移方向 $\boldsymbol{b}$ 与 x_1 平行，滑移面法向 $\boldsymbol{n}$ 与 x_3 平行，另定义同时垂直于 $\boldsymbol{b}$ 与 $\boldsymbol{n}$ 的单位矢量 $\boldsymbol{t} = \boldsymbol{n} \times \boldsymbol{b}$，且平行于 x_2[图 2.3(a)]；这样，坐标系 $O\text{-}x_1\text{-}x_2\text{-}x_3$ 即为滑移系坐标系 b、t、n，且有

$$[\boldsymbol{b}\quad \boldsymbol{t}\quad \boldsymbol{n}] = \begin{bmatrix} 1 & 0 & 0 \\ 0 & 1 & 0 \\ 0 & 0 & 1 \end{bmatrix} \quad 或 \quad \begin{bmatrix} \boldsymbol{b} \\ \boldsymbol{t} \\ \boldsymbol{n} \end{bmatrix} = \begin{bmatrix} 1 & 0 & 0 \\ 0 & 1 & 0 \\ 0 & 0 & 1 \end{bmatrix} \tag{2.7}$$

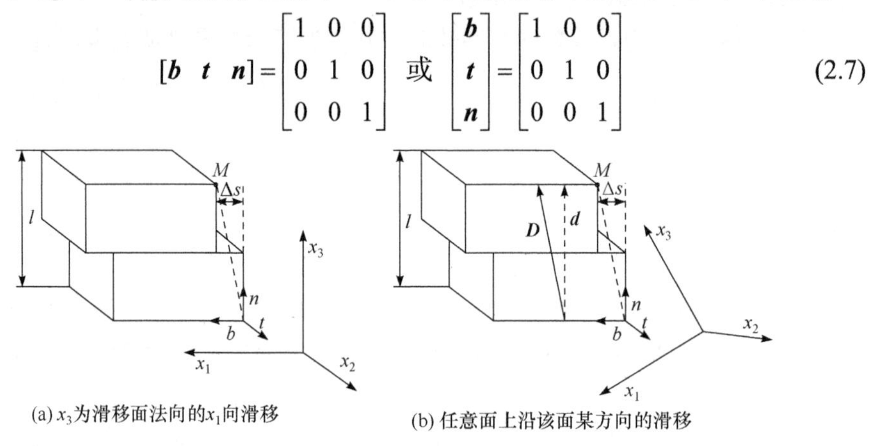

图 2.3　滑移系开动造成的位移分析

参照图 1.6(b)，设在 $\boldsymbol{n}$ 方向上滑移带的平均间距为 l，每个滑移带平均累积的总滑移量为 Δs，则单晶体某 M 点沿 x_1、x_2 和 x_3 方向的平均位移分别为 $u_1 = \Delta s$、$u_2 = u_3 = 0$，即位移矢量 $\boldsymbol{u} = [u_1, u_2, u_3] = [\Delta s, 0, 0]$；参照式(1.1)，由滑移造成的各相对位移分量梯度或相对位移张量可表达为[2]

$$\begin{bmatrix} \dfrac{\partial u_1}{\partial x_1} & \dfrac{\partial u_1}{\partial x_2} & \dfrac{\partial u_1}{\partial x_3} \\ \dfrac{\partial u_2}{\partial x_1} & \dfrac{\partial u_2}{\partial x_2} & \dfrac{\partial u_2}{\partial x_3} \\ \dfrac{\partial u_3}{\partial x_1} & \dfrac{\partial u_3}{\partial x_2} & \dfrac{\partial u_3}{\partial x_3} \end{bmatrix} = \begin{bmatrix} 0 & 0 & \dfrac{\Delta s}{l} \\ 0 & 0 & 0 \\ 0 & 0 & 0 \end{bmatrix} = \delta_{\mathrm{s}} \begin{bmatrix} 0 & 0 & 1 \\ 0 & 0 & 0 \\ 0 & 0 & 0 \end{bmatrix} \tag{2.8}$$

其中，对滑移切变量有$\partial u_1/\partial x_3 = \Delta s/l = \delta_{\mathrm{s}}$，即位移张量中只有法线为 x_3 的面上沿 x_1 方向的相对位移$\partial u_1/\partial x_3$为非 0 值。

如果参考坐标系 $O\text{-}x_1\text{-}x_2\text{-}x_3$ 各轴与滑移系坐标系 b、t、n 各方向互不一一平行，即两个坐标系有一个相对的任意偏转[图 2.3(b)]，此时对位移矢量 $\boldsymbol{u} = [u_1, u_2, u_3]$ 的模或长度仍有$|\boldsymbol{u}| = \Delta s$。在坐标系 $O\text{-}x_1\text{-}x_2\text{-}x_3$ 中滑移系各矢量应表达成经过偏转变换的形式，即

$$\begin{bmatrix} \boldsymbol{b} & \boldsymbol{t} & \boldsymbol{n} \end{bmatrix} = \begin{bmatrix} b_1 & t_1 & n_1 \\ b_2 & t_2 & n_2 \\ b_3 & t_3 & n_3 \end{bmatrix} \text{或} \begin{bmatrix} \boldsymbol{b} \\ \boldsymbol{t} \\ \boldsymbol{n} \end{bmatrix} = \begin{bmatrix} b_1 & b_2 & b_3 \\ t_1 & t_2 & t_3 \\ n_1 & n_2 & n_3 \end{bmatrix} \tag{2.9}$$

也就是用 **b**、**t**、**n** 各方向在坐标系 $O\text{-}x_1\text{-}x_2\text{-}x_3$ 各轴的分量表达 **b**、**t**、**n**。这样式(2.8)就转变为

$$\begin{bmatrix} \frac{\partial u_1}{\partial x_1} & \frac{\partial u_1}{\partial x_2} & \frac{\partial u_1}{\partial x_3} \\ \frac{\partial u_2}{\partial x_1} & \frac{\partial u_2}{\partial x_2} & \frac{\partial u_2}{\partial x_3} \\ \frac{\partial u_3}{\partial x_1} & \frac{\partial u_3}{\partial x_2} & \frac{\partial u_3}{\partial x_3} \end{bmatrix} = \delta_{\mathrm{s}} \begin{bmatrix} b_1 & t_1 & n_1 \\ b_2 & t_2 & n_2 \\ b_3 & t_3 & n_3 \end{bmatrix} \begin{bmatrix} 0 & 0 & 1 \\ 0 & 0 & 0 \\ 0 & 0 & 0 \end{bmatrix} \begin{bmatrix} b_1 & b_2 & b_3 \\ t_1 & t_2 & t_3 \\ n_1 & n_2 & n_3 \end{bmatrix} = \delta_{\mathrm{s}} \begin{bmatrix} b_1n_1 & b_1n_2 & b_1n_3 \\ b_2n_1 & b_2n_2 & b_2n_3 \\ b_3n_1 & b_3n_2 & b_3n_3 \end{bmatrix} \tag{2.10}$$

力学分析显示，位移张量可分解成塑性应变张量$[\varepsilon_{ij}^{\mathrm{p}}]$和刚性旋转张量$[\omega_k]$之和[2,4]，即

$$\begin{bmatrix} \frac{\partial u_1}{\partial x_1} & \frac{\partial u_1}{\partial x_2} & \frac{\partial u_1}{\partial x_3} \\ \frac{\partial u_2}{\partial x_1} & \frac{\partial u_2}{\partial x_2} & \frac{\partial u_2}{\partial x_3} \\ \frac{\partial u_3}{\partial x_1} & \frac{\partial u_3}{\partial x_2} & \frac{\partial u_3}{\partial x_3} \end{bmatrix} = \begin{bmatrix} \varepsilon_{11}^{\mathrm{p}} & \varepsilon_{12}^{\mathrm{p}} & \varepsilon_{13}^{\mathrm{p}} \\ \varepsilon_{21}^{\mathrm{p}} & \varepsilon_{22}^{\mathrm{p}} & \varepsilon_{23}^{\mathrm{p}} \\ \varepsilon_{31}^{\mathrm{p}} & \varepsilon_{32}^{\mathrm{p}} & \varepsilon_{33}^{\mathrm{p}} \end{bmatrix} + \frac{1}{2} \begin{bmatrix} 0 & -\omega_3 & \omega_2 \\ \omega_3 & 0 & -\omega_1 \\ -\omega_2 & \omega_1 & 0 \end{bmatrix}$$

$$= \begin{bmatrix} \frac{\partial u_1}{\partial x_1} & \frac{1}{2}\left(\frac{\partial u_2}{\partial x_1} + \frac{\partial u_1}{\partial x_2}\right) & \frac{1}{2}\left(\frac{\partial u_3}{\partial x_1} + \frac{\partial u_1}{\partial x_3}\right) \\ \frac{1}{2}\left(\frac{\partial u_2}{\partial x_1} + \frac{\partial u_1}{\partial x_2}\right) & \frac{\partial u_2}{\partial x_2} & \frac{1}{2}\left(\frac{\partial u_3}{\partial x_2} + \frac{\partial u_2}{\partial x_3}\right) \\ \frac{1}{2}\left(\frac{\partial u_3}{\partial x_1} + \frac{\partial u_1}{\partial x_3}\right) & \frac{1}{2}\left(\frac{\partial u_3}{\partial x_2} + \frac{\partial u_2}{\partial x_3}\right) & \frac{\partial u_3}{\partial x_3} \end{bmatrix}$$

$$+ \begin{bmatrix} 0 & -\frac{1}{2}\left(\frac{\partial u_2}{\partial x_1} - \frac{\partial u_1}{\partial x_2}\right) & -\frac{1}{2}\left(\frac{\partial u_3}{\partial x_1} - \frac{\partial u_1}{\partial x_3}\right) \\ \frac{1}{2}\left(\frac{\partial u_2}{\partial x_1} - \frac{\partial u_1}{\partial x_2}\right) & 0 & -\frac{1}{2}\left(\frac{\partial u_3}{\partial x_2} - \frac{\partial u_2}{\partial x_3}\right) \\ \frac{1}{2}\left(\frac{\partial u_3}{\partial x_1} - \frac{\partial u_1}{\partial x_3}\right) & \frac{1}{2}\left(\frac{\partial u_3}{\partial x_2} - \frac{\partial u_2}{\partial x_3}\right) & 0 \end{bmatrix}$$

$$
= \delta_s \begin{bmatrix} b_1 n_1 & \frac{1}{2}(b_1 n_2 + b_2 n_1) & \frac{1}{2}(b_1 n_3 + b_3 n_1) \\ \frac{1}{2}(b_2 n_1 + b_1 n_2) & b_2 n_2 & \frac{1}{2}(b_2 n_3 + b_3 n_2) \\ \frac{1}{2}(b_3 n_1 + b_1 n_3) & \frac{1}{2}(b_3 n_2 + b_2 n_3) & b_3 n_3 \end{bmatrix}
+ \delta_s \begin{bmatrix} 0 & \frac{1}{2}(b_1 n_2 - b_2 n_1) & \frac{1}{2}(b_1 n_3 - b_3 n_1) \\ \frac{1}{2}(b_2 n_1 - b_1 n_2) & 0 & \frac{1}{2}(b_2 n_3 - b_3 n_2) \\ \frac{1}{2}(b_3 n_1 - b_1 n_3) & \frac{1}{2}(b_3 n_2 - b_2 n_3) & 0 \end{bmatrix} \tag{2.11}
$$

其中，$\omega_1/2$、$\omega_2/2$ 和$\omega_3/2$ 的取值为绕 x_1、x_2 和 x_3 的旋转角，$\omega_k>0$ 为逆时针旋转，$\omega_k<0$ 为顺时针旋转(图 2.4)，因此应变张量$[\varepsilon_{ij}^{\mathrm{p}}]$和旋转张量$[\omega_k]$分别有

$$
\begin{bmatrix} \varepsilon_{11}^{\mathrm{p}} & \varepsilon_{12}^{\mathrm{p}} & \varepsilon_{13}^{\mathrm{p}} \\ \varepsilon_{21}^{\mathrm{p}} & \varepsilon_{22}^{\mathrm{p}} & \varepsilon_{23}^{\mathrm{p}} \\ \varepsilon_{31}^{\mathrm{p}} & \varepsilon_{32}^{\mathrm{p}} & \varepsilon_{33}^{\mathrm{p}} \end{bmatrix} = \delta_s \begin{bmatrix} b_1 n_1 & \frac{1}{2}(b_1 n_2 + b_2 n_1) & \frac{1}{2}(b_1 n_3 + b_3 n_1) \\ \frac{1}{2}(b_2 n_1 + b_1 n_2) & b_2 n_2 & \frac{1}{2}(b_2 n_3 + b_3 n_2) \\ \frac{1}{2}(b_3 n_1 + b_1 n_3) & \frac{1}{2}(b_3 n_2 + b_2 n_3) & b_3 n_3 \end{bmatrix} \tag{2.12}
$$

$$
\frac{1}{2}\begin{bmatrix} \omega_1 \\ \omega_2 \\ \omega_3 \end{bmatrix} = \begin{bmatrix} \frac{1}{2}\left(\frac{\partial u_3}{\partial x_2} - \frac{\partial u_2}{\partial x_3}\right) \\ -\frac{1}{2}\left(\frac{\partial u_3}{\partial x_1} - \frac{\partial u_1}{\partial x_3}\right) \\ \frac{1}{2}\left(\frac{\partial u_2}{\partial x_1} - \frac{\partial u_1}{\partial x_2}\right) \end{bmatrix} = \frac{\delta_s}{2}\begin{bmatrix} b_3 n_2 - b_2 n_3 \\ -b_3 n_1 + b_1 n_3 \\ b_2 n_1 - b_1 n_2 \end{bmatrix} \tag{2.13}
$$

从宏观上可以粗略地把变形晶体看成连续变形介质，因而这一应变和旋转张量不仅表达了图 2.3 中 M 点的塑性应变状态，也可扩展成表达该晶体其他各点的塑性应变和外形转动状态。可以看出，当滑移系确定之后应变和旋转张量与位错相对滑移切应变 δ_s 密切相关。如果变形由一个以上的不同 $\boldsymbol{b}$ 滑移矢量的滑移完成，则可根据各滑移系开动造成的相对切应变 δ_s 值分别算出各滑移系产生的应变和旋转张量，然后将各张量加在一起，即为总的应变和总旋转张量。

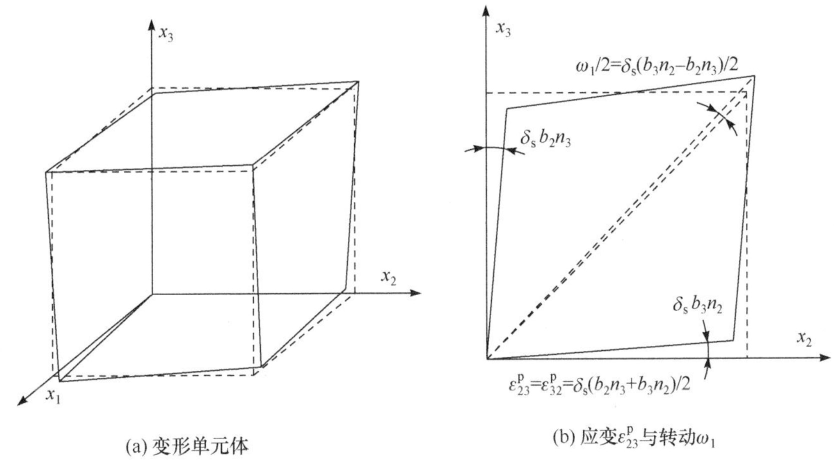

图 2.4　单元体变形

设变形前的晶体内有一矢量 $\boldsymbol{d}$[图 2.3(b)]，且在坐标系 $O\text{-}x_1\text{-}x_2\text{-}x_3$ 内有 $\boldsymbol{d}=[d_1, d_2, d_3]$。变形后 $\boldsymbol{d}$ 矢量转变成 $\boldsymbol{D}$ 矢量[图 2.3(b)]，且有 $\boldsymbol{D}=[D_1, D_2, D_3]$。可以看出因为塑性变形，$\boldsymbol{D}$ 矢量的长度已不同于变形前的 $\boldsymbol{d}$ 矢量，且其方向也偏离 $\boldsymbol{d}$。设以 $\boldsymbol{n}$ 为滑移面法向、$\boldsymbol{b}$ 为滑移矢量的滑移系开动并造成切应变 δ_{s} 后，$\boldsymbol{d}$ 矢量方向的塑性正应变为 $\varepsilon_d^{\mathrm{p}}$，则有[2]

$$\varepsilon_d^{\mathrm{p}}=\varepsilon_{11}^{\mathrm{p}}d_1^2+\varepsilon_{22}^{\mathrm{p}}d_2^2+\varepsilon_{33}^{\mathrm{p}}d_3^2+2\varepsilon_{12}^{\mathrm{p}}d_1d_2+2\varepsilon_{23}^{\mathrm{p}}d_2d_3+2\varepsilon_{31}^{\mathrm{p}}d_3d_1 \tag{2.14}$$

由此可以求出变形后的 $\boldsymbol{D}$ 矢量为[2]

$$\begin{aligned}\boldsymbol{D}=\begin{bmatrix}D_1\\D_2\\D_3\end{bmatrix}&=\frac{1}{1+\varepsilon_d^{\mathrm{p}}}\begin{bmatrix}1+\dfrac{\partial u_1}{\partial x_1} & \dfrac{\partial u_1}{\partial x_2} & \dfrac{\partial u_1}{\partial x_3}\\ \dfrac{\partial u_2}{\partial x_1} & 1+\dfrac{\partial u_2}{\partial x_2} & \dfrac{\partial u_2}{\partial x_3}\\ \dfrac{\partial u_3}{\partial x_1} & \dfrac{\partial u_3}{\partial x_2} & 1+\dfrac{\partial u_3}{\partial x_3}\end{bmatrix}\begin{bmatrix}d_1\\d_2\\d_3\end{bmatrix}\\&=\frac{\delta_{\mathrm{s}}}{1+\varepsilon_d^{\mathrm{p}}}\begin{bmatrix}\dfrac{1}{\delta_{\mathrm{s}}}+b_1n_1 & b_1n_2 & b_1n_3\\ b_2n_1 & \dfrac{1}{\delta_{\mathrm{s}}}+b_2n_2 & b_2n_3\\ b_3n_1 & b_3n_2 & \dfrac{1}{\delta_{\mathrm{s}}}+b_3n_3\end{bmatrix}\begin{bmatrix}d_1\\d_2\\d_3\end{bmatrix}\end{aligned} \tag{2.15}$$

参照式(2.10)～式(2.13)可知，$\boldsymbol{D}$ 矢量的方向和大小也与塑性应变和旋转张量相关。

2.2 塑性变形系开动引起的取向变化

2.2.1 取向转变与取向差

在参考坐标系 $O\text{-}x_1\text{-}x_2\text{-}x_3$ 内，绕两晶粒共有的单位矢量 $\boldsymbol{r} = [r_1r_2r_3]$旋转$\gamma$角就可以使两晶粒取向重合；或绕晶界两侧晶粒中一个晶粒的这个 $\boldsymbol{r}$ 矢量，即绕$[r_1r_2r_3]$轴反向转γ角，就可以到达另一个给定的晶粒取向。如果把晶界两侧晶粒中一个晶粒的取向确定为起始取向(1.2.2 小节)，则这种转动关系可以借助图 2.5 表达出来[4]。如图 2.5 所示，具有起始取向的正交晶体其坐标系[100]、[010]、[001]与参考坐标系 $O\text{-}x_1\text{-}x_2\text{-}x_3$ 完全重合，晶体内有单位矢量$[r_1r_2r_3]$，其方向可参照图 1.20 由α和β两个方位角即极图的纬度角和经度角确定。使晶体坐标系与参考坐标系绕$[r_1r_2r_3]$作相对旋转操作，转角为γ；如果适当选择$[r_1r_2r_3]$方向和γ值，则旋转后可使参考坐标系 x_1 平行于[100]方向，变成 x_1 与任意$[uvw]$晶体方向平行，同时有 x_2 方向平行于$[rst]$方向、x_3 方向平行于$[hkl]$方向。

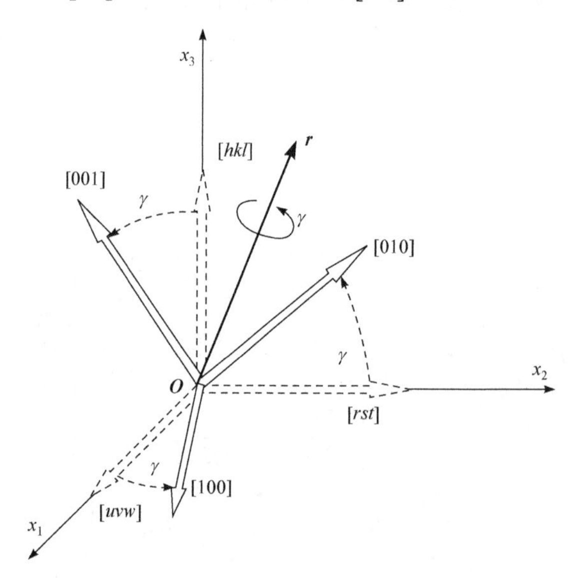

图 2.5 相对于起始取向的取向差示意图

借助球面三角余弦定理，可以推导出旋转后晶体$[uvw]$、$[rst]$、$[hkl]$等晶向的方向参数[5]，且有

$$\begin{bmatrix} u & r & h \\ v & s & k \\ w & t & l \end{bmatrix} =$$

$$\begin{bmatrix} r_1^2(1-\cos\gamma)+\cos\gamma & r_1r_2(1-\cos\gamma)+r_3\sin\gamma & r_1r_3(1-\cos\gamma)-r_2\sin\gamma \\ r_1r_2(1-\cos\gamma)-r_3\sin\gamma & r_2^2(1-\cos\gamma)+\cos\gamma & r_2r_3(1-\cos\gamma)+r_1\sin\gamma \\ r_1r_3(1-\cos\gamma)+r_2\sin\gamma & r_2r_3(1-\cos\gamma)-r_1\sin\gamma & r_3^2(1-\cos\gamma)+\cos\gamma \end{bmatrix} \tag{2.16}$$

$$= \Delta g([r_1r_2r_3],\gamma) = \begin{bmatrix} \Delta g_{11} & \Delta g_{12} & \Delta g_{13} \\ \Delta g_{21} & \Delta g_{22} & \Delta g_{23} \\ \Delta g_{31} & \Delta g_{32} & \Delta g_{33} \end{bmatrix}$$

式(2.16)给出了任一晶体取向与起始取向之间取向差 Δg 的表达式。相邻晶粒的取向差通常指晶界一侧的晶粒绕特定的晶体学方向转动到与晶界另一侧晶粒有同样取向时，所转动的最小转角$\gamma_{\min}$。式(2.16)中$\Delta g([r_1r_2r_3], \gamma)$所表达的取向差中有两个要素：一个是上述旋转操作的转轴 $\boldsymbol{r}$，其方向可由方位角α和β确定；另一个是转角γ。在讨论取向差时，往往只关注取向差转角γ，而不关注转轴 $\boldsymbol{r}$。式(2.16)所表达的取向差特指与起始取向的取向差，根据晶体取向的概念(1.2.2 小节)，式(2.16)实际上表达的也是晶体的取向，因此有

$$\begin{bmatrix} \cos\varphi_1\cos\varphi_2-\sin\varphi_1\sin\varphi_2\cos\Phi & \sin\varphi_1\cos\varphi_2+\cos\varphi_1\sin\varphi_2\cos\Phi & \sin\varphi_2\sin\Phi \\ -\cos\varphi_1\sin\varphi_2-\sin\varphi_1\cos\varphi_2\cos\Phi & -\sin\varphi_1\sin\varphi_2+\cos\varphi_1\cos\varphi_2\cos\Phi & \cos\varphi_2\sin\Phi \\ \sin\varphi_1\sin\Phi & -\cos\varphi_1\sin\Phi & \cos\Phi \end{bmatrix}$$

$$= \begin{bmatrix} r_1^2(1-\cos\gamma)+\cos\gamma & r_1r_2(1-\cos\gamma)+r_3\sin\gamma & r_1r_3(1-\cos\gamma)-r_2\sin\gamma \\ r_1r_2(1-\cos\gamma)-r_3\sin\gamma & r_2^2(1-\cos\gamma)+\cos\gamma & r_2r_3(1-\cos\gamma)+r_1\sin\gamma \\ r_1r_3(1-\cos\gamma)+r_2\sin\gamma & r_2r_3(1-\cos\gamma)-r_1\sin\gamma & r_3^2(1-\cos\gamma)+\cos\gamma \end{bmatrix} \tag{2.17}$$

对于任意取向 g，如果对其做给定的取向转变$\Delta g([r_1r_2r_3], \gamma)$，则可计算新的取向 g'为

$$g' = \Delta g([r_1r_2r_3],\gamma)\cdot g$$

$$= \begin{bmatrix} (1-r_1^2)\cos\gamma+r_1^2 & r_1r_2(1-\cos\gamma)+r_3\sin\gamma & r_1r_3(1-\cos\gamma)-r_2\sin\gamma \\ r_1r_2(1-\cos\gamma)-r_3\sin\gamma & (1-r_2^2)\cos\gamma+r_2^2 & r_2r_3(1-\cos\gamma)+r_1\sin\gamma \\ r_1r_3(1-\cos\gamma)+r_2\sin\gamma & r_2r_3(1-\cos\gamma)-r_1\sin\gamma & (1-r_3^2)\cos\gamma+r_3^2 \end{bmatrix} \begin{bmatrix} u & r & h \\ v & s & k \\ w & t & l \end{bmatrix} \tag{2.18}$$

可以根据晶粒取向的欧拉角$(\varphi_1, \Phi, \varphi_2)$或米勒指数$(hkl)[uvw]$借助式(2.16)、式(2.17)计算相对于起始取向的取向差$\Delta g([r_1r_2r_3],\gamma) = [\Delta g_{ij}]$，也可以计算任意两取

向之间的取向差。设两相邻晶粒分别具有取向$(hkl)[uvw]$和$(h_0k_0l_0)[u_0v_0w_0]$，则由式(2.18)两取向之间的关系可以表达为

$$\begin{bmatrix} u & r & h \\ v & s & k \\ w & t & l \end{bmatrix} = \begin{bmatrix} \Delta g_{11} & \Delta g_{12} & \Delta g_{13} \\ \Delta g_{21} & \Delta g_{22} & \Delta g_{23} \\ \Delta g_{31} & \Delta g_{32} & \Delta g_{33} \end{bmatrix} \begin{bmatrix} u_0 & r_0 & h_0 \\ v_0 & s_0 & k_0 \\ w_0 & t_0 & l_0 \end{bmatrix} \tag{2.19}$$

若取向$(h_0k_0l_0)[u_0v_0w_0]$为初始取向，$(hkl)[uvw]$为目标取向，则参照式(1.12)可知，式(2.19)就转变成式(2.16)。一般情况下可以把式(2.19)转换为

$$\Delta g([r_1r_2r_3],\gamma) = \begin{bmatrix} \Delta g_{11} & \Delta g_{12} & \Delta g_{13} \\ \Delta g_{21} & \Delta g_{22} & \Delta g_{23} \\ \Delta g_{31} & \Delta g_{32} & \Delta g_{33} \end{bmatrix} = \begin{bmatrix} u & r & h \\ v & s & k \\ w & t & l \end{bmatrix} \begin{bmatrix} u_0 & r_0 & h_0 \\ v_0 & s_0 & k_0 \\ w_0 & t_0 & l_0 \end{bmatrix}^{-1} \tag{2.20}$$

由此可参照式(2.16)计算出取向差角γ为

$$\gamma = \arccos\left(\frac{\Delta g_{11} + \Delta g_{22} + \Delta g_{33} - 1}{2}\right) \tag{2.21}$$

同时也可以参照式(2.16)计算出旋转操作的转轴$\boldsymbol{r}$为

$$r_1 = \frac{\Delta g_{23} - \Delta g_{32}}{2\sin\gamma}, \quad r_2 = \frac{\Delta g_{31} - \Delta g_{13}}{2\sin\gamma}, \quad r_3 = \frac{\Delta g_{12} - \Delta g_{21}}{2\sin\gamma} \tag{2.22}$$

式(2.16)中的$[r_1r_2r_3]\gamma$或$\langle r_1r_2r_3\rangle\gamma$既可以用来表示取向差，也可以用来表示从初始取向出发到达某个已知取向所要施加的绕$[r_1r_2r_3]$轴旋转γ角的取向变换操作。需要注意的是，晶体具有的对称性会影响取向差的计算。取向差仅涉及晶体取向的旋转，因此这里只需考虑晶体的旋转对称性。立方、六方、四方、正交等不同的晶体会具备不同的旋转对称性[4]。例如，对于旋转对称性为 432 的立方晶体存在 24 种旋转对称操作，即可以按照不同对称旋转操作一一对应地计算出由 24 个转轴和 24 个γ值组成的 24 种取向差的表达方式。可以通过将旋转群中 24 个对称操作先作用于取向$(hkl)[uvw]$，然后分别计算与取向$(h_0k_0l_0)[u_0v_0w_0]$的 24 组取向差数值。432 旋转对称性的 24 种旋转对称操作可以有多种表达方式。例如，表 2.1 以取向差$\Delta g([r_1r_2r_3],\gamma)$的形式列出了立方晶体各种旋转对称操作及它们之间的所有可能的组合，共组成 24 种旋转对称操作矩阵[4]。在计算$(hkl)[uvw]$和$(h_0k_0l_0)$ $[u_0v_0w_0]$任意两取向间的取向差时，可先将表 2.1 中 24 种对称旋转矩阵分别作用于取向$(hkl)[uvw]$，获得 24 种对称取向；再逐一计算出与取向$(h_0k_0l_0)[u_0v_0w_0]$之间的 24 组取向差。表 2.2 以立方晶体的$(111)[11\bar{2}]$和$(001)[110]$两个取向为例，计算出了 24 组不同的取向差$\Delta g([r_1r_2r_3],\gamma)$，但它们实际上表示的是同样的取向差。

表 2.1　立方晶体 24 种旋转对称操作矩阵的获取(表中的行×列)

Δg	Δg_0 ([100], 0°)	Δg_{111} ([111], 120°)	Δg_{111}^2 ([111], 240°)	$\Delta g_{1\bar{1}0}$ ([$1\bar{1}0$], 180°)	$\Delta g_{1\bar{1}0}\cdot\Delta g_{111}$	$\Delta g_{1\bar{1}0}\cdot\Delta g_{111}^2$
Δg_0 ([100], 0°)	$\begin{bmatrix}1&0&0\\0&1&0\\0&0&1\end{bmatrix}$	$\begin{bmatrix}0&0&1\\1&0&0\\0&1&0\end{bmatrix}$	$\begin{bmatrix}0&1&0\\0&0&1\\1&0&0\end{bmatrix}$	$\begin{bmatrix}0&-1&0\\-1&0&0\\0&0&-1\end{bmatrix}$	$\begin{bmatrix}-1&0&0\\0&0&-1\\0&-1&0\end{bmatrix}$	$\begin{bmatrix}0&0&-1\\0&-1&0\\-1&0&0\end{bmatrix}$
Δg_{100} ([100], 90°)	$\begin{bmatrix}1&0&0\\0&0&-1\\0&1&0\end{bmatrix}$	$\begin{bmatrix}0&1&0\\1&0&0\\0&0&-1\end{bmatrix}$	$\begin{bmatrix}0&0&-1\\0&1&0\\1&0&0\end{bmatrix}$	$\begin{bmatrix}0&0&1\\-1&0&0\\0&-1&0\end{bmatrix}$	$\begin{bmatrix}-1&0&0\\0&-1&0\\0&0&1\end{bmatrix}$	$\begin{bmatrix}0&-1&0\\0&0&1\\-1&0&0\end{bmatrix}$
Δg_{100}^2 ([100], 180°)	$\begin{bmatrix}1&0&0\\0&-1&0\\0&0&-1\end{bmatrix}$	$\begin{bmatrix}0&0&-1\\1&0&0\\0&-1&0\end{bmatrix}$	$\begin{bmatrix}0&-1&0\\0&0&-1\\1&0&0\end{bmatrix}$	$\begin{bmatrix}0&1&0\\-1&0&0\\0&0&1\end{bmatrix}$	$\begin{bmatrix}-1&0&0\\0&0&1\\0&1&0\end{bmatrix}$	$\begin{bmatrix}0&0&1\\0&1&0\\-1&0&0\end{bmatrix}$
Δg_{100}^3 ([100], 270°)	$\begin{bmatrix}1&0&0\\0&0&1\\0&-1&0\end{bmatrix}$	$\begin{bmatrix}0&-1&0\\1&0&0\\0&0&1\end{bmatrix}$	$\begin{bmatrix}0&0&1\\0&-1&0\\1&0&0\end{bmatrix}$	$\begin{bmatrix}0&0&-1\\-1&0&0\\0&1&0\end{bmatrix}$	$\begin{bmatrix}-1&0&0\\0&1&0\\0&0&-1\end{bmatrix}$	$\begin{bmatrix}0&1&0\\0&0&-1\\-1&0&0\end{bmatrix}$

表 2.2　立方晶体(111) [$11\bar{2}$] 与(001)[110]的取向差计算

序号	r_1	r_2	r_3	γ/(°)	序号	r_1	r_2	r_3	γ/(°)	序号	r_1	r_2	r_3	γ/(°)
1	0.27	0.27	0.93	68.75	9	−0.30	−0.67	−0.67	180.00	17	−0.49	0.72	−0.49	149.58
2	−0.66	−0.36	0.66	92.63	10	−0.30	0.79	0.54	123.08	18	−0.18	0.18	−0.97	117.01
3	−0.83	−0.53	0.15	162.57	11	−0.91	0.41	0.00	95.26	19	0.30	−0.54	−0.79	123.09
4	0.79	0.54	0.30	123.09	12	−0.79	−0.30	−0.54	123.08	20	0.53	−0.83	−0.15	162.58
5	−0.27	−0.93	−0.27	68.75	13	−0.95	0.21	0.21	180.00	21	0.49	0.49	−0.72	149.59
6	−0.22	−0.98	0.00	155.26	14	0.83	−0.15	0.53	162.58	22	0.91	0.00	−0.41	95.27
7	0.18	0.97	−0.18	117.01	15	0.22	0.00	0.98	155.26	23	0.66	−0.66	0.36	92.63
8	0.00	0.71	−0.71	35.27	16	−0.53	0.15	0.83	162.57	24	0.00	−0.71	0.71	144.73

在所有计算出的取向差角中，只有数值最小的转角γ_{min}才是所要求的表达相应取向差的特征数值，相应操作的转轴可表达成$[r_1r_2r_3]_{min}$。由此，两晶粒的取向差可表达成$[r_1r_2r_3]_{min}\gamma_{min}$，对应表 2.2 为[0.00, 0.71, −0.71]35.27°，整数化处理后为$<01\bar{1}>$35.27°。通常所说的取向差γ实际上是指最小的取向差角γ_{min}。大于γ_{min}的取向差角都不表示真正的取向差。

2.2.2 滑移系开动引起的取向演变

设一立方晶系的晶粒在参考坐标系 $O\text{-}x_1\text{-}x_2\text{-}x_3$ 内的取向为$(hkl)[uvw]$，参照1.2.2小节有 $x_1//[uvw]$、$x_2//[rst]$、$x_3//[hkl]$。外加载荷造成的内应力会导致滑移系开动，并造成塑性变形和取向变化。如果以 $\boldsymbol{n}$ 为滑移面法向、$\boldsymbol{b}$ 为滑移矢量的滑移系开动并造成切应变δ_s后，原有的$[uvw]$、$[rst]$、$[hkl]$方向就转变成了$[u'v'w']$、$[r's't']$、$[h'k'l']$(图2.6)，参照式(2.15)，可将变形后的3个新方向表达为

$$\begin{bmatrix} u' & r' & h' \\ v' & s' & k' \\ w' & t' & l' \end{bmatrix} = \frac{\delta_s}{1+\varepsilon_d^p} \begin{bmatrix} \dfrac{1}{\delta_s}+b_1n_1 & b_1n_2 & b_1n_3 \\ b_2n_1 & \dfrac{1}{\delta_s}+b_2n_2 & b_2n_3 \\ b_3n_1 & b_3n_2 & \dfrac{1}{\delta_s}+b_3n_3 \end{bmatrix} \begin{bmatrix} u & r & h \\ v & s & k \\ w & t & l \end{bmatrix} \tag{2.23}$$

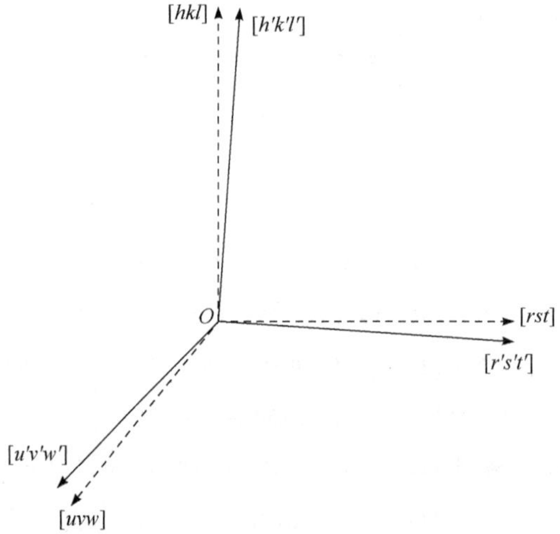

图2.6 单向外力驱动滑移系开动造成的晶体取向的微小变化

因后续需对各方向矢量作归一化处理，用式(2.23)计算时也可先不考虑式(2.14)中的变形导致矢量长度 ε_d^p 的变化。

变形引起取向的变化与外加载荷的方向有关。如果滑移系是在晶粒的$[uvw]//x_1$方向施加拉应力开动，参照1.2.3小节的拉伸方向不变规则(图1.17)，变形后的拉应力方向应为$[u'v'w']$；变形导致晶粒取向旋转的转轴$[r_1r_2r_3]$应同时垂直于$[u'v'w']$和$[uvw]$，即

$$[r_1r_2r_3] = \frac{[u'v'w'] \times [uvw]}{\sin\gamma\sqrt{(u'^2+v'^2+w'^2)(u^2+v^2+w^2)}} \tag{2.24}$$

旋转角γ为$[u'v'w']$和$[uvw]$的夹角，即

$$\gamma = \arccos\frac{[u'v'w']\cdot[uvw]}{\sqrt{(u'^2+v'^2+w'^2)(u^2+v^2+w^2)}} \tag{2.25}$$

因此，把变形前的取向 g 及式(2.24)和式(2.25)计算的结果代入式(2.18)后即可获得滑移后拉伸变形造成的新取向 g'。如果滑移系是在晶粒的$[hkl]//x_3$方向施加压应力开动，参照 1.2.3 小节的压缩面不变规则(图 1.18)，变形后的压应力方向应为$[h'k'l']$；变形导致晶粒取向旋转的转轴$[r_1r_2r_3]$应同时垂直于$[h'k'l']$和$[hkl]$，即

$$[r_1r_2r_3] = \frac{[h'k'l']\times[hkl]}{\sin\gamma\sqrt{(h'^2+k'^2+l'^2)(h^2+k^2+l^2)}} \tag{2.26}$$

旋转角γ为$[h'k'l']$和$[hkl]$的夹角，即

$$\gamma = \arccos\frac{[h'k'l']\cdot[hkl]}{\sqrt{(h'^2+k'^2+l'^2)(h^2+k^2+l^2)}} \tag{2.27}$$

将式(2.26)和式(2.27)计算的结果代入式(2.18)即获得滑移后压缩变形的新取向 g'。

如果滑移系是同时在晶粒的$[uvw]//x_1$方向施加拉应力，在$[hkl]//x_3$方向施加压应力开动，则类似于轧制变形的情况；参照 1.2.3 小节，此时压缩面不变规则和拉伸方向不变规则同时适用，即有轧面不变和轧向不变规则；这种情况比单向外力作用时对取向变化的约束要复杂，也存在多种不同的取向变化计算方法。这里先介绍一种较直观的方法。

先确认需遵循压缩面不变规则和拉伸方向不变规则，即保证轧面不变和轧向不变。滑移系的开动会导致晶体所在坐标系 O-x_1-x_2-x_3 内所有矢量发生变化，包括 x_1、x_2、x_3 三个基本坐标轴，这三个坐标轴也代表变形前参考坐标系 S(这里是轧制样品坐标系)的起始取向，即 $x_1 = [100]_\mathrm{S}$、$x_2 = [010]_\mathrm{S}$、$x_3 = [001]_\mathrm{S}$。滑移系开动使 x_1、x_2、x_3 转变为 x_1' 、x_2' 、x_3' (图 2.7)。

参照式(2.15)并忽略含 ε_d^p 项，对未归一化处理的矢量关系有

$$[x_1'\ \ x_2'\ \ x_3'] = \begin{bmatrix} \dfrac{1}{\delta_\mathrm{s}}+b_1n_1 & b_1n_2 & b_1n_3 \\ b_2n_1 & \dfrac{1}{\delta_\mathrm{s}}+b_2n_2 & b_2n_3 \\ b_3n_1 & b_3n_2 & \dfrac{1}{\delta_\mathrm{s}}+b_3n_3 \end{bmatrix} \begin{bmatrix} 1 & 0 & 0 \\ 0 & 1 & 0 \\ 0 & 0 & 1 \end{bmatrix}_\mathrm{S}$$

$$
=\begin{bmatrix}
\dfrac{1}{\delta_s}+b_1n_1 & b_1n_2 & b_1n_3 \\
b_2n_1 & \dfrac{1}{\delta_s}+b_2n_2 & b_2n_3 \\
b_3n_1 & b_3n_2 & \dfrac{1}{\delta_s}+b_3n_3
\end{bmatrix} \tag{2.28}
$$

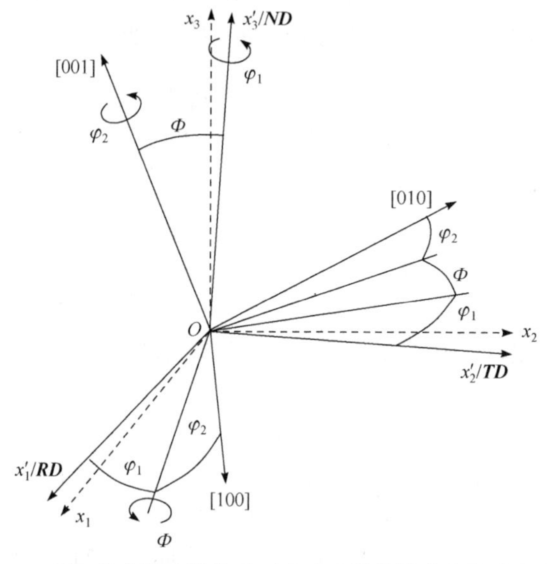

图 2.7　双向外力驱动滑移系开动造成的晶体取向的微小变化

x_1'、x_2'、x_3'为变形后的x_1、x_2、x_3或新的轧面法向、轧向、横向。按照轧面不变和轧向不变规则重新整理轧面法向 ***ND***、轧向 ***RD***、横向 ***TD*** 矢量，并同时作归一化处理有

$$
\boldsymbol{ND}=\frac{x_1'\times x_2'}{|x_1'\times x_2'|};\quad \boldsymbol{RD}=\frac{x_1'}{|x_1'|};\quad \boldsymbol{TD}=\boldsymbol{ND}\times\boldsymbol{RD} \tag{2.29}
$$

即把所导出的x_1'和x_2'所决定面的法线定义为新法向，以保持轧面不变；同时把导出的x_1'定为新取向的轧向，以保持轧向不变；随后用新法向与新轧向的矢量积重新确认新横向，进而获得轧制变形后表示轧制样品坐标系的单位矢量矩阵[***RD***, ***TD***, ***ND***]。变形后原处于样品坐标系 O-x_1-x_2-x_3 内的取向 g 转变成了新样品坐标系[***RD***, ***TD***, ***ND***]内的 g 取向。参照式(1.15)，将其中表示原样品坐标系 O-x_1-x_2-x_3 的矩阵根据图 2.7、式(2.28)、式(2.29)换成表示新样品坐标系[***RD***, ***TD***, ***ND***]的矩阵，也就是说，经过 O-x_1-x_2-x_3 与[***RD***, ***TD***, ***ND***]之间的转换使变形后有 ***RD***//x_1、***TD***//x_2、***ND***//x_3，则 g 就被转换成了变形后的新取向 g'，即

$$g' = g \cdot [\boldsymbol{RD} \quad \boldsymbol{TD} \quad \boldsymbol{ND}] \tag{2.30}$$

进而可求出新取向的欧拉角或米勒指数。

另一种计算双向外力驱动滑移系开动造成晶体取向变化的方法，是利用变形引起的旋转矢量$[\omega_k]$。如式(2.13)所示的旋转矢量$[\omega_k](k = 1,2,3)$是变形体不受外部约束时可能发生的转动。当存在轧面不变和轧向不变规则约束时，这种刚性旋转矢量并不能完全实现。一般认为，旋转矢量各项中含有轧面法向分量 n_3 的旋转会破坏轧面不变规则，含有轧向分量 b_1 的旋转会破坏轧向不变规则，因此含有 n_3 和 b_1 的旋转项无法实现，应排除。由此旋转矢量$[\omega_k]$变成了简化的旋转矢量$[\omega'_k]$，且参照式(2.13)有

$$\begin{bmatrix} \omega'_1 \\ \omega'_2 \\ \omega'_3 \end{bmatrix} = \begin{bmatrix} \omega_1 \\ \omega_2 \\ \omega_3 \end{bmatrix}_{\substack{b_1=0 \\ n_3=0}} = \begin{bmatrix} \delta_s & b_3 & n_2 \\ -\delta_s & b_3 & n_1 \\ \delta_s & b_2 & n_1 \end{bmatrix} \tag{2.31}$$

若借助旋转矢量$[\omega'_k]$计算变形后的取向，则需把式(2.13)中绕 x_1、x_2、x_3 轴的三个旋转转化成如以上 $\Delta g\,([r_1r_2r_3], \gamma)$的一次旋转，且对$[r_1r_2r_3]$有

$$\begin{bmatrix} r_1 \\ r_2 \\ r_3 \end{bmatrix} = \frac{1}{\sqrt{\omega_1'^2 + \omega_2'^2 + \omega_3'^2}} \begin{bmatrix} \omega'_1 \\ \omega'_2 \\ \omega'_3 \end{bmatrix} \tag{2.32}$$

还需要把旋转矢量$[\omega'_k]$所涉及的三个旋转角转化成一个转角γ。可以把式(2.31)展示的旋转简化地理解成如图 1.17(b)所示的旋转，且可将式(2.32)展示的旋转轴看作是为保持拉伸方向不变规则所需实施的适合于如图 1.17(c)所示旋转的转轴；且取向的转动方向是刚性旋转的逆向，因此旋转矢量$[\omega'_k]$所对应的合成转角γ为

$$\gamma = -\sqrt{\omega_1'^2 + \omega_2'^2 + \omega_3'^2} \tag{2.33}$$

根据式(2.32)和式(2.33)的运算可获得所需的一次性旋转参数 $\Delta g\,([r_1r_2r_3],\gamma)$，并代入式(2.18)即可获得变形后的新取向 g'。这里描述的计算方法理解起来并不够直观，但其计算结果与式(2.30)的计算相同。

2.2.3　孪生系开动引起的取向演变

参照图 1.9 可以发现，与滑移系开动变形相比，孪生系开动后会造成以 $\boldsymbol{K}_1$ 为法线的孪生面 K_1 把变形晶体划分成切变晶体和未切变母晶体两个部分，因此其取向变化的计算过程比较复杂。

图 2.8 以立方晶体为例，给出了切应力τ作用下孪生系开动后切变晶体与母晶体的取向关系。在参考坐标系 $O\text{-}x_1\text{-}x_2\text{-}x_3$ 内母晶体$(h_0k_0l_0)[u_0v_0w_0]$与切变晶体$(h_tk_tl_t)$ $[u_tv_tw_t]$的取向关系可以表达为

$$\begin{bmatrix} u_t & r_t & h_t \\ v_t & s_t & k_t \\ w_t & t_t & l_t \end{bmatrix} = \Delta g([r_1 r_2 r_3], \gamma_t) \cdot \begin{bmatrix} u_0 & r_0 & h_0 \\ v_0 & s_0 & k_0 \\ w_0 & t_0 & l_0 \end{bmatrix} \tag{2.34}$$

孪生使母晶体取向$(h_0k_0l_0)[u_0v_0w_0]$转变成切变晶体取向$(h_tk_tl_t)[u_tv_tw_t]$，两者成孪晶对称，其中母晶体保持未变形而切变晶体则沿 $\boldsymbol{\eta}_1$ 方向发生了切应变$\delta_t = 2\cot\omega$ [图 2.8、式(1.2)]。式(2.34)中的 Δg $([r_1r_2r_3], \gamma_t)$即表示相应的孪晶取向差。

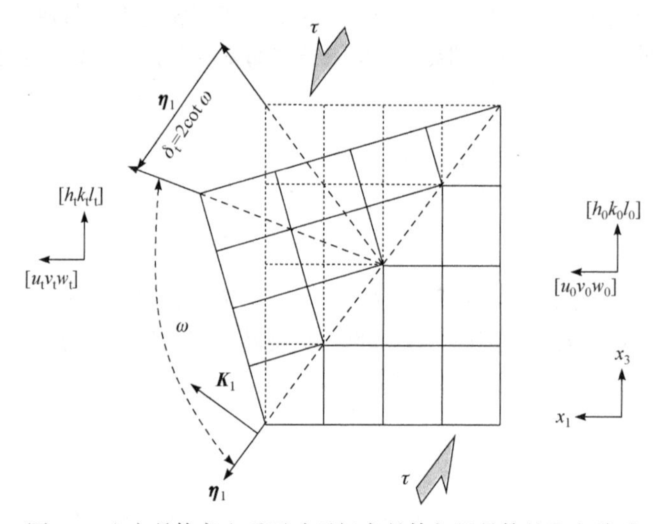

图 2.8　立方晶体孪生系开动后切变晶体与母晶体的取向关系

表 2.3 给出了根据立方晶体旋转对称性计算出的具有孪晶关系的两取向间取向差的 24 种取向差数据$[r_1r_2r_3]\gamma_t$，其中对$[r_1r_2r_3]$做了整数化处理；可以看出立方晶体孪生造成的孪晶取向差为$[r_1r_2r_3]_{\min}\gamma_{\min} = [111]60°$。

表 2.3　立方晶体旋转对称性导致具有孪晶关系的两取向间取向差的 24 种表达

序号	r_1	r_2	r_3	γ_t/(°)	序号	r_1	r_2	r_3	γ_t/(°)	序号	r_1	r_2	r_3	γ_t/(°)
1	1	−1	0	70.53	9	1	1	1	180.00	17	2	1	1	180.00
2	0	1	−1	70.53	10	0	2	1	131.81	18	1	2	1	180.00
3	−1	0	1	70.53	11	1	0	2	131.81	19	1	3	−1	146.44
4	−1	1	0	109.47	12	2	1	0	131.81	20	−1	1	3	146.44
5	0	−1	1	109.47	13	0	−1	−2	131.81	21	3	−1	1	146.44
6	1	0	−1	109.47	14	−2	0	−1	131.81	22	1	−3	−1	146.44
7	1	1	1	60.00	15	−1	−2	0	131.81	23	−1	1	−3	146.44
8	−1	−1	−1	60.00	16	1	1	2	180.00	24	−3	−1	1	146.44

注：对表中的$[r_1r_2r_3]$做了整数化处理。

一个立方晶体有 12 种不同的孪生系(表 1.2)，其各自开动可造成 12 种不同的孪晶取向。在已经确定所开动孪生系的 $\boldsymbol{K}_1$ 与 $\boldsymbol{\eta}_1$ 矢量的情况下，将母晶体的取向绕所开动孪生系的 $\boldsymbol{K}_1$ 或 $\boldsymbol{\eta}_1$ 矢量方向旋转 180°后即可获得正确的孪晶取向(图 2.8)。孪生切变完成后母晶体并未发生变形，仅切变晶体发生了变形。计算切变晶体的应变张量时，可对母晶体孪生面法向矢量 $\boldsymbol{K}_1$ 以及孪生方向矢量 $\boldsymbol{\eta}_1$ 实施与滑移系的滑移面法向矢量 $\boldsymbol{n}$ 和滑移矢量 $\boldsymbol{b}$ 类似的对待和处理。定义同时垂直于 $\boldsymbol{\eta}_1$ 与 $\boldsymbol{K}_1$ 的单位矢量 $\boldsymbol{t}=\boldsymbol{K}_1\times\boldsymbol{\eta}_1$，且有 $\boldsymbol{K}_1=[K_{11},K_{12},K_{13}]$，$\boldsymbol{\eta}_1=[\eta_{11},\eta_{12},\eta_{13}]$，孪生切应变量为确定的 δ_{t}[式(1.2)]；由此可把针对滑移系开动的式(2.12)和式(2.13)转换成适用于切变晶体孪生变形的应变张量 $[\varepsilon_{ij}^{\mathrm{p}}]$ 和旋转矢量 $[\omega_k]$ 计算式：

$$f_{\mathrm{t}}\begin{bmatrix}\varepsilon_{11}^{\mathrm{p}} & \varepsilon_{12}^{\mathrm{p}} & \varepsilon_{13}^{\mathrm{p}}\\ \varepsilon_{21}^{\mathrm{p}} & \varepsilon_{22}^{\mathrm{p}} & \varepsilon_{23}^{\mathrm{p}}\\ \varepsilon_{31}^{\mathrm{p}} & \varepsilon_{32}^{\mathrm{p}} & \varepsilon_{33}^{\mathrm{p}}\end{bmatrix}=f_{\mathrm{t}}\delta_{\mathrm{t}}\begin{bmatrix}\eta_{11}K_{11} & \frac{1}{2}(\eta_{11}K_{12}+\eta_{12}K_{11}) & \frac{1}{2}(\eta_{11}K_{13}+\eta_{13}K_{11})\\ \frac{1}{2}(\eta_{12}K_{11}+\eta_{11}K_{12}) & \eta_{12}K_{12} & \frac{1}{2}(\eta_{12}n_{13}+\eta_{13}n_{12})\\ \frac{1}{2}(\eta_{13}K_{11}+\eta_{11}K_{13}) & \frac{1}{2}(\eta_{13}K_{12}+\eta_{12}K_{13}) & \eta_{13}K_{13}\end{bmatrix} \tag{2.35}$$

$$\frac{f_{\mathrm{t}}}{2}\begin{bmatrix}\omega_1\\ \omega_2\\ \omega_3\end{bmatrix}=\frac{f_{\mathrm{t}}\delta_{\mathrm{t}}}{2}\begin{bmatrix}\eta_{13}K_{12}-\eta_{12}K_{13}\\ -\eta_{13}K_{11}+\eta_{11}K_{13}\\ \eta_{12}K_{11}-\eta_{11}K_{12}\end{bmatrix} \tag{2.36}$$

式中，f_{t} 为切变晶体占相关晶体整体的体积分数，若只观察切变晶体则有 $f_{\mathrm{t}}=1$。

假设一晶体或多晶体一晶粒[图 2.9(a)]内孪生系开动后切变晶体占据体积分数 f_{t} 非常大[图 2.9(b)]，晶体整体基本形成了孪生取向($f_{\mathrm{t}}\approx 1$)，此时孪生变形后切变晶体的取向即为变形后的晶体取向。以拉伸变形为例，首先借助式(2.34)计算出孪生系开动后切变晶体的取向$(h_{\mathrm{t}}k_{\mathrm{t}}l_{\mathrm{t}})[u_{\mathrm{t}}v_{\mathrm{t}}w_{\mathrm{t}}]$，且孪生变形后母晶体和切变晶体保持平行关系：$[u_0v_0w_0]//[u_{\mathrm{t}}v_{\mathrm{t}}w_{\mathrm{t}}]$、$[r_0s_0t_0]//[r_{\mathrm{t}}s_{\mathrm{t}}t_{\mathrm{t}}]$、$[h_0k_0l_0]//[h_{\mathrm{t}}k_{\mathrm{t}}l_{\mathrm{t}}]$。如果孪生系是在原始晶粒的$[u_0v_0w_0]//x_1$ 方向施加拉应力开动[图 2.9(b)]，则孪生变形后在原晶粒表面刻画的样品 x_1 方向[图 1.17(a)中的 $\boldsymbol{d}$ 矢量]就会偏离$[u_0v_0w_0]$方向[图 1.17(c)中的 $\boldsymbol{D}$ 矢量]。切变过程中母晶体和切变晶体的各晶向有相同的偏转规律。很高的切变晶体体积分数 f_{t} 使母晶体$[u_0v_0w_0]$晶向基本消失，因此可借助切变晶体$[u_{\mathrm{t}}v_{\mathrm{t}}w_{\mathrm{t}}]$的偏转行为计算晶体的偏转。参照式(2.23)，孪生系开动后切变晶体的三个方向$[u_{\mathrm{t}}'v_{\mathrm{t}}'w_{\mathrm{t}}']$、$[r_{\mathrm{t}}'s_{\mathrm{t}}'t_{\mathrm{t}}']$、$[h_{\mathrm{t}}'k_{\mathrm{t}}'l_{\mathrm{t}}']$应为

$$\begin{bmatrix} u_t' & r_t' & h_t' \\ v_t' & s_t' & k_t' \\ w_t' & t_t' & l_t' \end{bmatrix} = \begin{bmatrix} \frac{1}{f_t\delta_t}+\eta_{11}K_{11} & \eta_{11}K_{12} & \eta_{11}K_{13} \\ \eta_{12}K_{11} & \frac{1}{f_t\delta_t}+\eta_{12}K_{12} & \eta_{12}n_{13} \\ \eta_{13}n_{11} & \eta_{13}n_{12} & \frac{1}{f_t\delta_t}+\eta_{13}K_{13} \end{bmatrix} \begin{bmatrix} u_t & r_t & h_t \\ v_t & s_t & k_t \\ w_t & t_t & l_t \end{bmatrix} \quad (2.37)$$

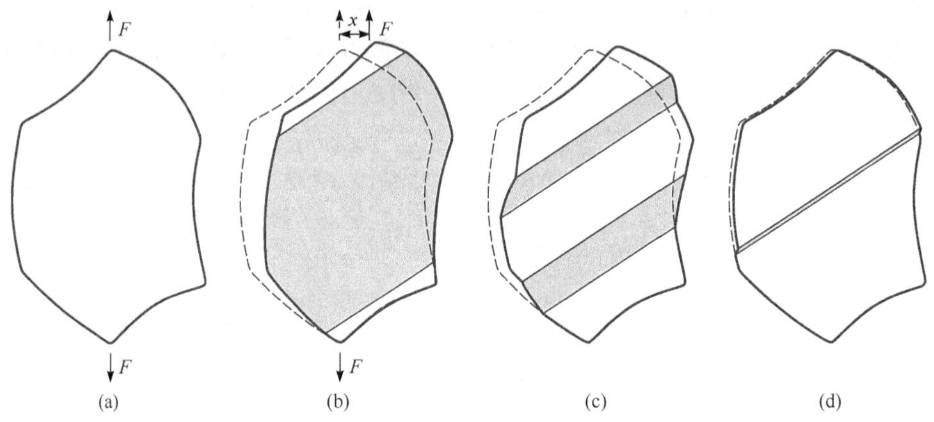

图 2.9　晶体孪生系开动后切变晶体(灰色区)占据体积分数 f_t 对晶体取向的影响

变形出现的力矩导致晶粒取向旋转[图 2.9(b)]，其转轴$[r_1'r_2'r_3']$应同时垂直于$[u_t'v_t'w_t']$和$[u_tv_tw_t]$，即

$$[r_1'r_2'r_3'] = \frac{[u_t'v_t'w_t'] \times [u_tv_tw_t]}{\sin\gamma\sqrt{(u_t'^2+v_t'^2+w_t'^2)(u_t^2+v_t^2+w_t^2)}} \quad (2.38)$$

旋转角γ为$[u_t'v_t'w_t']$和$[u_tv_tw_t]$的夹角，即

$$\gamma = \arccos\frac{[u_t'v_t'w_t'] \cdot [u_tv_tw_t]}{\sqrt{(u_t'^2+v_t'^2+w_t'^2)(u_t^2+v_t^2+w_t^2)}} \quad (2.39)$$

由此将式(2.34)、式(2.38)、式(2.39)的结果代入式(2.18)即可计算出变形后的取向$(h_t''k_t''l_t'')$ $[u_t''v_t''w_t'']$为

$$\begin{bmatrix} u_t'' & r_t'' & h_t'' \\ v_t'' & s_t'' & k_t'' \\ w_t'' & t_t'' & l_t'' \end{bmatrix} = \Delta g([r_1'r_2'r_3'],\gamma) \cdot \begin{bmatrix} u_t & r_t & h_t \\ v_t & s_t & k_t \\ w_t & t_t & l_t \end{bmatrix} \quad (2.40)$$

如果孪生系开动后切变晶体占据体积分数f_t非常小[图 2.9(d)]，变形晶体整体基本仍保持母晶体取向($f_t \approx 0$)，则只需计算母晶体的取向变化；计算时只需将式(2.37)中右侧的孪晶取向$(h_tk_tl_t)[u_tv_tw_t]$换成母晶体的取向$(h_0k_0l_0)[u_0v_0w_0]$，由此计算即可获得孪生系开动导致母晶体取向的变化。可以看出f_t值越小，式(2.37)中右

侧的变换矩阵越接近单位矩阵，变形引起母晶体取向的变化也越弱。当变形晶体内切变晶体和母晶体的体积分数都比较高时[图 2.9(c)]，则需要分别计算切变晶体和母晶体的取向变化，变形也使一个取向变成了两个都不可忽略的取向。

参照与计算滑移取向变化的式(2.24)～式(2.27)及式(2.30)、式(2.32)、式(2.33)等所示类似的原理和方法可以计算出各种拉伸、压缩或轧制条件下孪生系开动导致的取向变化。

2.3　塑性变形系的受力及其在晶粒内的分布

2.3.1　驱动塑性变形系开动的切应力

当外加力学载荷传递到一个晶粒时，其内部所有的滑移系和孪生系都会受到外应力的作用。由这种作用转化而来的作用于塑性变形系的相关分切应力是驱动其开动的潜在因素。一般认为，促使塑性变形系开动的前提是其所承受的切应力需达到特定的临界值，即临界分切应力τ_c。因 $\boldsymbol{n}$ 和 $\boldsymbol{b}$ 矢量或 $\boldsymbol{K}_1$ 和 $\boldsymbol{\eta}_1$ 矢量的差异，在同样外加应力作用下转化到各个塑性变形系的分切应力各不相同，因此实际上并不是所有承受切应力的塑性变形系都会开动。通常，随外加应力的提升，承受最大分切应力的塑性变形系所承受的应力值会率先达到τ_c 并开动。在研究晶体塑性变形行为时往往需要找出或确认在特定外载荷下能率先开动的塑性变形系。

如表 1.1 和表 1.2 所示，通常用米勒指数表达塑性变形系，实际上是用晶体坐标系的参数表达滑移系的 $\boldsymbol{n}$ 和 $\boldsymbol{b}$ 方向以及孪生系的 $\boldsymbol{K}_1$ 和 $\boldsymbol{\eta}_1$ 方向。以立方晶系的滑移系为例，将滑移系的米勒指数作归一化处理后在晶体坐标系内表达滑移系各矢量方向 $\boldsymbol{b}_c$、$\boldsymbol{t}_c$、$\boldsymbol{n}_c$ 时有

$$\begin{bmatrix} \boldsymbol{b}_c \\ \boldsymbol{t}_c \\ \boldsymbol{n}_c \end{bmatrix} = \begin{bmatrix} b_{[100]} & b_{[010]} & b_{[001]} \\ t_{[100]} & t_{[010]} & t_{[001]} \\ n_{[100]} & n_{[010]} & n_{[001]} \end{bmatrix} \quad 且 \quad \begin{matrix} b_{[100]}^2 + b_{[010]}^2 + b_{[001]}^2 = 1 \\ t_{[100]}^2 + t_{[010]}^2 + t_{[001]}^2 = 1 \\ n_{[100]}^2 + n_{[010]}^2 + n_{[001]}^2 = 1 \end{matrix} \tag{2.41}$$

当滑移系处于取向为 $g = (hkl)[uvw]$的晶粒内，而晶粒所在的样品坐标系为$O\text{-}x_1\text{-}x_2\text{-}x_3$时，参照式(2.9)在样品坐标系内滑移系可以表达为

$$[\boldsymbol{b} \quad \boldsymbol{t} \quad \boldsymbol{n}] = \begin{bmatrix} b_1 & t_1 & n_1 \\ b_2 & t_2 & n_2 \\ b_3 & t_3 & n_3 \end{bmatrix} = \begin{bmatrix} u & v & w \\ r & s & t \\ h & k & l \end{bmatrix} \begin{bmatrix} b_{[100]} & t_{[100]} & n_{[100]} \\ b_{[010]} & t_{[010]} & n_{[010]} \\ b_{[001]} & t_{[001]} & n_{[001]} \end{bmatrix}$$

$$\begin{bmatrix} \boldsymbol{b} \\ \boldsymbol{t} \\ \boldsymbol{n} \end{bmatrix} = \begin{bmatrix} b_1 & b_2 & b_3 \\ t_1 & t_2 & t_3 \\ n_1 & n_2 & n_3 \end{bmatrix} = \begin{bmatrix} b_{[100]} & b_{[010]} & b_{[001]} \\ t_{[100]} & t_{[010]} & t_{[001]} \\ n_{[100]} & n_{[010]} & n_{[001]} \end{bmatrix} \begin{bmatrix} u & r & h \\ v & s & k \\ w & t & l \end{bmatrix} \tag{2.42}$$

设滑移矢量 $\boldsymbol{b}$、滑移面法向矢量 $\boldsymbol{n}$ 及与两者同时相垂直的矢量 $\boldsymbol{t}$ 所构成的滑移系位于其自身的坐标系 $O\text{-}x_b\text{-}x_t\text{-}x_n$ 内，其中 x_b 为滑移矢量 $\boldsymbol{b}$ 方向、x_n 为滑移面法向矢量 $\boldsymbol{n}$ 方向。当在样品坐标系的金属多晶体受到外载荷作用，并转换成滑移系所在区域的应力张量$[\sigma_{ij}]$时，滑移系在其自身坐标系中所承受的应力张量表现为[4]

$$\begin{bmatrix} \sigma_{bb} & \sigma_{bt} & \sigma_{bn} \\ \sigma_{tb} & \sigma_{tt} & \sigma_{tn} \\ \sigma_{nb} & \sigma_{nt} & \sigma_{nn} \end{bmatrix} = \begin{bmatrix} \boldsymbol{b} \\ \boldsymbol{t} \\ \boldsymbol{n} \end{bmatrix} \begin{bmatrix} \sigma_{11} & \sigma_{12} & \sigma_{13} \\ \sigma_{21} & \sigma_{22} & \sigma_{23} \\ \sigma_{31} & \sigma_{32} & \sigma_{33} \end{bmatrix} [\boldsymbol{b} \quad \boldsymbol{t} \quad \boldsymbol{n}] \tag{2.43}$$

此时滑移系实际所承受的能促使其滑移的切应力 τ 为σ_{nb}，即$\tau = \sigma_{nb}$。对由刃位错构成的滑移系来说，促使其攀移的正应力为滑移矢量 $\boldsymbol{b}$ 方向的σ_{bb}。

假设应力张量$[\sigma_{ij}]$表现为仅在样品坐标系的 x_1 方向存在拉伸应力$\sigma_{11}>0$，其余应力张量分量均为 0，则参照式(2.42)可把式(2.43)所表达滑移系承受的应力转化为

$$\begin{bmatrix} \sigma_{bb} & \sigma_{bt} & \sigma_{bn} \\ \sigma_{tb} & \sigma_{tt} & \sigma_{tn} \\ \sigma_{nb} & \sigma_{nt} & \sigma_{nn} \end{bmatrix} = \begin{bmatrix} \boldsymbol{b} \\ \boldsymbol{t} \\ \boldsymbol{n} \end{bmatrix} \begin{bmatrix} \sigma_{11} & 0 & 0 \\ 0 & 0 & 0 \\ 0 & 0 & 0 \end{bmatrix} [\boldsymbol{b} \quad \boldsymbol{t} \quad \boldsymbol{n}] = \sigma_{11} \begin{bmatrix} b_1 b_1 & b_1 t_1 & b_1 n_1 \\ b_1 t_1 & t_1 t_1 & t_1 n_1 \\ b_1 n_1 & t_1 n_1 & n_1 n_1 \end{bmatrix} \tag{2.44}$$

当拉伸应力上升到样品的屈服应力σ_s，即有$\sigma_{11} = \sigma_s$时，晶体内该滑移系所承受的切应力$\tau = \sigma_{nb} = \sigma_{11} b_1 n_1$也达到了其临界值$\tau_c$。参照式(2.44)，该滑移系所承受的切应力有

$$\begin{gathered} \sigma_{bn} = \tau_c = \sigma_s b_1 n_1 = \sigma_s \cos(\boldsymbol{b}_c, x_1) \cos(\boldsymbol{n}_c, x_1) = \sigma_s \mu \\ \mu = \cos(\boldsymbol{b}_c, x_1) \cos(\boldsymbol{n}_c, x_1) \end{gathered} \tag{2.45}$$

与式(1.6)一致，μ即为拉伸变形条件下的取向因子。在拉伸应力作用下无论晶粒内潜在滑移系是否已经开动，对每个滑移系都可以如上计算出各自的取向因子μ。这里拉伸变形的取向因子可实现的最高值为 0.5。取向因子越高的滑移系越容易率先开动。

同理，假设应力张量$[\sigma_{ij}]$表现为仅在样品坐标系的 x_3 方向存在压缩应力$\sigma_{33}<0$，其余应力张量分量均为 0；当拉伸应力上升到样品的屈服应力σ_s，即$-\sigma_{33} = \sigma_s$时，则可相应推导出：

$$\sigma_{nb}=\tau_{\mathrm{c}}=-\sigma_{\mathrm{s}}b_3n_3=-\sigma_{\mathrm{s}}\cos(\boldsymbol{b}_{\mathrm{c}},x_3)\cos(\boldsymbol{n}_{\mathrm{c}},x_3)=-\sigma_{\mathrm{s}}\mu$$
$$\mu=\cos(\boldsymbol{b}_{\mathrm{c}},x_3)\cos(\boldsymbol{n}_{\mathrm{c}},x_3)\tag{2.46}$$

如果应力张量$[\sigma_{ij}]$表现为在样品坐标系x_1方向的拉应力$\sigma_{11}>0$以及x_3方向的压应力$\sigma_{33}=-\sigma_{11}<0$，其余应力张量分量均为 0，则呈现出理想轧制变形的应力状态；当σ_{11}和σ_{33}共同作用时应力到样品的屈服应力σ_{s}，即$\sigma_{11}-\sigma_{33}=2\sigma_{11}=\sigma_{\mathrm{s}}$时，则参照式(2.42)可由式(2.43)相应推导出：

$$\begin{bmatrix}\sigma_{bb}&\sigma_{bt}&\sigma_{bn}\\\sigma_{tb}&\sigma_{tt}&\sigma_{tn}\\\sigma_{nb}&\sigma_{nt}&\sigma_{nn}\end{bmatrix}=\begin{bmatrix}\boldsymbol{b}\\\boldsymbol{t}\\\boldsymbol{n}\end{bmatrix}\begin{bmatrix}\sigma_{11}&0&0\\0&0&0\\0&0&\sigma_{33}\end{bmatrix}[\boldsymbol{b}\quad\boldsymbol{t}\quad\boldsymbol{n}]$$
$$=\frac{\sigma_{\mathrm{s}}}{2}\begin{bmatrix}\boldsymbol{b}\\\boldsymbol{t}\\\boldsymbol{n}\end{bmatrix}\begin{bmatrix}1&0&0\\0&0&0\\0&0&-1\end{bmatrix}[\boldsymbol{b}\quad\boldsymbol{t}\quad\boldsymbol{n}]\tag{2.47}$$
$$=\frac{\sigma_{\mathrm{s}}}{2}\begin{bmatrix}b_1b_1-b_3b_3&b_1t_1-b_3t_3&b_1n_1-b_3n_3\\b_1t_1-b_3t_3&t_1t_1-t_3t_3&t_1n_1-t_3b_3\\b_1n_1-b_3n_3&t_1n_1-t_3n_3&n_1n_1-n_3n_3\end{bmatrix}$$

即

$$\sigma_{bn}=\tau_{\mathrm{c}}=\sigma_{\mathrm{s}}\frac{b_1n_1-b_3n_3}{2}$$
$$=\sigma_{\mathrm{s}}\frac{\cos(\boldsymbol{b}_{\mathrm{c}},x_1)\cos(\boldsymbol{n}_{\mathrm{c}},x_1)-\cos(\boldsymbol{b}_{\mathrm{c}},x_3)\cos(\boldsymbol{n}_{\mathrm{c}},x_3)}{2}=\sigma_{\mathrm{s}}\mu\tag{2.48}$$
$$\mu=\frac{\cos(\boldsymbol{b}_{\mathrm{c}},x_1)\cos(\boldsymbol{n}_{\mathrm{c}},x_1)-\cos(\boldsymbol{b}_{\mathrm{c}},x_3)\cos(\boldsymbol{n}_{\mathrm{c}},x_3)}{2}$$

式中，μ为该滑移系在轧制变形条件下的取向因子，且其可实现的最高值也是 0.5。

在很多情况下，晶体或多晶体内的晶粒在塑性变形时所承受的外部应力比上述简单拉伸或轧制更复杂。但只要把外加载荷引起的应力张量$[\sigma_{ij}]$中所有可能的应力分量全部代入式(2.43)，并找出各应力分量之间的内在联系[如推导式(2.47)时有$\sigma_{33}=-\sigma_{11}$]，就可以用与上述类似的方法计算出所有滑移系的取向因子，并寻找出容易率先开动的滑移系；只是相应的分析过程可能会比较复杂，其中需要特别关注应力张量中各应力分量之间的相互关系，以便简化分析过程。

如果晶体或多晶体内晶粒塑性变形时开动的是孪生系，则其内会有多个潜在的孪生系。变形时哪个孪生系易于率先开动也与孪生的取向因子有关。孪生系取向因子的计算方法与滑移系的类似，只是需要把滑移面矢量$\boldsymbol{n}$换成孪生面矢量$\boldsymbol{K}_1$、把滑移方向单位矢量$\boldsymbol{b}$换成孪生方向单位矢量$\boldsymbol{\eta}_1$。

2.3.2　变形晶粒实际承受变形应力分析

金属多晶体发生塑性变形的驱动力通常来自金属外部对其施加的变形载荷力，以及在金属内部各微观区域产生的应力，也称为外加应力。塑性变形体内任何一点的任何正应力或切应力都是平衡的，合应力为 0，否则会导致变形金属的刚性移动或刚性旋转。金属在塑性变形过程中承受的应力称为流变应力σ_y。外加应力一旦达到金属的屈服应力，金属会出现塑性变形行为。此时流变应力应保持平稳水平，不会再明显提高以保持平衡的变形过程，否则金属塑性变形的速度会不断提高，即金属以加速度变形，以便保持变形的动态平衡。塑性变形过程中变形金属内的加工硬化现象会导致流变应力σ_y达到初始屈服应力σ_s后仍会继续升高。流变应力的上升幅度与金属的加工硬化率相关，通常需经过试验检测出不同金属在各种变形加工状态下的加工硬化率，并获得变形的累积应变与加工硬化率的函数关系。

金属塑性变形时实际承受的应力远比理想状态复杂。当外来拉力作用于一拉伸试样的x_1方向时，外力传递到金属内部各处形成外加拉应力$\sigma_{11}>0$。拉应力引起金属内部微区沿x_1方向伸长的倾向，但基于变形体体积保持不变的倾向，同时也造成与x_1方向垂直的x_2、x_3方向收缩的倾向。金属内部该微区沿垂直于x_1的方向收缩时，会受到与之相连的周围微区阻碍其收缩的拉应力，如$\sigma_{22}=\sigma_{33}>0$等。因此，拉伸变形时的变形体实际上是在三向拉应力的状态下完成塑性变形。其中，数值相等且互相垂直的三向正应力称为静水力。同理，压缩变形时x_3向外来压力传递到金属各处形成外加压应力$\sigma_{33}<0$，并造成与之垂直方向的压应力$\sigma_{11}=\sigma_{22}<0$，即压缩变形时的变形体实际上是在三向压应力的状态下完成塑性变形，相应的静水力为静水压力。

以轧制变形为例，变形应力主要源自轧辊沿轧板法向(x_3)向轧板施加的压力，因此轧制变形时的变形体实际上也是在三向压应力的状态下完成塑性变形。由于轧辊施加压力的方式及轧辊对轧板的约束，轧制变形时金属多晶体内各晶粒都会沿轧向(x_1)伸长、在轧板法线方向(x_3)减薄，但在轧板横向上(x_2)基本不产生正应变。在外力沿x_3向作用而引发正应力σ_{33}的主导下，晶体可沿x_1伸长而沿x_2不能伸长，说明有$\sigma_{33}<\sigma_{22}<\sigma_{11}<0$；由此，式(2.43)所表达滑移系所承受的应力张量可转化为

$$\begin{bmatrix}\sigma_{bb} & \sigma_{bt} & \sigma_{bn}\\ \sigma_{tb} & \sigma_{tt} & \sigma_{tn}\\ \sigma_{nb} & \sigma_{nt} & \sigma_{nn}\end{bmatrix}=\begin{bmatrix}\boldsymbol{b}\\ \boldsymbol{t}\\ \boldsymbol{n}\end{bmatrix}\begin{bmatrix}\sigma_{11} & 0 & 0\\ 0 & \sigma_{22} & 0\\ 0 & 0 & \sigma_{33}\end{bmatrix}[\boldsymbol{b}\quad\boldsymbol{t}\quad\boldsymbol{n}]$$

$$=\begin{bmatrix}\boldsymbol{b}\\ \boldsymbol{t}\\ \boldsymbol{n}\end{bmatrix}\left\{\begin{bmatrix}\sigma_{11}-\sigma_{22} & 0 & 0\\ 0 & 0 & 0\\ 0 & 0 & \sigma_{33}-\sigma_{22}\end{bmatrix}+\sigma_{22}\begin{bmatrix}1 & 0 & 0\\ 0 & 1 & 0\\ 0 & 0 & 1\end{bmatrix}\right\}[\boldsymbol{b}\quad\boldsymbol{t}\quad\boldsymbol{n}]$$

$$
\begin{aligned}
&=\frac{\sigma_y}{2}\begin{bmatrix}\boldsymbol{b}\\ \boldsymbol{t}\\ \boldsymbol{n}\end{bmatrix}\begin{bmatrix}1&0&0\\0&0&0\\0&0&-1\end{bmatrix}[\boldsymbol{b}\quad \boldsymbol{t}\quad \boldsymbol{n}]+\sigma_{22}\begin{bmatrix}\boldsymbol{b}\\ \boldsymbol{t}\\ \boldsymbol{n}\end{bmatrix}\begin{bmatrix}1&0&0\\0&1&0\\0&0&1\end{bmatrix}[\boldsymbol{b}\quad \boldsymbol{t}\quad \boldsymbol{n}]\\
&=\frac{\sigma_y}{2}\begin{bmatrix}b_1b_1-b_3b_3 & b_1t_1-b_3t_3 & b_1n_1-b_3n_3\\ b_1t_1-b_3t_3 & t_1t_1-t_3t_3 & t_1n_1-t_3b_3\\ b_1n_1-b_3n_3 & t_1n_1-t_3n_3 & n_1n_1-n_3n_3\end{bmatrix}+\sigma_{22}\begin{bmatrix}1&0&0\\0&1&0\\0&0&1\end{bmatrix}
\end{aligned}
\tag{2.49}
$$

其中，变形体在 x_2 向的正应变基本为 0；在 x_1 和 x_3 向互为反向正应变的绝对值应相等以保持体积不变($\theta_v=0$)，因此平衡变形状态下约有

$$
\sigma_{11}-\sigma_{22}=\sigma_{22}-\sigma_{33}=\frac{\sigma_y}{2}\quad 即\quad \begin{bmatrix}\sigma_{11}-\sigma_{22}&0&0\\0&0&0\\0&0&\sigma_{33}-\sigma_{22}\end{bmatrix}=\frac{\sigma_y}{2}\begin{bmatrix}1&0&0\\0&0&0\\0&0&-1\end{bmatrix}
\tag{2.50}
$$

式(2.49)中最终第二项表示晶粒在三个方向承受等值的压应力 $\sigma_{22}<0$，即为静水压力。可以看出，静水压力项对滑移系所承受的切应力 σ_{nb} 没有贡献，不影响滑移系的开动行为，因此滑移系所承受的切应力 σ_{nb} 正好如式(2.48)所示。塑性变形过程中静水力不参与驱动塑性变形系。

综上所述，需对任何塑性变形过程细致分析其所涉及外载荷所造成变形体的实际应力状态，且计算塑性变形系开动的驱动力时可扣除或忽略静水力。

2.3.3　变形晶粒内塑性变形系的真实分布

如 2.3.1 小节所述，外载荷传递给晶粒内各塑性变形系的切应力大小与晶粒的取向密切相关，因而也会导致不同的塑性变形系的开动及各自不同的应变张量[式(2.12)和式(2.35)]。金属多晶体内相邻晶粒通常具有不同的取向，当外载荷驱动金属多晶体内大量晶粒塑性变形时，各相邻晶粒所开动的不同塑性变形系及所产生的不同应变张量在实现外载荷所要求的主要应变的同时，不可避免地会造成晶粒间应变不同程度的相互干扰，并产生相应的干扰应力。晶粒一侧晶界区域的应变会受到与其邻接晶粒的阻碍或干扰，而晶粒另一侧晶界区域的应变还会受到与其邻接的其他晶粒的阻碍或干扰。这些干扰通常互不相同。鉴于多晶体塑性变形必须保持应力与应变的连续，大量相邻晶粒间的这种阻碍或干扰所引起的各种应变与应力效应需要在穿越晶界时连续演变，以实现平衡过渡，进而确保多晶体整体的应力与应变的连续性(图 2.2)。因此，塑性变形过程中这种连续性的实现往往需要借助塑性变形系在晶界区和晶粒内差异化地开动。

图 2.10 显示了对体心立方晶体结构的无间隙原子钢沿 x_3 向做 10%压缩后观察到一晶粒内开动的滑移系[6]。分析显示，压应力作用下变形晶粒内出现了大量贯穿晶粒的滑移痕迹，但在与多个晶粒相邻的复杂晶界区，也出现了逐步变换开

动滑移系的非贯穿晶粒的滑移[图 2.10(c)]，这些非贯穿性滑移系的开动应与相邻晶粒应变与应力的局部交互作用有关，进而实现了该局部区域应变与应力的连续性。

(a) 变形前　(b) 变形后　(c) 晶内滑移系的标识

图 2.10　无间隙原子钢压缩 10%后晶粒内开动的滑移系

实线：贯穿性滑移；虚线：非贯穿性滑移

图 2.11 显示了对面心立方晶体结构的工业纯铝做 12.5% 轧制变形后观察到一晶粒内开动的滑移系[7]，其中 x_3 为轧板法向，x_1 为轧向。分析显示，晶粒内出现了贯穿晶粒的多系滑移现象[图 2.11(c)]，这对于变形量略大的金属晶粒是常见的行为[8]，即在外载荷及晶粒间应力交互作用下多个不同滑移系所承受的切应力相继达到了相应滑移系开动的临界值。在靠近晶粒边界的一些局部区域也出现了少量非贯穿晶粒的其他滑移系的痕迹，这些非贯穿性滑移有助于实现应变与应力跨越晶界时的连续。

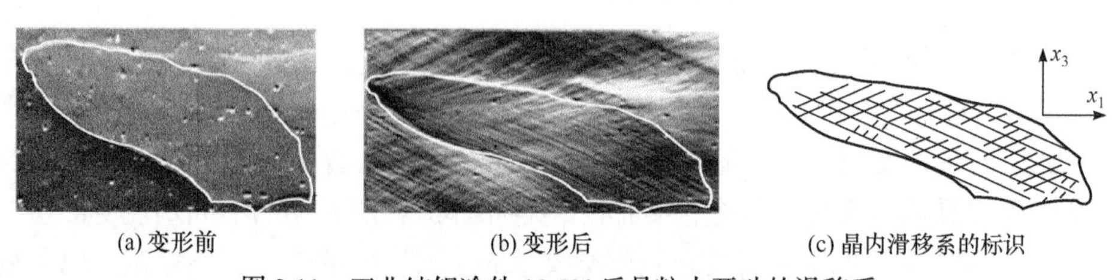

(a) 变形前　(b) 变形后　(c) 晶内滑移系的标识

图 2.11　工业纯铝冷轧 12.5% 后晶粒内开动的滑移系

实线：贯穿性滑移；虚线：非贯穿性滑移

对密排六方晶体结构的工业纯钛做 9% 轧制变形后，可观察到一晶粒内塑性变形系开动的情况(图 2.12)，其中 x_3 为轧板法向，x_1 为轧向。观察显示，晶粒内不仅出现贯穿晶粒的滑移以及靠近晶界的非贯穿滑移，而且在晶粒内部也观察到一些局部区域内的滑移现象[图 2.12(c)]。另外，在晶粒内也观察到了一个孪生系开动的情况[图 2.12(b)]。在外载荷及晶粒间应力交互作用下，孪生系的开动有助于在实现所需宏观应变的情况下协调晶粒间及晶粒内各局部的应变与应力。晶粒内的非贯穿性滑移可能与孪生系的开动及相应局部应变应力协调的需求有关，因为孪生会一次性造成较大局域切应变 δ_t(图 2.8)和周围区域的应变协调需求。图 2.12 还显示，这里孪生区域的体积分数f_t并不太高，因此孪生的出现对晶粒整体应变量的贡献并不大，可能主要发挥协调应变与应力连续的作用。

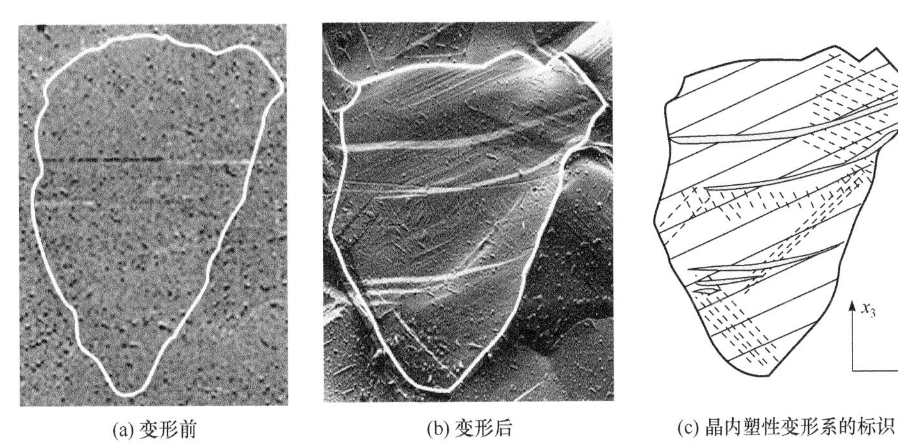

(a) 变形前　(b) 变形后　(c) 晶内塑性变形系的标识

图 2.12　工业纯钛冷轧 9%后晶粒内开动的塑性变形系

实线：贯穿性滑移；虚线：非贯穿性滑移；灰色条带：机械孪生

对不同晶系金属多晶体晶粒变形行为的观察显示，为确保塑性变形过程中金属多晶体基体应变与应力的连续性，各相邻晶粒必须在保持晶粒间跨越晶界及穿越晶粒时应变与应力连续的前提下塑性变形，如图 2.12 所示。因此，在晶粒间应变和应力交互作用的影响下晶粒内各局部区域，尤其是在晶界区与晶粒内部开动塑性变形系会有所差别，其差别的特征之一在于穿越晶粒的贯穿性滑移和非贯穿性局部滑移实现各区域不同的应变张量分布，进而造成晶粒间借助逐渐过渡而达到应变连续[图 2.12(b)、(c)]。金属材料塑性变形的晶体学理论需要为这些塑性变形基本行为建立起科学的晶体学基础，并给出合理的金属学阐述。

2.4　引起多晶体塑性变形的外加应力及塑性变形系的开动

2.4.1　外加载荷及其对称性

金属多晶体的塑性变形行为通常都是在外加载荷的驱动下产生。各种金属加工工艺过程中经常出现的外加载荷包括：拉伸、压缩、轧制、锻造、挤压、拉拔、扭转、剪切、冲压等，并造成金属多晶体借助不同的变形过程来改变其外形。

如图 2.13(a)所示，变形金属在参考坐标系 O-x_1-x_2-x_3 内受到外部单向拉伸力作用时，拉力一定是沿一条作用线由正、反两方向绝对值相等的两个力组成。仅一个正向力或正、反两方向力的绝对值不相等就会导致变形金属的刚性移动。拉伸变形时，变形金属的内应力张量主要表现为沿外力方向的正应力σ_{11}。除了拉伸变形外，对许多金属棒材会做某种简单的挤压变形加工，另外也会对金属线材做拉拔变形加工，以便制成细丝。这类变形会使金属内部承受多向的压应力，而实际内应力的主要表现形式可能仍是单向的正应力σ_{11}，因为这是扣除了对塑性变形系开动不起作用的静水压力之后的结果。同理，外加单向压力时，压力也一定是沿一条作用线由正、反两方向绝对值相等的两个力组成；因而压缩变形时，变形金属的内应力张量主要表现为沿外力方向的正应力σ_{33}[图 2.13(b)]。除了压缩变形外，金属的锻造加工或对一些金属做特定挤压变形加工时，扣除变形金属内部的静水压力后，余下的内应力仍表现为单向正应力。排除了静水力的影响后(参见 2.3.2 小节)，轧制变形过程中金属承受的理想内应力应该由一个方向的拉应力σ_{11}和一个与之垂直方向的压应力σ_{33}组合而成[图 2.13(c)]。冲压变形的受力情况比较复杂，冲压金属各变形部位经常表现为承受拉应力、压应力或多种拉、压应力的组合。在 O-x_1-x_2-x_3 系内的这些变形过程中有时还需根据变形的实际过程考虑内应力中切应力分量的影响。

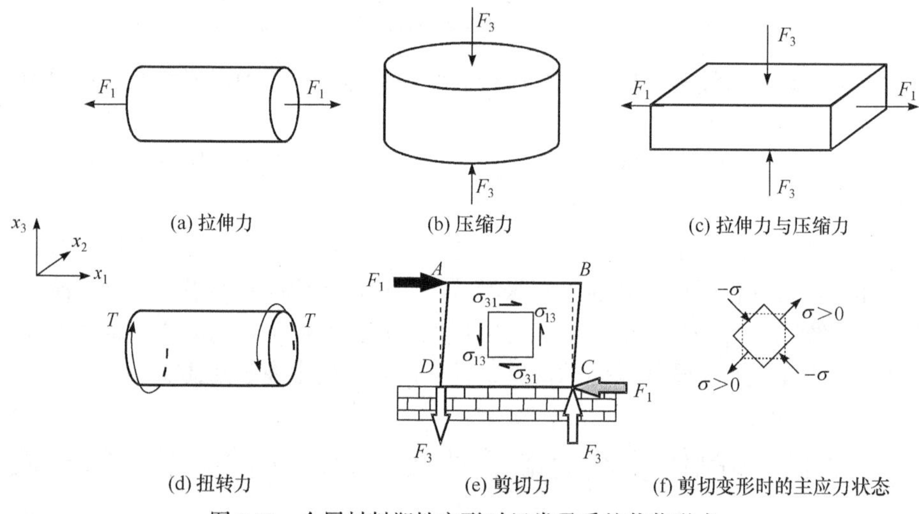

图 2.13　金属材料塑性变形时经常承受的载荷形式

在同样的参考坐标系 O-x_1-x_2-x_3 内，如图 2.13(d)所示，如果变形金属受到外部单纯扭转力的作用，纯扭转力一定是绕一轴线由向正、反两方向旋转且绝对值相等的两个扭力 T 组成；仅一个正向扭力或正、反两方向扭力的绝对值不相等就会导致变形金属的刚性转动。扭转变形时，变形金属的内应力张量主要表现为σ_{23}和σ_{32}两个切应力分量[图 2.13(d)]，在 O-x_1-x_2-x_3 系内没有轴向正应力分量。如图 2.13(e)所示，将一块金属牢固地夹持或连接在基面上，在金属的 A 点处水平地施加一个推力 F_1，被固定的金属无法移动，只能发生剪切变形，即在金属的 C 点处因牢固的连接而产生了一个水平的被动阻力 F_1，与推力大小相等、方向相反。

推力和阻力不仅造成金属的剪切变形，而且这两个力上下不在一条平行于 x_1 的直线上，由此导致力矩和金属绕 x_2 轴转动的倾向。同样由于被固定的金属无法转动，金属与基面连接而造成的阻碍转动效应表现为分别在金属的 D 点和 C 点各存在一个垂直于基面的被动反应力 F_3，且大小相等、方向相反。同时，一对 F_1 与一对 F_3 所产生的力矩也是大小相等、方向相反，以保持变形金属力矩的平衡和稳定；此时变形金属的内应力张量主要表现为 σ_{13} 和 σ_{31} 两个切应力分量[图 2.13(e)]，在 O-x_1-x_2-x_3 系的轴向没有正应力分量，即为纯切应力状态。如果将 O-x_1-x_2-x_3 系做绕 x_2 轴的旋转变换，使金属内应力张量表达式中仅有轴向正应力分量，而无切应力分量($\sigma_{ij}=0,\ i\neq j$)，形成主应力状态[2,9]；如图 2.13(f)所示，旋转后的内应力就变成了与轧制变形一致的应力张量[图 2.13(c)]，两者的差异在于相互之间存在绕 x_2 轴的偏转。

将一个物体绕某一固定轴做 $2\pi/n$ 的旋转，并观察该物体的某特征，n 称为 n 次旋转；如果旋转前与旋转后所观察的该特征没有变化，则称该特征具备 n 次旋转对称性。$n=2$ 时的对称性为 2 次对称性。当绕图 2.13 所示 O-x_1-x_2-x_3 系中的 x_1、x_2、x_3 三个轴都存在 2 次对称性时，则称该物体具备正交旋转对称性，用点群符号 222 表示[4]。观察图 2.13(a)～(d)各金属的受力特征，可发现金属各受力的状态均在它们各自的 O-x_1-x_2-x_3 系中具备正交旋转对称性 222，即绕 x_1、x_2、x_3 三个轴做 2 次旋转时金属受力状态不变。图 2.13(e)中金属的受力特征不具备正交旋转对称性，若将金属做绕 x_2 轴的旋转达到主应力状态，旋转后参考坐标系内的应力状态就具备了正交旋转对称性。由此可见，塑性变形时外载荷力的作用特征决定了变形金属通常具备或者可以具备的受力状态及其外应力张量的正交旋转对称性。

2.4.2　外加应力在多晶体内的不均匀分布

图 2.13 从简单而理想的视角出发描述了各种外加载荷作用于变形金属的情况。实际上，外来作用力加载于变形金属的情况通常是比较复杂的，由此在金属内部产生的应力状态分布往往也是不均匀的。如 2.3.2 小节所述的拉伸变形，当外来拉力作用于一拉伸试样时，拉应力 σ_{11} 引起金属中心部位某微区沿 x_1 方向伸长及 x_2、x_3 方向收缩的倾向，由此引起了拉应力 $\sigma_{22}=\sigma_{33}>0$。如果所观察的微区处于金属的表面，则沿表面法线方向的空气不会产生拉应力。由此可见，即使在非常简单的拉伸变形情况下，至少变形金属的中心部位和表面部位所承受的应力状态是不一样的。

再看图 2.14 所示压缩变形的情况。假设外加压缩载荷均匀地分布在金属的受压表面[图 2.14(a)]，理想的压缩应变应如图 2.14(b)所示；变形金属通体均匀分布的压缩应变表示，金属内部应承受着均匀分布的变形应力。然而，压缩变形是通过压力机或锻锤的锤头压实变形金属表面来传递外加变形压力，压实期间必然造成锤头与变形金属表面之间巨大的摩擦力。同时，压缩变形会导致变形金属向所有与外加压力垂直的横向流动[图 2.14(c)]；锤头与金属表面的摩擦力与金属的横向流动是互相矛盾的，摩擦力总是与金属流动的方向相反，阻碍其流动。由此导致变形金属远离锤头部位的横向流动比较自由，而越接近锤头，横向流动受到的束缚越大，最后导致变形金属鼓状的外形[图 2.14(c)]。实验观察显示，压缩变形所造成变形金属内部的应变分布是不均匀的[图 2.14(d)][10]，如图 2.14(c)所示的应变分布大体显示了实验观察到的应变不均匀性。不均匀的应变分布表明变形过程中金属内部应力的分布也是不均匀的。除了承受外加压力外，变形金属的上端面受上锤头摩擦力较大影响，中心部位则基本不受摩擦力影响，而下端面则会受到下锤头摩擦力的较大影响[图 2.14(c)]。变形过程中这种摩擦力在金属内部则表现为上下表层和中心层之间一定的切应力，从上端面至中心层切应力逐渐递减至 0，越过中心层至下端面时，反向的切应力又从 0 逐渐递增至下端面的最高值。

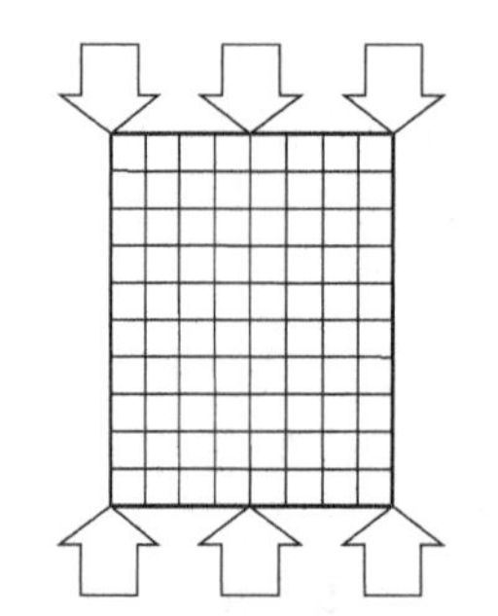

(a) 均匀分布的外加压缩载荷(竖直箭头)

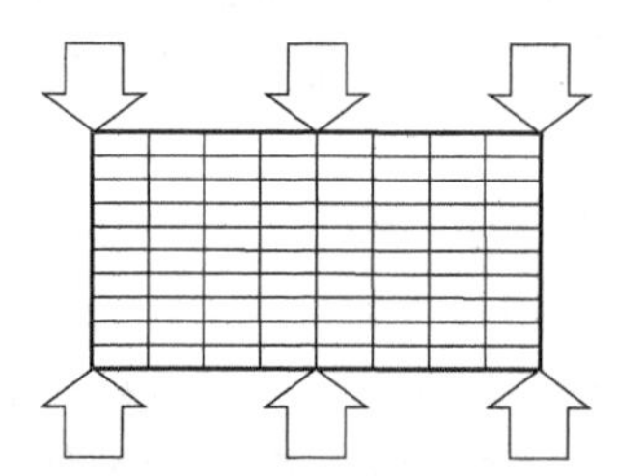

(b) 理想压缩变形产生的应变分布

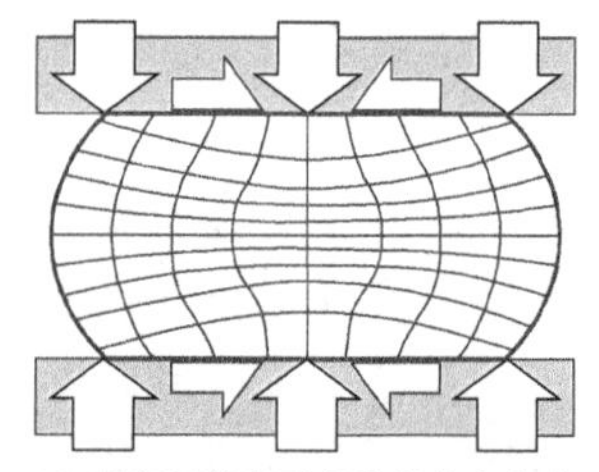

(c) 真实压缩变形产生的应变分布(水平箭头表示切应力方向)

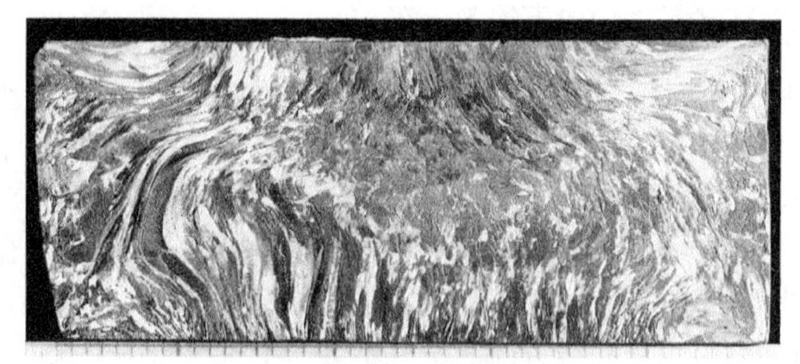

(d) 纯铝块压缩变形后的组织

图 2.14　压缩变形示意图

轧制变形的情况更复杂一些，因轧辊与轧板之间的摩擦作用，通常也很难获得如图 2.15(a)所示理想的应变分布情况，而是不同程度地展现出如图 2.15(b)所示的不均匀应变分布情况[10]。由此说明轧制过程中轧板内部各处的应力分布也是不均匀的。

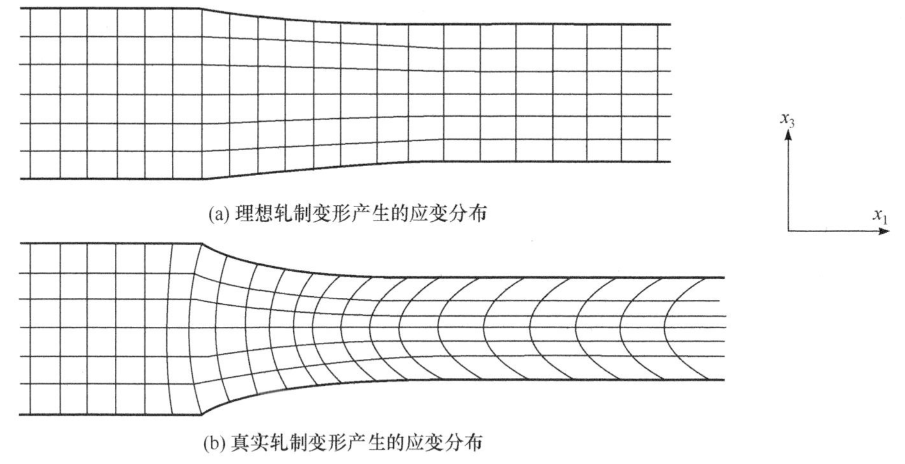

图 2.15　轧制变形示意图

如图 2.16 所示，轧板被以一定速度转动的轧辊借助摩擦力带入两轧辊之间的辊缝，并在其间被逐渐轧薄，轧板表面与以恒定线速度转动的轧辊表面接触。轧板进入两轧辊之间辊缝的初速度低于轧辊表面的线速度，由此造成两者之间的摩擦，轧板表面相对于轧辊向后滑动。此时轧辊压制在轧板表面，所产生的相对静摩擦力使轧板无法沿横向(x_2)流动；随着体积不变条件下轧板的厚度减薄，轧板运行的水平速度会越来越快。快要走出辊缝时轧板的速度变得高于轧辊表面线速度，两者之间的摩擦表现为轧板表面相对于轧辊向前滑动。轧板在运行方向上且与轧辊接触面的表面上有一中性点，轧板表面与轧辊表面的线速度在中性点处一致；中性点至轧辊入口称为后滑区，中性点至轧辊出口称为前滑区[11]；后滑区通常远

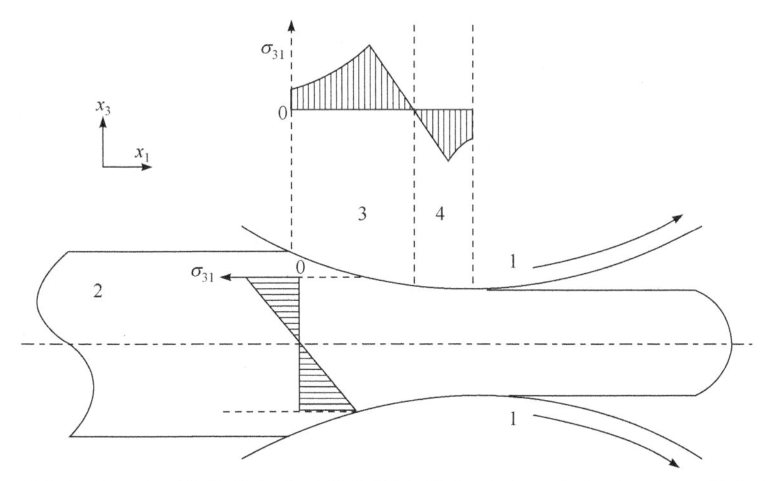

图 2.16　轧制过程中轧辊传递外载荷时借助载摩擦导致轧板内产生切应力σ_{31}的分布示意图

1. 轧辊及其转动方向；2. 轧板；3. 后滑区；4. 前滑区

大于前滑区[10]。轧制过程中表面摩擦力的大小、由此导致内部附加切应力的水平、轧制组织的演变及其不均匀性等，与轧制设备、轧制工艺以及变形金属的特性密切相关。

轧辊与轧板表面的外部摩擦力会引起轧板内的外切应力σ_{31}，摩擦力越大则轧板最表层的切应力σ_{31}值也越大。轧板从后滑区进入前滑区时切应力改变方向，从轧板上半部进入下半部时外切应力也会改为反向[11](图 2.16)。切应力σ_{31}的出现使实际轧制变形过程中变形金属承受的变形应力会偏离式(2.47)所示的只存在σ_{11}和σ_{33}两个应力分量的理想情况，并会影响到实际开动塑性变形系的选择。根据平面应变的力学分析，图 2.17(a)以主应力状态的形式示意性地给出了理想轧制应力状态；切应力σ_{31}的出现改变了理想应力状态[图 2.17(b)]，使图 2.17(a)所示主应力状态偏转了一个θ角；如图 2.17(c)所示，偏转θ后成了无切应力分量的主应力状态。σ_{31}越大则理想轧制主应力状态的偏转角θ也越大[2,10]。参照图 2.16 可知，若轧板上半部为正偏转，则中心部位偏转为 0，下半部为反向偏转。当θ角很小时可以忽略外切应力σ_{31}的影响，轧板大致承受理想轧制应力状态。

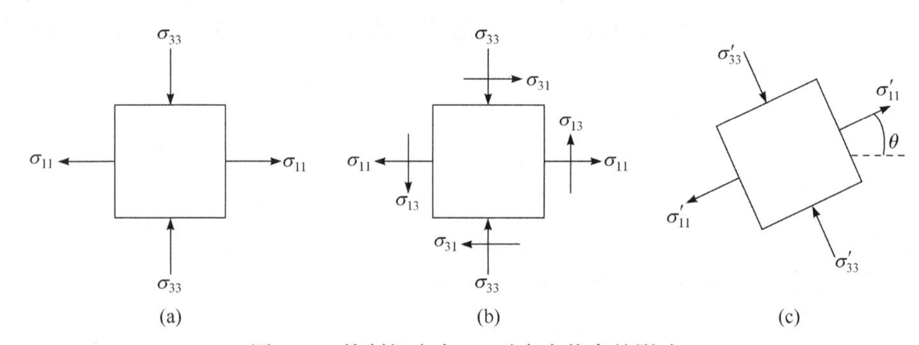

图 2.17 轧制切应力σ_{31}对应力状态的影响

实际上，在使用工具或磨具对金属材料做变形加工时，只要工具或磨具与变形金属接触就会出现摩擦。这种接触涉及传递变形外载荷所必需的强摩擦力，会以不同的形式在变形金属内部产生附加的外切应力或其他应力，并造成应力的不均匀分布。因此，在分析研究金属的塑性变形晶体学过程时特别要注意分析金属内部实际的应力状态，以及其分布的不均匀性。

2.4.3 局部内应力与应力应变协调

在金属外部施加作用力可以引起金属的塑性变形。作用于金属表面的外部载荷传输到金属内部的每一个角落形成了各部位的外应力。尽管变形金属各处的外应力状态不尽相同，但在一个具体部位的所有晶粒所承受的外应力，包括在随后变形过程中所承受的不断演变的外应力，应该是相同的或相近的，即无论晶粒取向如何，同一区域各晶粒所承受的外应力相差无几。然而，各晶粒的取向不同，在同样的外应力下各晶粒多个塑性变形系的取向因子值会有明显差异，进而导致不同塑性变形系的开动，以及造成不同的应变张量[式(2.12)]。由此会改变各晶粒在塑性变形时所承受的应力张量，使其偏离即时的外应力状态，也会造成相邻晶粒的应力张量因此变得各不相同，使多晶体塑性变形过程变得非常复杂。

设想金属多晶体基体内有一个晶粒(图 2.18 灰色晶粒)，在外载荷作用下该晶粒所承受的外应力逐渐增大，直至达到该晶粒的屈服应力，即该晶粒内某一塑性变形系所承受的切应力增大到其临界值，导致该塑性变形系开动(图 2.18 灰色晶粒内虚线)[12]。如果开动的塑性变形系是滑移系，则可根据滑移切变δ_s和式(2.12)计算出滑移导致的塑性应变张量$[\varepsilon_{ij}^{p}]$。这一应变张量通常不同于周围晶粒产生的塑性应变张量，即周围晶粒不会随之产生完全相同的塑性应变。因此，当图 2.18 灰色晶粒内滑移系在开动初期造成很小的塑性应变张量$[\varepsilon_{ij}^{p}]$，并侵入周围晶粒区域时，作为反应，周围晶粒会展示出适当的弹性应变张量$[\varepsilon_{ij}^{e}]$相适应。周围晶粒的弹性应变自然会对塑性变形的晶粒产生弹性的反作用阻力，称为反应应力张量$[\sigma_{ij}^{e}]$，并可以对其进行定量计算。

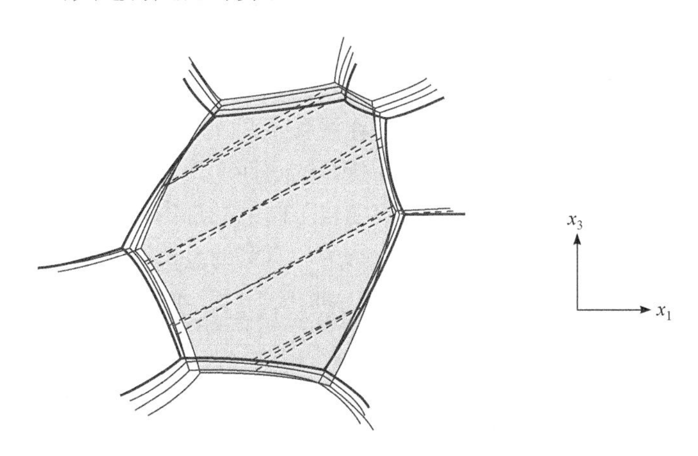

图 2.18　一变形晶粒内某滑移系的开动

假如周围晶粒属于刚性各向同性体，则根据胡克定律，晶粒产生的塑性应变全部以弹性应变张量$[\varepsilon_{ij}^{e}]$的形式被反向压制回来，$[\varepsilon_{ij}^{e}]$与变形晶粒的塑性应变张量$[\varepsilon_{ij}^{p}]$反向等值，即有$[\varepsilon_{ij}^{e}]=-[\varepsilon_{ij}^{p}]$，则参照式(2.4)、式(2.5)和式(2.12)，对反应应力张量$[\sigma_{ij}^{e}]$有[12]

$$[\sigma_{ij}^{\mathrm{e}}]=\begin{bmatrix}\sigma_{11}^{\mathrm{e}} & \sigma_{12}^{\mathrm{e}} & \sigma_{13}^{\mathrm{e}}\\ \sigma_{21}^{\mathrm{e}} & \sigma_{22}^{\mathrm{e}} & \sigma_{23}^{\mathrm{e}}\\ \sigma_{31}^{\mathrm{e}} & \sigma_{32}^{\mathrm{e}} & \sigma_{33}^{\mathrm{e}}\end{bmatrix}=2G\begin{bmatrix}\frac{\nu}{1-2\nu}\theta_\nu+\varepsilon_{11}^{\mathrm{e}} & \varepsilon_{12}^{\mathrm{e}} & \varepsilon_{13}^{\mathrm{e}}\\ \varepsilon_{21}^{\mathrm{e}} & \frac{\nu}{1-2\nu}\theta_\nu+\varepsilon_{22}^{\mathrm{e}} & \varepsilon_{23}^{\mathrm{e}}\\ \varepsilon_{31}^{\mathrm{e}} & \varepsilon_{32}^{\mathrm{e}} & \frac{\nu}{1-2\nu}\theta_\nu+\varepsilon_{33}^{\mathrm{e}}\end{bmatrix}$$

$$=\frac{E}{1+\nu}\begin{bmatrix}\varepsilon_{11}^{\mathrm{p}} & \varepsilon_{12}^{\mathrm{p}} & \varepsilon_{13}^{\mathrm{p}}\\ \varepsilon_{21}^{\mathrm{p}} & \varepsilon_{22}^{\mathrm{p}} & \varepsilon_{23}^{\mathrm{p}}\\ \varepsilon_{31}^{\mathrm{p}} & \varepsilon_{32}^{\mathrm{p}} & \varepsilon_{33}^{\mathrm{p}}\end{bmatrix}=\frac{E\delta_{\mathrm{s}}}{1+\nu}\begin{bmatrix}b_1n_1 & \frac{1}{2}(b_1n_2+b_2n_1) & \frac{1}{2}(b_1n_3+b_3n_1)\\ \frac{1}{2}(b_2n_1+b_1n_2) & b_2n_2 & \frac{1}{2}(b_2n_3+b_3n_2)\\ \frac{1}{2}(b_3n_1+b_1n_3) & \frac{1}{2}(b_3n_2+b_2n_3) & b_3n_3\end{bmatrix}$$

(2.51)

式中，$2G=E/(1+\nu)$，且参照式(2.6)和式(2.12)对滑移系开动必有

$$\theta_\nu=\varepsilon_{11}^{\mathrm{e}}+\varepsilon_{22}^{\mathrm{e}}+\varepsilon_{33}^{\mathrm{e}}=\varepsilon_{11}^{\mathrm{p}}+\varepsilon_{22}^{\mathrm{p}}+\varepsilon_{33}^{\mathrm{p}}=b_1n_1+b_2n_2+b_3n_3=\boldsymbol{b}\cdot\boldsymbol{n}\equiv 0 \tag{2.52}$$

由此可见，晶粒内一旦滑移系开动并对周围晶粒造成侵扰，就会出现针对该晶粒并阻碍已开动滑移系继续滑移的反应应力张量。不同晶粒所开动的滑移系各不相同，因此所引发周围晶粒的弹性反应应力张量也各不相同。由此导致了塑性变形过程中多晶体内晶粒间的复杂交互作用及塑性变形的复杂性。一晶粒内滑移引发周围晶粒的弹性反应应力张量只针对该晶粒本身，因此反应应力张量涉及的范围十分有限，属于局部的应力；且是在滑移系开动之后产生于金属变形体内部及相关晶粒附近，称为局部内应力。在持续的塑性变形过程中相邻各晶粒不仅承受了比较一致的外应力作用，也承受着各自不同的局部内应力的作用，因此晶粒是在内、外双重应力的作用下完成变形行为。真实的金属并非完全刚性，也未必是弹性各向同性体，相应的弹性反应应变张量$[\varepsilon_{ij}^{\mathrm{e}}]$与变形晶粒的塑性应变张量$[\varepsilon_{ij}^{\mathrm{p}}]$并不是等值的，相关的问题将在第 3 章探讨。

内、外双重应力的组合使每个晶粒都承受着与众不同的合成应力作用，进而导致各自不同的应变张量(图 2.2)。多晶体变形又要求各晶粒间必须实现应力连续和应变连续，因此所开动的塑性变形系必须有很强的实现各种应变张量或协调晶粒间应变的能力。

如式(2.1)所示，表示塑性变形的任何应变张量内共有 9 个分量。式(2.52)所示的是对 9 个应变分量的 1 个约束条件，另外还有约束条件$\varepsilon_{ij}^{\mathrm{p}}=\varepsilon_{ji}^{\mathrm{p}}\ (i\neq j)$，这对应 3 个约束条件。前后共 4 项约束导致 9 个分量中只有 5 个是自由变化的独立变量。因此，塑性应变张量是含有 5 个独立自变量的函数。

一个滑移系开动后可造成一个如式(2.12)所表达的应变张量，各应变分量之间的比例是固定的，其应变总量可借助滑移切变δ_1调整。另一个滑移系开动则可造成应变分量之间另一比例关系的应变张量，其滑移切变δ_2的调整也无法改变这个滑移系应变分量之间的比例关系。如果这两个独立的滑移系借助不同的滑移切变δ_1/δ_2比例关系组合开动，则可以借助调整δ_1和δ_2两个变量来改变滑移之后合成的应变张量状态。由此可见，如果借助滑移系来实现 5 个自变量的应变张量函数所需的任何应变状态，就需要开动 5 个独立的滑移系，借助调整各滑移系之间滑移切变$\delta_k(k = 1, 2, 3, 4, 5)$的比例关系实现任意需要的或任意事先设定的应变张量。

通常，金属中可开动滑移系的数量是比较多的，但不是所有的滑移系都是互相独立的。以面心立方金属为例，其塑性变形过程中可开动滑移系的滑移面为 4 个不同的{111}面，每个滑移面上各有 3 个不同的<110>滑移方向，因此面心立方金属共有 12 个不同的{111}<110>滑移系。然而这 12 个滑移系并不是完全独立的，如在(111)面上有$(111)[1\bar{1}0]$、$(111)[10\bar{1}]$和$(111)[01\bar{1}]$ 3 个滑移系，其中任意 2 个滑移系的组合开动都可以实现第 3 个滑移系的开动效果，因此(111)面上的 3 个滑移系中只能有 2 个独立滑移系。应变张量中有 5 个独立的应变分量，由此可以理解，借助 5 个独立滑移系适当的线性组合开动，可以实现金属晶体任意给定的应变张量。反之，在体积不变的前提下如果晶体在三维空间内借助滑移系开动而发生塑性变形时，所需独立滑移系的数目最多只有 5 个，因此面心立方金属 12 个滑移系中也只能有 5 个独立的滑移系。逻辑上讲，如果存在第 6 个独立的滑移系，就意味着可以产生第 6 个独立应变分量，而实际上并不存在第 6 个独立应变分量。由此可见，无论一金属中蕴藏着多少个滑移系，其独立滑移系的数目最多有 5 个。在面心立方金属中的 12 个滑移系中，可以用不同的方法和组合方式选择 5 个独立滑移系，以实现任意给定的同一应变张量。由此还可以推断出，当晶体材料的独立滑移系数目不够 5 个时，无法随即实现任意的应变张量，所以其塑性变形能力一定有限。例如，若某些密排六方金属晶体只能做基面滑移，其滑移系只有 3 个，且独立的滑移系只能有 2 个，因而其塑性变形能力通常会比较低。孪生系开动只能产生固定的应变张量，其孪生切变量δ_t是不可调整的。无论金属内蕴藏多少个孪生系，数目有限的孪生系无法实现任意的应变张量，因此仅依靠孪生系无法实现良好的塑性。

2.4.4　塑性变形系的开动

开动滑移系或孪生系都可以对金属的塑性变形做出贡献。滑移系开动致位错线扫过时，只是滑移面上位错线附近的原子发生局部迁移，且这些原子依照滑移系扫过滑移面的先后顺序逐步完成迁移[13]。开动孪生系时往往需要一定区域内三维分布的原子整体瞬时或短时间内完成必要的切变运动。因此，开动滑移系所需的临界分切应力通常要明显低于开动孪生系的需求。由于在实现任意应变张量和容易开动这两个方面的明显优势，滑移系往往是承担金属塑性变形的主要晶体学机制。在少数的一些金属中，虽然有时孪生系因较低的临界分切应力而非常活跃地开动，但仍无法避免需要借助滑移系的开动来完成塑性变形。

面心立方金属通常有比较固定的在{111}面上沿<110>方向可开动的 12 个同一类型滑移系。体心立方金属则有很多在不同类型晶面上沿<111>方向可开动的滑移系，包括{011}面及{112}面上的滑移，但也有人认为存在{123}面上的滑移[14]。如果一个位错在(011)面上沿$[11\bar{1}]$方向滑移一个单位矢量 $\boldsymbol{b}$[图 2.19(a)]，另一位错在(112)面上同样沿$[11\bar{1}]$方向滑移同样单位矢量 $\boldsymbol{b}$[图 2.19(b)]，则这两个位错滑移的综合效果相当于一个位错在(011) + (112) = (123)面上沿$[11\bar{1}]$方向滑移 2 个单位矢量 $\boldsymbol{b}$ 的距离[15][图 2.19(c)]。可见，{123}面上的滑移可以由不同的{011}及{112}面滑移以适当滑移切变比$\delta_{011}/\delta_{112}$ 组合而成。如果在上述(011)和(112)面上不以 1∶1 的滑移切变滑移，则宏观表现的综合滑移面会偏离(123)面，但仍属于$[11\bar{1}]$晶带轴中的某一个面，如任意$(h, k, h + k)$面。因此，在很多情况下只考虑铁素体中最容易开动的{110}及{112}面上的滑移就已经足够了。不同类型滑移面的晶体结构、原子密度等参数并不相同，因此其开动滑移系的临界分切应力会有所差异，即某一类型的滑移系比另一类型的滑移系更容易开动。当两者的临界分切应力值差别不大时，虽然临界分切应力较低的滑移系仍更容易开动，但当某一临界分切应力较高的滑移系处于其取向因子很高的软取向状态时，根据临界分切应力定律，其开动也有可能优先于那些虽临界分切应力较低，但其即时的取向因子也很低的硬取向滑移系[式(1.6)和图 1.12]。

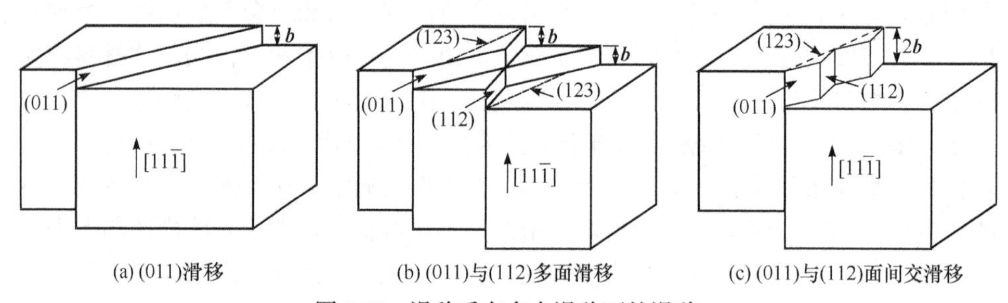

(a) (011)滑移　　(b) (011)与(112)多面滑移　　(c) (011)与(112)面间交滑移

图 2.19　滑移系在多个滑移面的滑移

图 2.20 示意性地展示了在金属材料拉伸试验时获得的应力应变σ-ε曲线，在应力达到初始屈服水平σ_s之前的变形为弹性变形范围。越过屈服平台并继续变形直至达到拉伸试验的抗拉强度σ_b 的阶段为塑性变形范围，且随着塑性应变值ε^p的升高所需的塑性变形流变应力σ_y和流变临界分切应力τ_{cy}也不断提高，即呈现加

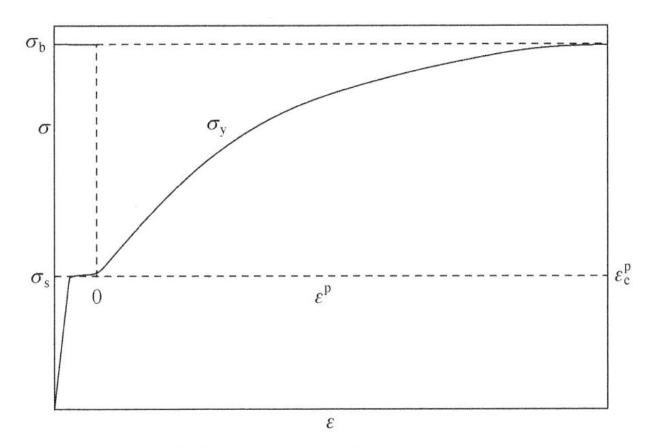

图 2.20　金属材料拉伸试验曲线及其塑性变形过程的加工硬化

工硬化现象。如果把拉伸应力应变σ-ε曲线中的塑性变形的部分用虚线坐标取为拉伸应力应变σ_y-ε^p曲线，设ε_e^p为达到抗拉强度σ_b试样被拉断时所实现的最高拉伸塑性应变，则可根据拉伸试验的实测曲线近似地拟合特定金属材料塑性变形过程中流变应力σ_y和流变临界分切应力τ_{cy}随塑性应变ε^p的变化，即包含了塑性变形加工硬化的行为：

$$\sigma_y(\varepsilon^p)=\sigma_s+(\sigma_b-\sigma_s)\left(\frac{\varepsilon^p}{\varepsilon_e^p}\right)^{\frac{1}{n}}\quad;\quad\frac{\sigma_y(\varepsilon^p)}{\sigma_s}=1+\left(\frac{\sigma_b}{\sigma_s}-1\right)\left(\frac{\varepsilon^p}{\varepsilon_e^p}\right)^{\frac{1}{n}}\tag{2.53}$$

或

$$\tau_{cy}(\varepsilon^p)=\tau_c+(\tau_{cb}-\tau_c)\left(\frac{\varepsilon^p}{\varepsilon_e^p}\right)^{\frac{1}{n}}\quad;\quad\frac{\tau_{cy}(\varepsilon^p)}{\tau_c}=1+\left(\frac{\tau_{cb}}{\tau_c}-1\right)\left(\frac{\varepsilon^p}{\varepsilon_e^p}\right)^{\frac{1}{n}}\tag{2.54}$$

式中，n为针对不同金属的拟合参数；τ_{cb}为拉伸达到抗拉强度时的临界分切应力；σ_s、σ_b、ε_e^p、τ_c、τ_{cb}等都是实测值。也可以根据不同特殊的金属采取其他适合的拟合流变应力σ_y和τ_{cy}加工硬化行为的拟合方式，目的在于获得相关金属加工硬化的定量表达式。

对于如面心立方纯铝这类只有一种类型滑移系{111}<110>的金属，每个滑移系应具备同样的加工硬化规律，塑性变形时金属保持流变屈服状态的应力$\sigma_y(\varepsilon^p)$以及滑移系已经开动是必备条件。此时，滑移系开动与否仍主要依赖于相应应力条件下其取向因子是否足够高，加工硬化只是增加了外载荷的负担，因此往往并不需要关注变形金属即时的加工硬化状态。如果变形金属中存在不同类型的滑移系，且每种类型滑移系有不同的加工硬化规律，则变形金属的加工硬化状态也会和滑移系取向因子一起共同影响不同类型滑移系开动的活跃程度。

以体心立方金属的{110}<111>和{112}<111>两种临界分切应力分别为$\tau_{c\{110\}}$和$\tau_{c\{112\}}$的不同类型滑移系为例，一般认为有$\tau_{c\{110\}}<\tau_{c\{112\}}$，即滑移系{110}<111>应该更加活跃[16]。但如式(2.53)参数 n 所示，塑性变形开始后两类滑移系的加工硬化行为，以及不同滑移系开动的相应σ_y值可能会有所差异。因此，虽然滑移系{110}<111>应该比较活跃,但在变形的后期明显呈加工硬化时,滑移系{112}<111>的相对活跃程度也有可能以更快的速率提升，并超过滑移系{110}<111>。图 2.21 展示了体心立方金属{110}和{112}面上原子与八面体间隙位置的分布，可以计算出最密排{110}面的原子密度高于{112}面，因此有$\tau_{c\{110\}}<\tau_{c\{112\}}$。具有体心立方结构的钢中铁素体通常会固溶一定量的 C、N 等间隙固溶原子。这些原子一般会占据铁素体单胞的八面体间隙位置。图 2.21 显示，{110}面八面体间隙位置的密度是{112}面的 1.732 倍，因而{110}面上间隙原子的密度也比较高。间隙原子会与滑移系频繁交互作用，阻碍滑移系的移动，因此较低初始临界分切应力的(110)面滑移系开动后，可能在塑性变形后期呈现出更强的加工硬化效应。

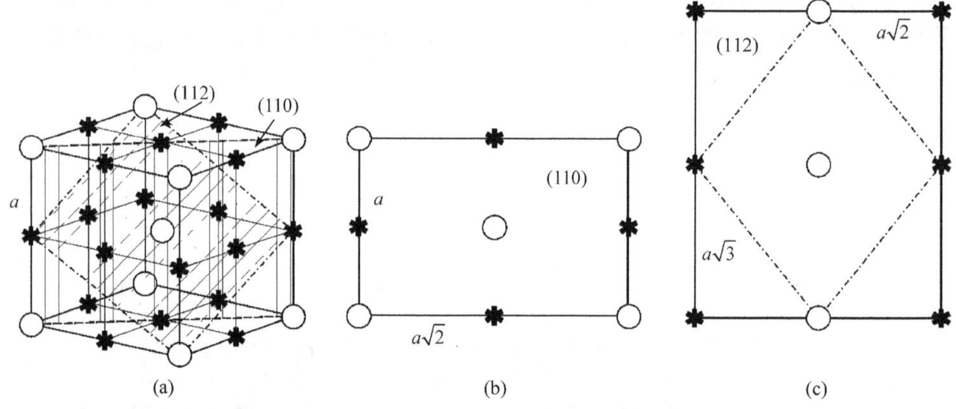

图 2.21　体心立方金属原子与八面体间隙位置(✱)分布(a)及其(110)面(b)和(112)面(c)分布

加工硬化提高了流变应力，也就是说提高了临界分切应力，或可以表达为降低了滑移系取向因子的实际有效值。例如，设体心立方金属滑移系{110}<111>和$\{hk\overline{hk}\}$<111>的流变临界分切应力值分别为$\tau_{cy\{110\}}$和$\tau_{cy\{hk\overline{hk}\}}$，将滑移系取向因子$\mu$变为流变取向因子$\mu_{y\{hk\overline{hk}\}}$，即

$$\mu_{y\{hk\overline{hk}\}}=\frac{\tau_{cy\{110\}}}{\tau_{cy\{hk\overline{hk}\}}}\mu_{0\{hk\overline{hk}\}} \tag{2.55}$$

式中，取向因子$\mu_{0\{hk\overline{hk}\}}$即为滑移系$\{hk\overline{hk}\}$<111>不考虑加工硬化时的本征取向因子，即仅按照临界分切应力定律的几何关系计算出来的取向因子。与滑移系

{110}<111>比较，滑移系{ $hk\overline{hk}$ }<111>的流变临界分切应力值越高，则其流变取向因子值越低。流变取向因子 $\mu_{y\{hk\overline{hk}\}}$ 受滑移系本征取向因子和不同类型滑移系流变临界分切应力比值关系变化的共同影响。借助流变取向因子的观念可以在塑性变形过程中动态地比较出不同类型滑移系开动的活跃程度或优先程度的变化。当然，比较不同类型滑移系活跃程度有很多不同的方法，式(2.55)只是简洁地对其可比性给出一个初步的印象。

参 考 文 献

[1] 毛卫民, 何业东. 电容器铝箔加工的材料学原理. 北京: 高等教育出版社, 2012.

[2] 王龙甫. 弹性理论. 2 版. 北京: 科学出版社, 1984.

[3] Mao W, Yu Y. Effect of elastic reaction stress on plastic behaviors of grains in polycrystalline aggregate during tensile deformation. Materials Science and Engineering: A, 2004, 367: 277-281.

[4] 毛卫民. 无机材料晶体结构学概论. 北京: 高等教育出版社, 2019.

[5] 毛卫民, 张新明. 晶体材料织构定量分析. 北京: 冶金工业出版社, 1993.

[6] 毛卫民. 工程材料学原理. 北京: 高等教育出版社, 2009.

[7] 李一鸣, 任慧平, 毛卫民. 纯铝轧制晶粒交互作用对滑移系及取向的影响. 内蒙古科技大学学报, 2019, 38(3): 238-242.

[8] 刘国权. 材料科学与工程基础(上册). 北京: 高等教育出版社, 2015.

[9] 霍夫曼 O, 沙克斯 G. 工程塑性理论基础. 乔端, 孙梁, 译. 北京: 中国工业出版社, 1964.

[10] 毛卫民. 金属材料的晶体学织构与各向异性. 北京: 科学出版社, 2002.

[11] Truszkowski W, Krol J, Major B. Inhomogeneity of rolling texture in fcc metals. Metallurgical Transactions A, 1980, 11: 749-758.

[12] Mao W. Intergranular mechanical equilibrium during the rolling deformation of polycrystalline metals based on Taylor principles. Materials Science and Engineering: A, 2016, 672: 129-134.

[13] 余永宁. 金属学原理. 2 版. 北京: 冶金工业出版社, 2013.

[14] Raabe D. Simulation of rolling textures of b.c.c. metals considering grain interactions and crystallographic slip on {110}, {112} and {123} planes. Materials Science and Engineering: A, 1995, 197(1): 31-37.

[15] 毛卫民, 杨平. 电工钢的材料学原理. 北京: 高等教育出版社, 2013.

[16] Franciosi P. Glide mechanisms in b. c. c. crystals: An investigation of the case of α-iron through multi-slip and latent hardening test. Acta Metallurgica, 1983, 31(9): 1331-1342.

第 3 章　金属材料塑性变形的晶体学理论

自 20 世纪 20 年代萨克斯(Sachs)、泰勒(Taylor)先后提出最早的金属塑性变形宏观晶体学理论以来，至今已有上百年的历史。其间在大多数时间段，这种早期的宏观晶体学理论的发展基本处于停滞状态，导致塑性变形宏观力学理论与微观晶体学理论始终呈现大致脱节的现象。宏观力学理论的学者较少引入晶体学的观念，微观晶体学理论的学者在与宏观金属加工工程结合的尝试方面也不够活跃。自 20 世纪 70 年代以来，世界各地的学者开始越来越重视塑性变形的宏观晶体学理论。其间，泰勒理论的基本设想特别适合与在宏观力学理论已广泛使用的有限元计算技术对接，因而受到了格外的重视。当前，在全世界金属塑性变形领域占有统治地位的宏观晶体学理论基本都是以泰勒所提出的原则为基础而发展起来的理论。目前，在金属的塑性变形领域已经形成了完善而成熟的系统性宏观理论，支撑了金属塑性加工技术的发展和工程应用。然而，这些理论往往基于或侧重于纯机械力学的宏观原理。金属材料属于晶体物质，其内部并不是连续的，而是由大量原子按照特定规则堆砌而成；晶体物质的另一个核心特征则是其晶体学的各向异性。然而，传统的宏观塑性变形理论往往把变形金属假设为连续介质和各向同性体，这给其在金属塑性加工方面的应用带来了一定困扰。至今，对金属塑性变形微观晶体学理论的研究已经有了非常悠久的历史，人们对金属塑性变形的微观晶体学原理也有了系统性的了解，并形成相关理论，包括位错理论、机械孪生理论、取向因子、临界分切应力定律等。随着现代金属加工工程的深入发展，金属的晶体学各向异性在塑性加工过程中的重要意义和作用日益凸显出来。越来越多的金属制品不仅需要避免各向异性带来的危害，也更要追求充分利用各向异性的优点以大幅提高金属制品性能，乃至开发出优异的全新产品。金属材料的塑性加工是其各向异性产生、演变乃至得到控制的重要环节，因此需要把基于机械力学的宏观塑性变形原理与基于晶体特性的微观晶体学塑性变形原理结合起来，发展金属塑性变形的宏观晶体学理论。

金属材料的塑性变形过程主要依靠微观的晶体学机制完成。金属塑性变形晶体学的任务之一在于阐述塑性变形过程中真实开动的晶体学塑性变形系及其复杂的动态组合开动方式和过程。同时还要揭示各晶粒取向演变的过程、多晶体变形织构的形成及相关的原理。正确、合理的塑性变形晶体学理论应该能够借助其所阐述的晶体学塑性变形系的组合开动过程预测出与实际观察相符合的变形织构形成过程。由此可见，根据所提出的晶体学塑性变形系开动理论模拟计算变形织构的形成，并与实验观测的变形织构对比是塑性变形晶体学理论研究的重要内容；而模拟计算变形织构是研究工作必不可少的环节。

3.1 多晶体取向均匀分布原理

3.1.1 均匀的取向分布与随机取向

一般认为，多晶体内各晶粒具有不同的取向。把所有晶粒的取向归纳在一起，可用取向分布函数以分布密度的形式观察和分析大量晶粒在取向空间内不同取向点上分布量的多少。基础性的理论研究通常需要从多晶体没有织构的初始状态，即在取向空间内取向分布处处呈现随机分布密度的状态出发，模拟计算变形织构的形成。因此，首先需要获得多晶体取向理论上均匀分布或随机分布的初始分布状态。用取向分布函数，即取向密度值表达由这些取向构成多晶体织构时在取向空间内有函数值处处相等，且由式(1.20)得

$$f(g)=f(\varphi_1,\Phi,\varphi_2)=1 \tag{3.1}$$

在这里，取向随机分布的密度值定义为 1。某取向处的密度高于 1 表示该处有取向聚集，低于 1 表示该处的取向还达不到取向随机分布的水平；0 则表示该处没有取向分布[1]。

在由 x、y、z 三个坐标轴构成的无限空间直角坐标系中，一组(x, y, z)三个自由变量，即三个坐标值表示的是空间的一个几何位置。在该空间内无限多个位置坐标中随机获得任意一个位置坐标值的概率与获取任意一个其他位置坐标值的概率完全一样。因此，在普通直角坐标系所表达的空间内，全部几何位置的分布是均匀的或等权重的；如果需要任意获取一个位置坐标，则空间中每一个位置都具备相同的被获取概率。这样的位置空间被认为是位置均匀分布的空间。然而，对取向空间来说，情况就变得非常不同，且相当复杂。取向的三个自由变量由图 1.15 和式(1.15)定义的三个欧拉角 φ_1、Φ、φ_2 表示，其最大取值范围为：$0\leqslant\varphi_1\leqslant2\pi$、$0\leqslant\Phi\leqslant\pi$、$0\leqslant\varphi_2\leqslant2\pi$，是一个有限空间。鉴于人们已经习惯了对直角坐标系的观察与分析，因而把 φ_1、Φ、φ_2 三个转角设定为三个互相垂直的坐标轴，并人为构成了一个空间直角坐标系(图 1.24)，但这个坐标系已经失去了空间直角坐标系的常规含义和特性。例如，在(x, y, z)常规几何空间中几何位置(0, 1, 0)与(90, 90, 0)相距 $\sqrt{90^2+89^2}>126$，比较远；而在取向空间中取向位置(0°, 1°, 0°)与(90°, 90°, 0°)相距仅 1°。再如，在(x, y, z)常规几何空间中几何位置(0, 0, 0)、(0, 0, 360)与(180, 0, 180)是完全不同的位置，而在取向空间中取向位置(0°, 0°, 0°)、(0°, 0°,

360°)、(180°, 0°, 180°)等是同一取向。由此可知，在常规空间中试图获取任意位置坐标时，获得(0, 0, 0)的概率与获得其他坐标值的概率相同；而在取向空间中所有 φ_1、Φ、φ_2 取值在等权重的情况下试图获取任意取向位置坐标时，获得取向(0°, 0°, 0°)的概率远高于获得其他取向的概率，因为更多取向虽然分布于不同位置，但它们实质上都是取向(0°, 0°, 0°)。图 1.24 所示的取向空间实际上并不是一个均匀分布的空间，这种不均匀分布的特性源于图 1.15 中确定取向的三个欧拉角时所展现的旋转对称特征。图 1.24 所示的取向空间只具备直角坐标系的形式，不具备这种坐标系的实质特性。一般来说，在图 1.24 所示的取向空间中取向的 Φ 值越低，其被随机获取的概率越高，而其真实的获取概率或权重与其 Φ 值的关系应为 $\sin\Phi$。另外，还存在其他多种晶体旋转对称性导致取向空间内取向分布的不均匀性。

常规直角坐标系所建立的空间实际上是一个几何位置坐标均匀分布的无限大的位置数据库，而取向空间却不是一个能使用这种数据库的空间。因此，需要专门为取向空间事先建造一个取向均匀分布的数据库，以便获得均匀分布的取向数据，进而为获取多晶体取向均匀分布的初始分布状态奠定基础。然而，自己构建取向空间均匀分布的取向数据库时会出现一个新的困扰。在图 1.24 所示的不均匀取向空间内存在无穷多个取向，只可能人为构建由有限个取向数据构成的库；数据库的大小对后续分析工作的精度会产生影响。取向数据的均匀性与数据分析的精确性对于取向分布分析来说是一个相互制约的矛盾。在保证均匀性的前提下，若想提高分析精度就需要建立较大的数据库，并因而占用更多分析时间。

但是，如果不想依赖公共软件而根据需要自己建立数据库，则无论数据库容量大小，首先必须确保其内取向数据分布的均匀性。均匀分布的取向比普通直角坐标系内均匀分布的几何位置难理解。简单来说，常规直角坐标系中当(x, y, z)三个自由变量均为整数时，无论 x、y、z 各自取值如何，相邻几何位置之间都是等距离，由此可以从一个侧面理解均匀性。在取向空间内，所要求的等距离是指取向数据库中大量取向无论 φ_1、Φ、φ_2 各自取值如何，相邻取向位置之间的取向差都是相等的(参见 2.2.1 小节)。

3.1.2　球面坐标系与取向分布

首先，需要确立一种能够评价相邻取向位置之间的取向差是否相等的原则方法，这种方法尤其需要能够处理或平衡在图 1.24 所示取向空间中晶体取向$(\varphi_1, \Phi, \varphi_2)$的 Φ 值越低，其被随机获取的概率越高的问题。1.2.2 小节及图 1.15 介绍了取向$(\varphi_1, \Phi, \varphi_2)$的定义与获取方式。为平衡 Φ 值高低对取向出现概率的影响，现以逆向、逆顺序的方式来确定晶体取向。如图 3.1 所示，以立方晶体为例在参考坐标系 $O\text{-}x_1\text{-}x_2\text{-}x_3$ 中从起始取向出发，按 φ_2、Φ、φ_1 的逆顺序做三个反向的欧拉转动(与

图 1.15 对比)，如此同样可以实现任意取向。首先，绕晶体的[001]方向逆向做 φ_2 转动，使 x_1 轴与晶体[010]的夹角由 π/2 变为 π/2 − φ_2；然后绕转动后的[100]方向逆向做 Φ 转动。在完成 φ_2、Φ 两个逆向转动后，只要使之后实行的各种 φ_1 转动保持等间距 $\Delta\varphi_1$ 即可以实现之后各相邻取向之间的取向差相等。

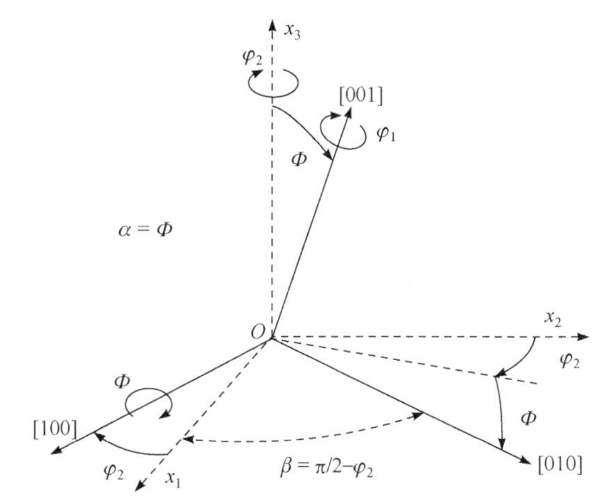

图 3.1　逆向获取立方晶体取向时[001]晶体方向的确定

现分析如何在实行转动时仍能实现相邻取向之间尽量相等的取向差，以最终获得晶粒取向尽可能的均匀分布，并建立相应的取向数据库；尤其要关注 Φ 值变化对取向差的影响。由图 3.1 可以看出，Φ 值是晶体[001]方向与参考坐标轴 x_3 之间的偏转夹角，φ_2 则是偏转离开 x_3 轴之前的[001]方向绕 x_3 轴的旋转角。由此可见，实现[001]方向各种不同的偏转及旋转状态的规则是决定各旋转状态的分布是否均匀、相邻旋转状态之间是否等取向差的关键。采用球面坐标系可以直观地观察和分析[001]方向各旋转状态的分布。

如图 1.20 所示，用半径为 1 的球形表面构成一个包含 x_1、x_2、x_3 三轴的球面坐标系，三轴把球面分割成等面积的 8 个部分，称为 8 个象限。三轴的正向所夹持的 1/8 球面所构成的球面三角形属于第 1 象限，可称为 1 象限球面三角形，即图 3.2(a)中的灰色区域。1 象限球面三角形内 φ_2 和 Φ 两个欧拉角是可以表达[001]方向旋转状态的参数。φ_2 和 Φ 的最大取值范围为 $0\leqslant\varphi_2\leqslant2\pi$ 和 $0\leqslant\Phi\leqslant\pi$；如果所研究的样品对象具备 2.4.1 小节所介绍的多晶体样品的正交对称性,取值范围通常可缩小到 $0\leqslant\varphi_2\leqslant\pi/2$ 和 $0\leqslant\Phi\leqslant\pi/2$。$\varphi_2$ 和 Φ 在 $0\leqslant\varphi_2\leqslant\pi/2$ 和 $0\leqslant\Phi\leqslant\pi/2$ 范围变化时，[001]方向与球面的接触点或投影点只涉及图 3.2(a)中球面的灰色区域构成的 1 象限球面三角形。现在的问题变为，可获得的[001]的众多投影点如何在球面上尽可能呈均匀分布状态。参照 1.3.1 小节和图 1.20 借助球面投影图所展示的极图并对比图 3.1 和图 3.2(a)可以看出，这里的欧拉角 φ_2 和 Φ 与极图中的纬度角 α 和

经度角 β 的关系为 $\alpha = \Phi$、$\beta = \pi/2 - \varphi_2$ (图 3.1)。

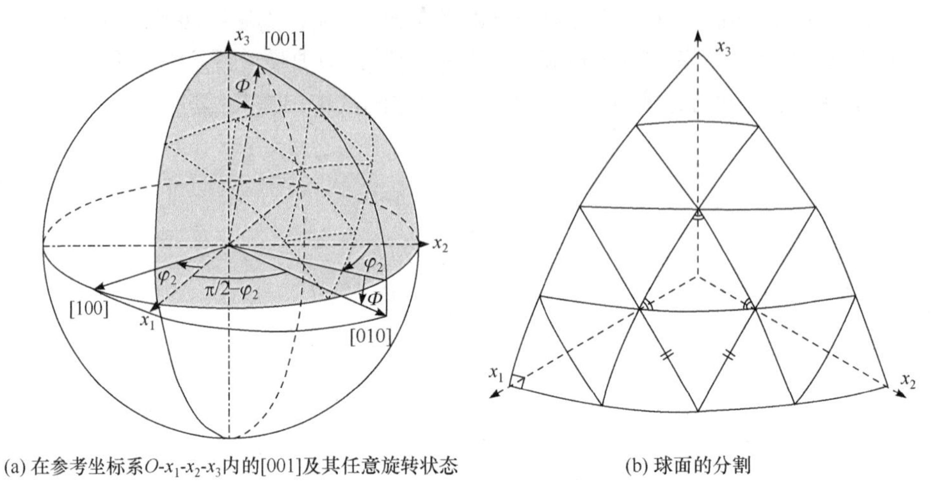

(a) 在参考坐标系 O-x_1-x_2-x_3 内的[001]及其任意旋转状态　　(b) 球面的分割

图 3.2　球面坐标系的象限球面三角形

为了实现[001]与球面的众多投影点在球面上尽可能呈均匀分布，可尝试对灰色球面区均匀地分割成众多等面积的小区，在每一个小区内选择一个投影点作为代表，就可以组成在球面各处散布数量众多的投影点。分割球面的小区排列越细密，投影点的数目越多，随后的取向数据库也越大。有各种不同的分割球面、划分小区的方法，但通常都是采用穿过球心的大圆切割球面以获取分割线和相应分割区。例如，一种简单的方法是把 1 象限球面三角形的边弧分割成等弧长的若干小段，用分割点标识出分割处；然后用大圆切过分割点作分割，即可把球面分割成若干较小的球面三角形[图 3.2(b)]。

为了促使旋转的[001]方向在球面上众多投影点的分布尽量均匀，需要注意在球面所分割出的小区应该是等面积的。如果划分出的是众多小的球面三角形，则它们在球面也应该是等面积的。同时，在划分成众多小区的基础上从每个小区选择出一个代表性投影点时，众多相邻投影点在球面上也应该是等间距的，即球心到相邻投影点的矢量之间的夹角应该相等。也就是说，在球面上所有投影点涉及的范围之内，所有相邻投影点的间距都应是一个值。获取众多投影点即获得了众多的(Φ, φ_2)参数；再绕球心到每个投影点的矢量所做的旋转即为 φ_1 旋转，由此可构成均匀数据库中的取向(φ_1, Φ, φ_2)。如果共获得了 n 组(Φ, φ_2)，对每组(Φ, φ_2)所做的 φ_1 旋转为等间距或等差角的 m 组旋转，则所获得均匀分布的取向数据库内的取向总数就是 $n \times m$ 个。检验所获得的 $n \times m$ 个取向是否均匀分布的方法是，用这 $n \times m$ 个取向计算取向分布函数，即认为多晶体内各晶粒的不同取向共有 $n \times m$ 个，且每种取向晶粒的体积总量都是相等的(参见 3.2.2 小节)；如果所计算的取向分布函数值在取向空间内处处相等，即符合式(3.1)所示的随机织构现象，这 $n \times m$ 个取向构成的数据库就是一个取向均匀分布的数据库；如果计算结果与之有偏差，其偏差的程度即是该数据库偏离取向均匀分布数据库的程度。

可以看出，用(φ_1, Φ, φ_2)逆顺序反向旋转获取取向的方法可以较好地借助 φ_2 和 Φ 两个角显示[001]方向的旋转状态。同时，Φ 值越低，所对应的小球面三角形越少(图 3.2)，进而有助于获取已经平衡了 Φ 值对取向出现概率的影响的取向数据。

3.1.3　球面小区的简单划分

以上阐述了分割图 3.2(a)所示 1 象限球面三角形的原则思想，但真正做到完全地均匀划分并不是一件容易的事。图 3.2(b)给出的是从灰色区域中心投影点正向观察时的 1 象限球面三角形示意图。将这个球面三角形的三个弧边做若干等分并用大圆切割后，可构成若干小球面三角形，并完全覆盖了 1 象限球面三角形。尽管对弧边做了等距离分割，但无论等分的间距如何细小、无论最终获得了多大数量覆盖灰色球面的小球面三角形，在所涉及范围内各小球面三角形并不具备同样的形状。例如，图 3.2(a)显示 x_1 轴同时为 4 个最大球面三角形所共有，由此决定了球面分割后与之直接连接的小球面三角形的一个顶角的角度必为 $\pi/2$，即该三角形为球面直角三角形；x_1 与 x_2 之间的弧边上中间的那个小三角形必为球面等腰三角形，大球面三角形最中心的那个小三角形必定为球面等边三角形[图 3.2(b)]。与此同时，各小球面三角形的面积也不相同。计算显示，把图 3.2(b)中 1 象限球面三角形的 3 个弧边分别等分 36 小段，然后用大圆过分割点进行类似于图 3.2(b)所示的切割，可形成 $36 \times 36 = 1296$ 个小球面三角形，上述顶角球面直角三角形、弧边球面等腰三角形、中心球面等边三角形的面积比约为 1∶1.23∶1.37；可见存在明显差异，中心三角形的面积最大，顶角三角形的面积最小，弧边三角形的面积居中。小球面三角形规律性的面积变化相应地对应着所选出投影点分布或投影点权重的不均匀性，进而影响所制备取向数据库的均匀性。由此可见，为实现均匀的分割面积，并不适宜对 1 象限球面三角形的 3 个弧边做等分的分割。小球面三角形的面积与其弧边的长度成正比。如果沿图 3.2(b)所示大圆切割球面的各轨迹弧线调整每个小球面三角形的弧边长，使靠近两端的弧段保持较长，靠近中心的弧段缩短，就有可能使各小球面三角形的面积趋于一致。

可尝试如下调整的方法。如图 3.2(b)所示各大圆切割球面的轨迹弧线长度并不相等，设 $c \leqslant \pi/2$ 为相关轨迹弧线的全弧长，b 为控制弧长两端较长、中间较短程度的参数，a 为确保全弧长始终为 c 的参数，θ 为沿轨迹弧长从 0 至 c 的位置(在这里可能涉及 Φ 或 φ_2)，n 为轨迹弧长需要分割的段数；则对第 i 个(i 取值 $1 \sim n$)小球面三角形弧边的部位 θ_i 及该弧段的长度 $\Delta\theta_i$ 有

$$\Delta\theta_i = a\left(1 - b\sin\frac{\pi}{n}i\right)$$
$$\theta_i = \sum_{i=1}^{i} a\left(1 - b\sin\frac{\pi}{n}i\right) = ai - ab\sum_{i=1}^{i}\left(\sin\frac{\pi}{n}i\right) \tag{3.2}$$

式中，正弦项的功能在于使分割弧边所得的各弧段中，居于弧边两端的较长，居于中间的较短；长短差异的程度由参数 b 人为调整，b 为 0 即表示等份地分割弧边。可求得参数 a 与 b、c 的关系为

$$a = \frac{c}{n\left(1 - \frac{b}{n}\sum_{i=1}^{n}\sin\frac{\pi}{n}i\right)} = \frac{c}{n - b\sum_{i=1}^{n}\sin\frac{\pi}{n}i};\quad c = an - ab\sum_{i=1}^{n}\sin\frac{\pi}{n}i \tag{3.3}$$

当分割最大球面三角形的弧边时有 $c = \pi/2$，和最大弧边的分割份数 n 一起代入式(3.3)可解得参数 a 为

$$a = \frac{\frac{\pi}{2}}{n - b\sum_{i=1}^{n}\sin\frac{\pi}{n}i} \tag{3.4}$$

如果确定了人为控制参数 b 的数值，与 n 一起代入式(3.4)即可求得 a 值；将 a、b、n 再代入式(3.3)可解得参数 c。将所有取得的参数代入式(3.2)可得到各弧段的位置 θ_i 和长度 $\Delta\theta_i$，并根据球面三角形原理计算出相关小球面三角形的面积。计算上述分割成 1296 个小球面三角形的结果显示，当参照式(3.2)调整弧段边长并取 $b = 0.1531$ 时，计算出顶角球面直角三角形、弧边球面等腰三角形、中心球面等边三角形的面积比从 1∶1.23∶1.37 转变为约 1∶1.05∶0.98，使不同部位小球面三角形的面积明显趋于相同。

投影点在球面区域内分布的均匀性是获得均匀分布取向数据库的关键，需要引起特别的注意。可以把 1 象限球面三角形进行细致的分割，获得大量经调整而接近等面积的小球面三角形，然后把若干小球面三角形按照一定规则组合成一个小区域，在小区域内选择多个小球面三角形的某交联点作为代表该小区域的投影点。通过多个小球面三角形的合理组合及代表性投影点的合理布局提高投影点分布的均匀性及所获得取向数据库的均匀性。

如上所述，参照图 3.2(b)所示的分割调整方法，并继续细致分割，直至每个弧边被分割成 36 段等长的弧，进而 1 象限球面三角形被分割成 36 × 36 = 1296 个小球面三角形后，把近邻的 6 个小球面三角形组合在一起形成球面六边形，这样可构成 1296/6 = 216 个球面六边形，并覆盖整个 1 象限球面三角形。将位于六边形中心的 6 个球面三角形连接点作为由球面坐标系原点发射而来的投影点，图 3.3

以极射赤面投影的方式(参见 1.3.1 小节)在极图中给出了这些投影点的分布情况，其中白圈表示等分弧边时投影点的分布位置，灰圈表示在参数 b 为 0.1531 的情况下借助式(3.2)、式(3.3)和式(3.4)所介绍的方法调整位置后的投影点分布。如图 3.2(a)所示，极图坐标表示的方式为：从原点到 x_1、x_2 轴及二轴之间所有方向的正向为 Φ 值增长方向，从 x_2 轴向 x_1 轴的偏转方向为 φ_2 值增长方向；极射赤面投影的原理导致 Φ 和 φ_2 角不能始终采用等间隔的方式在极图上表达。

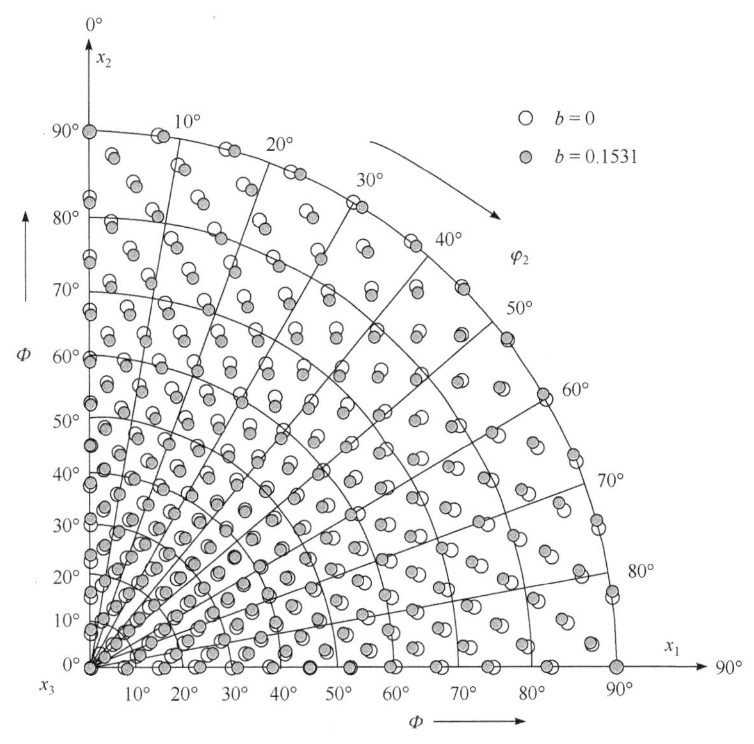

图 3.3　切割 1 象限球面三角形构成 216 个小球面区后用极射赤面投影观察投影点分布

由于极射赤面投影的关系，图 3.3 显示越靠近低 Φ 值处投影点的密度越高。但从非等间隔的 Φ 值网格中可以看出，在 Φ 方向上每隔 10°的投影点密度仍是相同的。同样，沿 φ_2 方向投影点密度的分布也存在类似规律。沿各 φ_2 等值 0°～90°网格线，随着网格线 Φ 值的降低，投影点的数目也规律性地减少，切实反映并平衡了 Φ 值高低对投影点密度和取向出现概率的影响。另外，引入式(3.2)、式(3.3)和式(3.4)所给出的方法可以规律性地调整球面几何图形的尺寸，进一步促进和保持投影点分布的均匀性。图 3.3 给出的只是一个简单的投影点分布示例，在保持所需的基本规律之外，投影点分布也呈现特定对称性，如投影点分布沿 φ_2 = 45°线呈镜像对称。根据需要可选择不同密度和不同分布几何模式的投影点分布，包括对特定方向非镜像对称的分布等，这里不再一一列举。

均匀分布的投影点的(Φ, φ_2)数值确定后，还要注意后续 φ_1 值的适当选取。一般来说，随着投影点的确定，各紧邻投影点的距离或角度差也确定了，这个角度差应与后续选取 φ_1 旋转角的间隔基本一致，以避免破坏取向数据库的均匀性。由于取向均匀性及所涉及球面几何的复杂性，所有获得的取向数据库都需经过均匀性的验证，即用数据库内所有的取向计算一个取向分布函数，看所有的函数值是否符合或接近式(3.1)所给出的约束。如果不能满足要求，则需要调整或重算。至于取向数据库的大小、包含均匀分布取向数目的多少与相关研究的目的和精度或取向对所研究问题的敏感度有关。掌握了上述原理后可以根据需求制作出不同容量的数据库。取向数目越多，统计性越好，但建立数据库及后续计算和研究的工作量也越大。原则上需满足使用的要求，但在此之上不必再追求过大的取向数据库。

以上是一种分割 1 象限球面三角形的简单方法，简单也导致其存在缺陷。如上所述，经这种简单分割后，球面每个小区的表面积并不严格相等，也就是说投影点的分布并非严格均匀。另外，图 3.3 所示的被分割的 1 象限球面三角形的弧边线上排列许多投影点，这些投影点也同时属于与 1 象限球面三角形相邻的象限。多个在弧边上排列的投影点造成图 3.3 所示区域内投影点数量实际为 235，多于 216，即这些投影点所代表的球面大于 1 象限球面三角形。如何对这些投影点进行取舍，以及取舍后对所获得取向数据统计性的影响都是需要慎重思考的问题。采用这种简单的分割方法很难安排投影点的分布，以使其合理地避免接触 1 象限球面三角形的弧边。采用下述球面等表面积分割的方法可以适当解决上述缺陷，但处理过程较复杂。

3.1.4 球面等表面积分割法

另一种排列投影点的方式是把投影点排列成等差梯形阵列，从 1 开始每一排都比前一排多一个投影点，以自然数的方式递增。如果排列了 n 排，则共有$(n^2+n)/2$ 个投影点。这种排列不仅较简单，而且也适合均匀分布于 1 象限球面三角形表面这种几何形状。球坐标的半径为 1、表面积为 4π，因此 1 象限球面三角形表面积为 $\pi/2$，由此可知每个投影点所占据的严格表面积 δ_p 应为 $\pi/[(n^2+n)/4]$。球面等表面积分割法就是先把 1 象限球面三角形划分成规则排列、面积严格相等的$(n^2+n)/2$ 个小区，然后在每个小区内确定出一个投影点的位置，且每个投影点尽可能保持间距相等，由此就确保了每个投影点所代表的球面表面积严格相等。

图 3.3 所示的 1 象限球面三角形投影图，如果设定每个投影点所代表的球面表面积 $\delta_p=(\pi/2)/[(n^2+n)/2]$，从原点出发沿 x_1、x_2 两个弧边方向以同样 Φ 值的偏转方式找分割点 Φ_1，使这两个 Φ_1 值处分割点与原点构成第一个小球面三角形的

面积 δ_{p1} 刚好是 $\delta_p = \pi/(n^2 + n)$。然后再沿 x_1、x_2 方向寻找下一对分割点 $\varPhi_2$，使其与原点构成第二个小球面三角形的面积 δ_{p2} 刚好是 $\delta_p(1 + 2)$；以此类推，分别找到面积 $\delta_{p3} = \delta_p(1 + 2 + 3)$、…、$\delta_{pi} = \delta_p(1 + 2 + \cdots + i)$…直至 $\delta_{pn} = \delta_p(n^2 + n)/2 = \pi/2$ 的分割点对 $\varPhi_3 \cdots \varPhi_i \cdots \varPhi_n = \pi/2$。根据球面三角形的面积公式及不同面积 δ_{pi} 所涉及的区域均为直角球面三角形的特征，可以推导出关系式：

$$\delta_{pi} = 2\arcsin\frac{1-\cos\varPhi_i}{\sqrt{2}\sqrt{1+\cos^2\varPhi_i}} = \frac{i^2+i}{2}\delta_p = \frac{i^2+i}{2}\frac{\pi}{n^2+n} \quad (i=1,2,\cdots,n) \tag{3.5}$$

由此可以求得所有 $\varPhi_i$ 值，即同步沿 x_1、x_2 轴划分 1 象限球面三角形的节点对。这里 $\varPhi_i$ 值函数是隐函数，需做适当数学处理以求解。将每次分割后在 x_1、x_2 上获得的 $\varPhi_i$ 节点对用弧线连接，可构成大小不同的一系列直角球面三角形。设有 $n = 15$，即可将 1 象限球面三角形划分成等面积的 $(n^2 + n)/2 = 120$ 块，分割后连接各 $\varPhi_i$ 对的结果如图 3.4 所示。

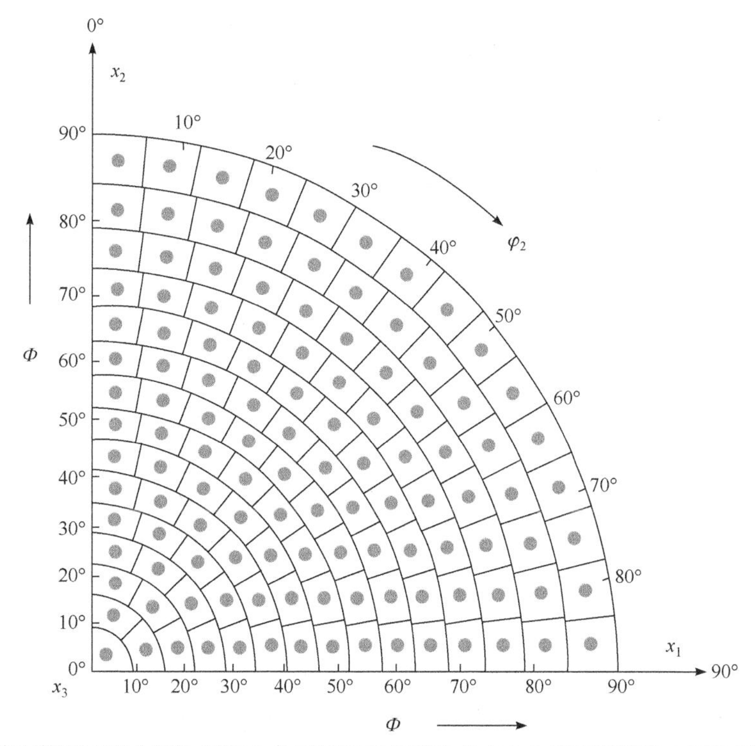

图 3.4　球面等表面积分割法切割 1 象限球面三角形构成 120 个等面积球面小区及相应投影点在极射赤面投影图上的分布(经沿 φ_2 方向倍增后共 240 个投影点，适合正交晶体对称性金属)

15 组 $\varPhi_i$ 节点对划分出 15 个系列直角球面三角形，每个相邻 $\varPhi_i$ 对所划分的两个直角球面三角形不重叠部分为球面四边形，称为分割区，且参照式(3.5)分割区

面积 $\delta_{pi}-\delta_{p(i-1)}$ 为

$$\delta_{pi}-\delta_{p(i-1)}=i\delta_p \quad (i=1,2,\cdots,n) \tag{3.6}$$

即第 i 个球面四边形面积为 δ_p 的 i 倍。根据球面几何的原理将这些球面四边形划分成 i 等份，整体就可以获得$(n^2+n)/2=120$ 块严格等表面积球面区域；除了紧邻原点的区域为球面三角形外，其余各小区均为球面四边形。把这些图形的中心或适当位置选作代表该小区的投影点，就可以获得比较均匀的投影点分布，如图 3.4 所示。对每个投影点的(Φ, φ_2)值配以如上所述的一系列均匀分布的 φ_1 就获得了相应均匀的取向数据库。另外，尤其是涉及高对称性金属晶体时需避免采用 φ_1 取值范围的两个端点值，以回避取向位于两个对称取向空间的交界处。例如，φ_1 取值范围为 $\pi/2$，需划分为 m 等份，则 m 个 φ_1 的取值可以是等间距的：

$$\frac{\pi}{2}\frac{1}{2m}、\frac{\pi}{2}\frac{3}{2m}、\frac{\pi}{2}\frac{5}{2m}、\cdots、\frac{\pi}{2}\frac{2i-1}{2m}、\frac{\pi}{2}\frac{2m-1}{2m} \quad (i=1,2,\cdots,m) \tag{3.7}$$

上述球面等表面积分割的方法确保了每个小区面积严格相等，且也可让所有投影点避免与其他象限或其他区域共有。需要重点注意的是，所选择的各相邻小区代表性投影点之间的距离也应尽量相等。1.3.2 小节介绍不同晶体的旋转对称性对均匀取向的取值范围也有不同要求。参照图 3.4 及相应的处理方法在 $0\leqslant\varphi_2\leqslant\pi$ 范围获得投影点并计算出均匀取向。将这些均匀分布的取向分别绕 x_1、x_2 或 x_3 轴做 4 次旋转，即转 $\pi/2$，则它们就会进入与 1 象限球面三角形相邻的球面三角形。原均匀取向与任一组旋转后的均匀取向合并会使均匀取向数倍增。具有 222 对称性的正交晶体并不具备这种 4 次旋转对称性，因此用它做任一 4 次旋转后所获得数目倍增的均匀取向建立取向数据库，才适用于具有正交晶体对称性的金属。对于四方、六方、立方等高对称性金属所需投影点的 φ_2、Φ 取值范围还可以进一步缩小，即相应均匀取向数据库往往还需要根据晶体旋转对称性做如下进一步的简化处理。

需注意到，有多种均匀划分 1 象限球面三角形的球面几何方法都是可行的，这里只举一例说明均匀划分理念。另外，在每个小区内选取代表性投影点的方法也有不同的选择，但需注意确保相邻投影点的间距尽量相等，至少很相近。同时也要对构建好的取向数据库对照式(3.1)做检验，即把取向数据库计算成取向分布函数，看取向空间内的函数值是否处处符合，至少基本符合式(3.1)的约束。

3.1.5　晶体旋转对称性对投影点分布和均匀取向数据库的影响

不同对称性金属晶体的简化反极图范围表示在该范围内任一晶向仅出现一次，排除了由于晶体旋转对称性导致的同一类晶向多次出现的现象，因此适合用作选择均匀晶体取向的范围，并避免同一取向多次出现的现象。图 3.4 的 1 象限球面三角形投影图再沿 φ_2 方向扩展至 180°，即增加下 1 个象限的另外 120 个同样的投影点，即构成了常规正交对称金属晶体简化反极图的范围，因此适合用作选择此类金属均匀取向的范围。如果用作更高对称性金属的选择范围，就会造成同一取向多次出现的现象。

多数四方金属晶体具有[001]方向的 4 次旋转对称性，首先选图 3.4 所示范围的一半用作简化反极图的范围，即选择范围可为 $0\leqslant\varphi_2=\pi/2-\beta\leqslant\pi/4$ 或 $\pi/4\leqslant\varphi_2=\pi/2-\beta\leqslant\pi/2$，表面积为 $\pi/4$，β 即为图 1.20 所示极图中的经度角。图 3.5 给出了采用球面等表面积分割法切割 1 象限球面三角形 $\pi/4\leqslant\varphi_2\leqslant\pi/2$ 范围在 $n=11$ 时所构成 $(n^2+n)/2=66$ 个等面积球面小区及相应投影点的分布情况(图中灰色点占据的小区)，每个小区表面积 $\delta_p=(\pi/4)/66=\pi/264$。这里采用的分割操作不是从原点开始，而是从($\Phi=\pi/2,\varphi_2=\pi/4$)点开始，其分割结果及所获取的均匀取向与从原点开始有所不同，但所获取的取向数据库具有非常相似的均匀性。这里涉及的范围边界包括 $\varphi_2=\pi/2$、$\varphi_2=\pi/4$、$\Phi=\pi/2$、$\Phi=0$。从点($\Phi=\pi/2,\varphi_2=\pi/4$)出发，保持 $\Phi=\pi/2$ 且沿 φ_2 值增加方向有增量 $\Delta\varphi_{2i}$，则球面三角形保持 $\varphi_2=\pi/4$ 且沿 Φ 值降低方向有增量 $\Delta\Phi_i=2\Delta\varphi_{2i}$。由此根据球面三角形的面积公式可推导出这里所涉及不同球面三角形面积 δ_{pi} 的关系式为

$$\delta_{pi}=2\arcsin\frac{\sqrt{2\left(\cos3\Delta\varphi_{2i}-\cos^2\frac{3\Delta\varphi_{2i}}{2}+\sin^2\frac{\Delta\varphi_{2i}}{2}\right)\left(\cos^2\frac{3\Delta\varphi_{2i}}{2}-\sin^2\frac{\Delta\varphi_{2i}}{2}-\cos\Delta\varphi_{2i}\right)}}{4\cos\frac{\Delta\varphi_{2i}}{2}\cos\alpha\sqrt{\cos^2\frac{\Delta\varphi_{2i}}{2}+\cos^2\frac{3\Delta\varphi_{2i}}{2}}} \tag{3.8}$$

$$=\frac{i^2+i}{2}\frac{\pi}{2(n^2+n)}\qquad(i=1,2,3\cdots n)$$

$$\varphi_{2i}=\frac{\pi}{4}+\Delta\varphi_{2i};\quad \Phi_i=\frac{\pi}{2}-2\Delta\varphi_{2i}$$

由此可以求得所有沿 $\Phi\equiv\pi/2$ 和 $\varphi_2\equiv\pi/4$ 线上各分割节点对的(Φ,φ_2)值，并如同对分割图 3.4 的分析可获得 $n=11$ 个分割区。这里 $\Delta\varphi_2$ 值函数是隐函数，需做适当数学处理以求解。将每个分割节点对用弧线连接，可构成大小不同的一系列直角球面三角形。这里预设 $n=11$，即把 $0\leqslant\Phi\leqslant\pi/2$、$\pi/4\leqslant\varphi_2\leqslant\pi/2$ 范围的反极图划分成等表面积的 $(n^2+n)/2=66$ 块小区。根据球面几何的原理将 11 个分割区划分成 i 等份，整体就可以获得 66 块严格等表面积球面小区；除了邻近($\Phi=\pi/2,\varphi_2=\pi/4$)点的小区为球面三角形外，其余各小区均为球面四边形。把这些图形的中心选作代表该小区的投影点，就可以获得比较均匀的投影点分布，如图 3.5 灰色点所示。对每个投影点的(Φ,φ_2)值配以如上所述的一系列均匀分布的 φ_1 就获得了相应均匀的取向数据库。

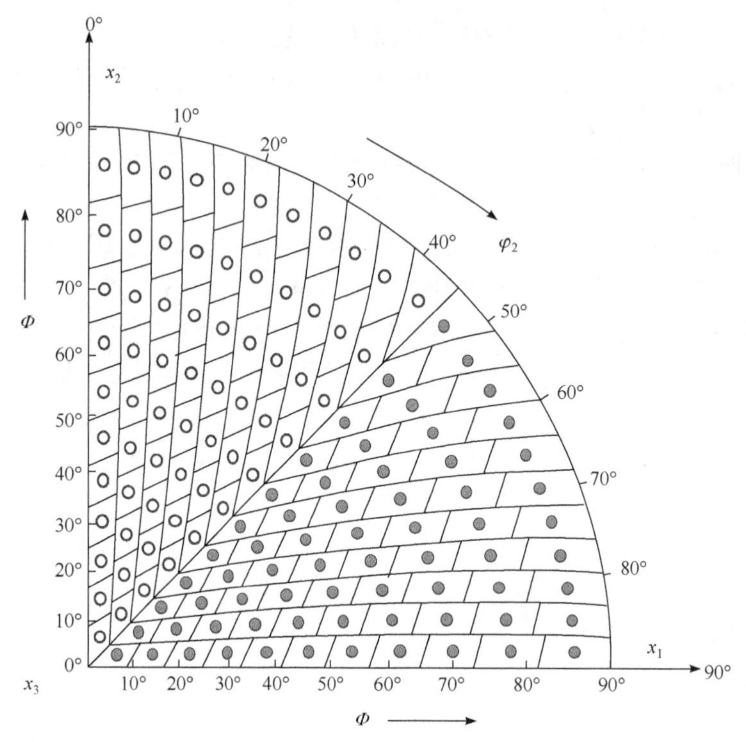

图 3.5　球面等表面积分割法切割 1 象限球面三角形$\pi/4 \leqslant \varphi_2 \leqslant \pi/2$ 范围构成 66 个等面积球面小区及相应 132 个投影点在极射赤面投影图上的分布(适合四方晶体对称性金属)

在图 3.5 所示的 $0 \leqslant \varphi_2 \leqslant \pi/4$ 范围内，四方金属晶体具有与 $\pi/4 \leqslant \varphi_2 \leqslant \pi/2$ 范围成镜像对称的投影点和相应取向。不需要另外计算这些投影点的位置，只需对 $\pi/4 \leqslant \varphi_2 \leqslant \pi/2$ 范围灰色投影点相对于 $\varphi_2 \equiv \pi/4$ 线做镜像对称操作即可获得对应的 66 个投影点的位置，如图 3.5 白圈所示。这两组投影点之间不具备旋转对称关系，因此在获取四方金属均匀取向数据库时需要同时使用这两组投影点。

多数六方金属晶体具有[0001]方向的 6 次旋转对称性，其简化反极图的选择范围首先是图 3.4 所示范围的 1/3，表面积为 $\pi/6$，即选择范围可为 $0 \leqslant \varphi_2 \leqslant \pi/6$、$\pi/6 \leqslant \varphi_2 \leqslant \pi/3$ 或 $\pi/3 \leqslant \varphi_2 \leqslant \pi/2$，其中 $0 \leqslant \varphi_2 \leqslant \pi/6$ 与 $\pi/3 \leqslant \varphi_2 \leqslant \pi/2$ 两个范围完全等价，$\pi/6 \leqslant \varphi_2 \leqslant \pi/3$ 与 $\pi/3 \leqslant \varphi_2 \leqslant \pi/2$ 两个范围成镜像对称。图 3.6 给出了采用球面等表面积分割法切割 1 象限球面三角形 $\pi/3 \leqslant \varphi_2 \leqslant \pi/2$ 范围在 $n = 11$ 时所构成$(n^2 + n)/2 = 66$ 个等面积球面小区及相应投影点的分布情况(图中灰色点占据的小区)，每个小区表面积 $\delta_{\mathrm{p}} = (\pi/6)/66 = \pi/396$。这里采用的分割操作与图 3.5 的方法类似，从($\Phi = \pi/2$, $\varphi_2 = \pi/3$)点开始，涉及的范围边界包括 $\varphi_2 = \pi/2$、$\varphi_2 = \pi/3$、$\Phi = \pi/2$、$\Phi = 0$；从点($\Phi = \pi/2$, $\varphi_2 = \pi/3$)出发，保持 $\Phi \equiv \pi/2$ 且沿 φ_2 值增加方向有增量 $\Delta\varphi_{2i}$，则球面三角形保持 $\varphi_2 \equiv \pi/4$ 且沿 Φ 值降低方向有增量 $\Delta\Phi_i = 3\Delta\varphi_{2i}$。由此根据球面三角形的

面积公式可推导出这里所涉及不同球面三角形面积 δ_{pi} 的关系式为

$$\delta_{pi} = 2\arcsin \frac{\sqrt{\left(\cos 4\Delta\varphi_{2i} - \cos^2 2\Delta\varphi_{2i} + \sin^2 \Delta\varphi_{2i}\right)\left(\cos^2 2\Delta\varphi_{2i} - \sin^2 \Delta\varphi_{2i} - \cos 2\Delta\varphi_{2i}\right)}}{\sqrt{2}\left(\cos\Delta\varphi_{2i} + \cos 2\Delta\varphi_{2i}\right)\sqrt{\cos^2 \Delta\varphi_{2i} + \cos^2 2\Delta\varphi_{2i}}}$$
$$= \frac{i^2+i}{2}\frac{\pi}{3(n^2+n)} \qquad (i = 1, 2, 3, \cdots, n) \tag{3.9}$$

$$\varphi_{2i} = \frac{\pi}{3} + \Delta\varphi_{2i}; \quad \Phi_i = \frac{\pi}{2} - 3\Delta\varphi_{2i}$$

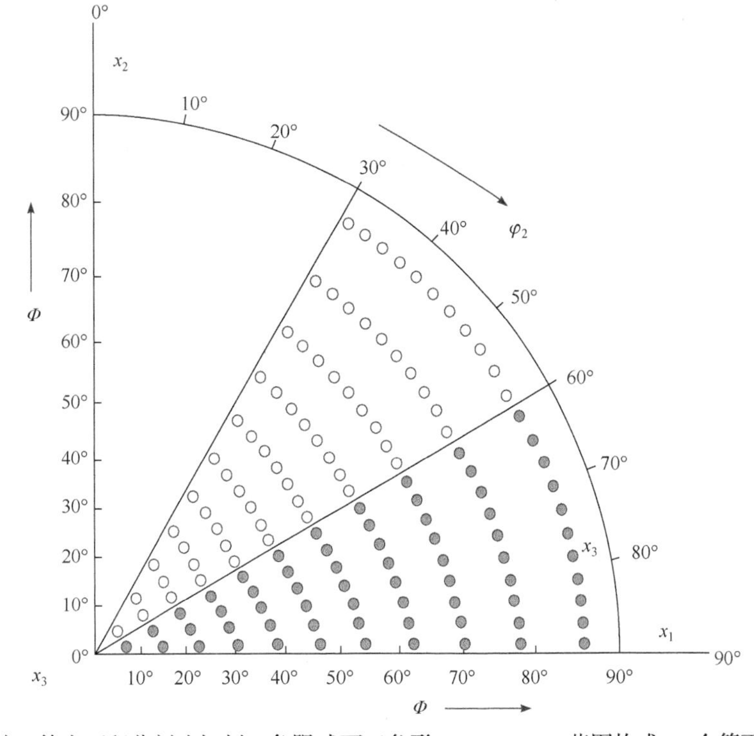

图 3.6　球面等表面积分割法切割 1 象限球面三角形 $\pi/3 \leqslant \varphi_2 \leqslant \pi/2$ 范围构成 66 个等面积球面小区及相应 132 个投影点在极射赤面投影图上的分布(适合六方晶体对称性金属)

由此可以求得所有沿 $\Phi \equiv \pi/2$ 和 $\varphi_2 \equiv \pi/3$ 线上各分割节点对的 (Φ, φ_2) 值，并如同对分割图 3.5 的分析那样获得 $n = 11$ 个分割区；其余分析与四方金属的情况类似。在如图 3.6 所示的 $\pi/6 \leqslant \varphi_2 \leqslant \pi/3$ 范围内六方金属晶体具有与 $\pi/3 \leqslant \varphi_2 \leqslant \pi/2$ 范围成镜像对称的投影点和相应取向；对 $\pi/3 \leqslant \varphi_2 \leqslant \pi/2$ 范围灰色投影点相对于 $\varphi_2 \equiv \pi/3$ 线做镜像对称操作即可获得对应的 66 个投影点的位置，如图 3.6 中白圈所示。这两组共 132 个投影点可用于构建六方晶体的均匀取向数据库。

除了在三个<100>方向的旋转对称性外，多数立方金属晶体还具有[111]方向的 3 次旋转对称性，这使选择简化反极图的范围首先缩小到 1 象限球面三角形的 1/6[图 1.22(c)和图 1.23]，表面积减至 π/12。常选择的范围可为 $\pi/4 \leqslant \varphi_2 \leqslant \pi/2$(即 $0 \leqslant \beta \leqslant \pi/4$)、$0 \leqslant \Phi \leqslant \Phi_{\max}$，且有[2]

$$\cos \Phi_{\max} = \frac{\cos \varphi_2}{\sqrt{1+\cos^2 \varphi_2}} \tag{3.10}$$

图 3.7 给出了采用球面等表面积分割法切割 1 象限球面三角形上述范围以 $n=8$ 时所构成 $(n^2+n)/2=36$ 个等面积球面小区及相应投影点的分布情况(图中灰色点占据的小区)，每个小区表面积 $\delta_{\rm p}=(\pi/12)/36=\pi/432$。这里采用的分割操作的方法仍从($\Phi=0, \varphi_2=0$)点即极图中心点开始，沿 $\varphi_2=\pi/2$ 方向的 Φ 值增加，对着 $\varphi_2=\pi/4$ 方向 Φ 值按 $(4/\pi)\arccos(\sqrt{3}/3)$ 倍的比例增加。由此设中间参数 η_1 和 η_2 为

$$\eta_1 = \frac{1}{2}\left(1+\frac{4}{\pi}\arccos\frac{\sqrt{3}}{3}\right);\quad \eta_2 = \frac{1}{2}\left(1-\frac{4}{\pi}\arccos\frac{\sqrt{3}}{3}\right) \tag{3.11}$$

则根据球面三角形的面积公式可推导出这里所涉及不同球面三角形面积 $\delta_{{\rm p}i}$ 的关系式为

$$\delta_{{\rm p}i} = 2\arcsin \frac{\sqrt{\left[1-\dfrac{\cos^2 \Phi_i\eta_1+(2\sqrt{2}+3)\cos^2 \Phi_i\eta_2}{(2\sqrt{2}+4)\cos^2 \Phi_i\eta_1}\right]\left[\dfrac{\cos^2 \Phi_i\eta_1+(2\sqrt{2}+3)\cos^2 \Phi_i\eta_2}{(2\sqrt{2}+4)\cos^2 \Phi_i\eta_2}-1\right]}}{\dfrac{\cos \Phi_i\eta_1+\cos \Phi_i\eta_2}{\cos \Phi_i\eta_1 \cos \Phi_i\eta_2}\sqrt{\dfrac{\cos^2 \Phi_i\eta_1+(2\sqrt{2}+3)\cos^2 \Phi_i\eta_2}{2\sqrt{2}+4}}} \tag{3.12}$$

$$= \frac{i^2+i}{2}\frac{\pi}{6(n^2+n)} \qquad (i=1,2,3,\cdots,n)$$

将上述 36 个投影点相对于 $\varphi_2 \equiv \pi/4$ 线做镜像处理后可以获得另一个简化反极图范围内的 36 个投影点，如图 3.7 的白圈所示。这两组 36 个投影点互相不具备旋转对称关系，因此构建均匀取向数据库时需包括这两组共 72 个投影点的数据。绕这些投影点所对应方向做 φ_1 转动即可获得取向数据($\varphi_1, \Phi, \varphi_2$)。72 个投影点相邻点的偏转角差大约为 5°，以此为参考量纲把 φ_1 的 π/2 转动范围划分成 13 个间隔，从第一个 $\varphi_1=0.5\pi/26$，到最后一个 $\varphi_1=(13-0.5)\pi/26$，共 13 个 φ_1 值；由此就获得了文献中对立方金属常用取向数据库中的 $72\times13=936$ 个取向。除了特殊说明外，本书对立方金属织构的模拟计算均采用这 936 个取向的数据库。

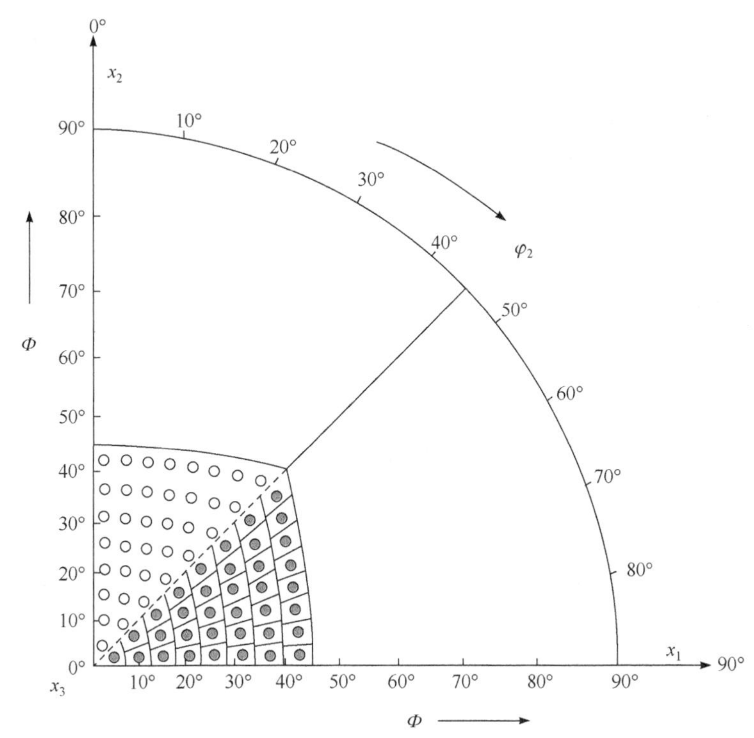

图 3.7　球面等表面积分割法切割 1 象限球面三角形特定 1/6 范围构成 36 个等面积球面小区及相应 72 个投影点在极射赤面投影图上的分布(适合立方晶体对称性金属)

当如图 2.13 所示正交对称性外载荷导致 3.2.1 小节所述变形样品织构的正交对称性时，与均匀取向 Φ、φ_2 值对应的 φ_1 值范围可选为 0～π/2，有特殊需求时也可改变 φ_1 的选择范围。

3.1.6　取向数据库的均匀性检验

由以上可以看到，球面等表面积分割法可以非常均匀地分割球面，但每个分割区域的形状未必相同，在选择分割小区内的代表投影点时也很难确保相邻的投影点间距严格相等。尤其，在顾及金属晶体旋转对称性的情况下，以统一的分割小区和选择投影点的规则甚至很难做到相邻的投影点间距尽量相等。因此，完成取向数据库的制作后，必须首先用数据库内所有取向计算取向分布函数，并核对式(3.1)是否基本成立。通常情况下，如果发现所计算取向分布函数在某些部位对式(3.1)的偏离超出允许范围后，需要人为调整数据库内的某些取向，再重新计算并核对取向分布函数，直至其数据偏离式(3.1)的程度降低到允许的范围。以下举例说明。

将图 3.7 立方晶体 36 个灰色投影点相对于 $\varphi_2 \equiv \pi/4$ 线做镜像处理并获得另外

36 个投影点后，绕这 72 个投影点所对应方向分别做 13 个等间距的 φ_1 转动，其中第一个转动为 $\varphi_1 = 0.5\pi/26$，最后一个转动为 $\varphi_1 = (13 - 0.5)\pi/26$，由此获得 936 个取向。把这 936 个取向看作是多晶体取向空间内有 936 个等体积量且分别在这 936 个取向位置呈同样正态分布的织构组分(参见 3.2.2 小节)，把这些织构组分累积叠加在一起，就构成了由这 936 个取向所构建的取向数据库及其所表现或对应的取向分布函数，它应该大体满足式(3.1)给出的限制条件。

图 3.8(a)以取向分布函数等 φ_2 全截面图的形式显示了借助通行商业软件用这 936 个取向按上述计算取向分布函数在取向空间内的函数值分布。其中最高值为 1.04，最低值为 0.93，大体符合式(3.1)给出的限制条件。但是函数值的起伏分布还是超出了 1 ± 5%的范围。观察函数值为 0.99 的等值线分布及其所勾勒出的灰色区域可以发现，函数值偏低的部位主要位于 φ_2 = 35°～55°截面的中间地带(图 1.25)，涉及的立方晶体取向围绕取向$\{111\}\langle u,v,\overline{u+v}\rangle$。如果对图 3.7 中 19 个投影点的 Φ 值做–0.2°～0.4°微调后，可使影响取向分布函数最高值变为 1.02，最低值为 0.98；使函数值的起伏分布局限在 1 ± 2%的范围，即取向分布的均匀性得到改善；如图 3.8(b)所示，0.99 的等值线勾勒出的灰色区域也有显著收缩和改变。如果有必要还可以进一步细致调整，并最终使函数值的起伏分布不超过 1 ± 1%。

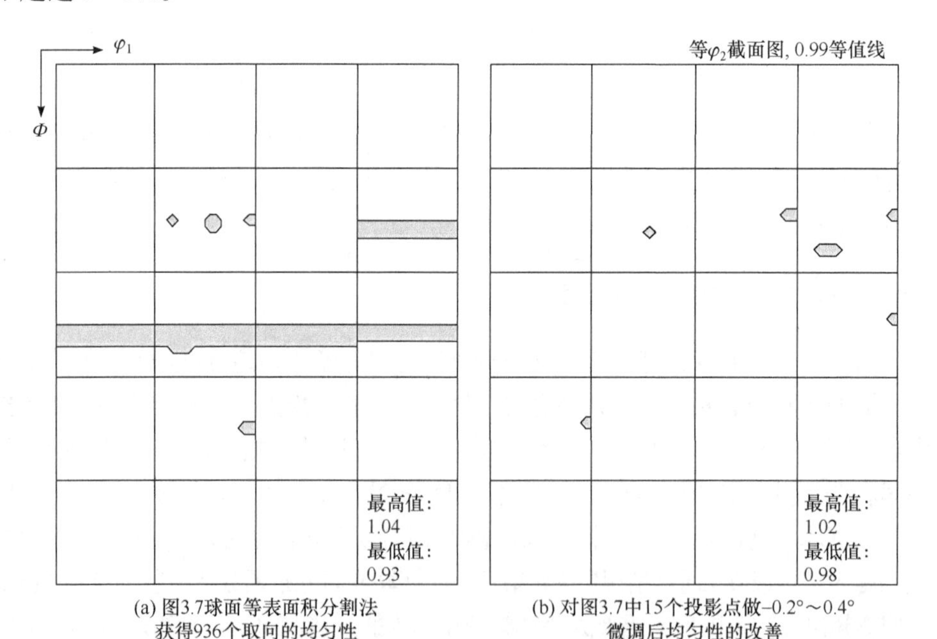

(a) 图3.7球面等表面积分割法获得936个取向的均匀性

(b) 对图3.7中15个投影点做–0.2°～0.4°微调后均匀性的改善

图 3.8　用取向分布函数等 φ_2 全截面图检测立方晶体结构取向库 936 个取向的均匀性(图 1.25)

这里再次强调，获取均匀取向数据库的技术路线有很多种，需要根据金属的晶体对称性和研究问题的需求有针对性地建立适用的取向数据库。如果没必要用式(3.1)对取向数据库的取向所计算的取向分布函数做过于严格的核对，也可以用随机取向数据库取代均匀取向数据库，即借助随机函数在所需欧拉角范围内获取任意数目的随机取向($\varphi_1, \Phi, \varphi_2$)，其中 φ_1、Φ、φ_2 值的获取概率为 1 : sinΦ : 1，借以体现 Φ 值高低对取向概率的影响。用按此获得的众多取向计算取向分布函数时通常并不能处处符合式(3.1)，但往往不会有很大偏离。

3.2　金属多晶体变形织构计算方法

3.2.1　变形织构常见的样品对称性

金属多晶体内的织构通常指许多晶粒的取向聚集在某一特定取向附近，并以其为中心形成极图的极密度峰或取向分布函数的密度峰。很多情况下，这种密度的分布以该特定取向为中心呈正态分布。图 3.9(a)显示的是一块单晶铝板中存在(123)[63$\bar{4}$]织构的{111}极图，图 3.9(b)是取向(123)[63$\bar{4}$]在极图上的四个<111>投影点之间的联系。如果分别用 ***RD***、***TD***、***ND*** 表示轧板的轧向、横向、法向，并以这三个方向为样品坐标系的坐标轴，则图 3.9(a)所示铝板的织构绕这三个方向分别旋转 180°即 2 次旋转后，取向(123)[63$\bar{4}$]密度分布的位置会发生变化，有别于旋转前。因此，图 3.9(a)所示极图不存在 2 次旋转对称性。图 3.9(c)为多晶铝板的织构，分析显示其中包括(123)[63$\bar{4}$]、(123)[$\overline{63}4$]、($\overline{123}$)[63$\bar{4}$]、($\overline{123}$)[$\overline{63}4$]织构，图 3.9(d)以关联<111>投影点的方式给出了这些取向的位置。如果将图 3.9(c)的织构分别绕 ***RD***、***TD***、***ND*** 做 180°旋转，即 2 次旋转，就会发现旋转后的状态与旋转前基本相同，且旋转与否对测量极图的结果也没有太大影响[3]，因此这个铝板的织构具有绕三个轴的 2 次旋转对称性，用对称符号 222 表示。这种相对于样品的对称性也称为样品的正交对称性。

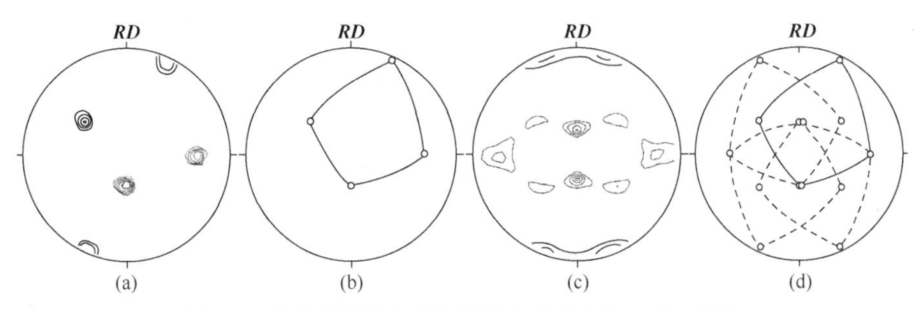

图 3.9　纯铝多晶体轧板织构组分的对称性({111}极图)

(a) 单晶体(123)[63$\bar{4}$]取向密度分布；(b) (123)[63$\bar{4}$]取向相关联的<111>投影点；(c) 多晶体{123}<63$\bar{4}$>S 织构；(d) 取向(123)[63$\bar{4}$]、(123)[$\overline{63}4$]、($\overline{123}$)[63$\bar{4}$]、($\overline{123}$)[$\overline{63}4$]及其正交对称性

任意具备样品正交对称性的{*hkl*}<*uvw*>织构都表示，这类用晶面族和晶向族表示的织构必然存在 4 个体积量相近、互相呈 2 次旋转对称关系、同属于该晶面族和晶向族的织构组分，如上述{123}<634>织构。

如 2.4.1 小节所述，在很多情况下导致塑性变形的外载荷都是以正交对称的方式施加到变形金属上，由此会导致金属的塑性变形行为及相应的取向演变呈现正交对称的特征。图 3.10 借助{111}极图展示了一种冷轧纯铝板典型的织构演变的行为[4]。冷轧前铝板内已经存在显著的{001}<100>织构，称为立方织构。图 3.10(a)用灰色符号和虚线表示出了立方取向{001}<100>在{111}极图上的位置。图 3.10(b)～(d) 演示了随轧制变形量升高立方取向晶粒的演变过程，冷轧 95%时取向演变到称为 S 取向的(123)[$63\bar{4}$]取向，形成了明显的 S 轧制织构。图 3.10(e)用灰色符号和虚线表示出了 S 取向{123}<634>在{111}极图上的位置。自初始立方织构开始追踪冷轧变形量在 10%、20%、30%、40%、50%、60%、70%、80%、90%、95%时织构迁移的位置，追踪结果用灰色符号绘制于图 3.10(f)，如右上部分灰色符号标记出的织构在轧制变形过程中的迁移路径，在图 3.10(e)中还可以观察到这个迁移路径留下的痕迹。同时可以观察到，织构的这种迁移是呈正交对称的，即还存在另外

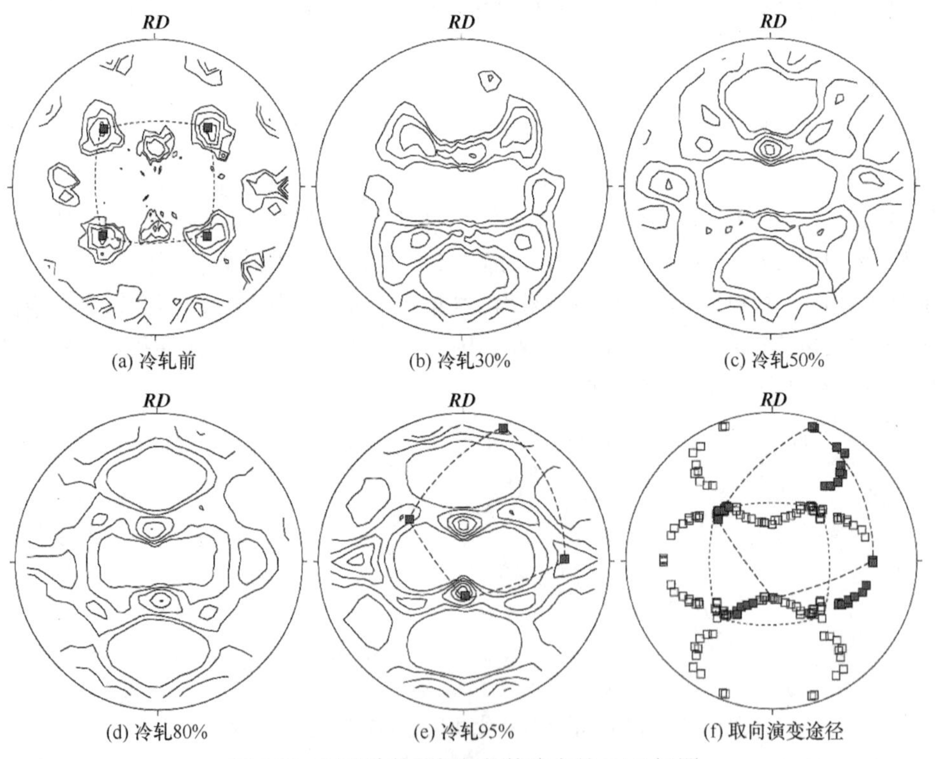

(a) 冷轧前　(b) 冷轧30%　(c) 冷轧50%

(d) 冷轧80%　(e) 冷轧95%　(f) 取向演变途径

图 3.10　展示冷轧纯铝板织构演变的{111}极图

RD = 轧向，极密度等值线水平：0.5, 1, 2, 4, 7

三条正交对称的迁移途径[图 3.10(f)白色符号]，由此导致轧制变形后的变形织构也呈现正交对称特征[图 3.10(e)]。金属多晶体内存在大量不同取向的晶粒，在正交对称的外载荷作用下某一晶粒取向沿某路径演变时，与该取向呈正交对称位置的其他晶粒会沿相应正交对称的路径演变，由此很容易造成正交对称的变形织构。变形织构以正交对称的形式发展也有利于促进晶粒间应力与应变以自然连续的方式互相协调。

然而，在特定非正交对称外载荷作用下的塑性变形也会导致非对称的变形织构，这里需要注意避免一些常规分析手段自动把变形认作正交对称性而带来的干扰。此时，理论研究用的均匀取向数据库需排除上述正交对称性，即需要成倍增加数据库内均匀取向的数目，因为呈正交对称的取向在非正交对称外载荷下变形时可能会演变出完全不同的最终稳定取向，且与它们所承受变形应力的差异密切相关。相应的问题也需要深入研究。

3.2.2　多晶体取向的正态分布函数表达

取向空间中任意一个取向只是空间内的一个点，所占空间体积为 0。占空间体积为 0 的取向点无论其密度值多高，其体积累积量仍为 0。只有把一取向点所对应晶粒的体积量用作非 0 的权重，才能累积出一定的体积量。如果空间内有多晶体中的大量取向，且其取向分布代表着多晶体的取向分布或织构，则需要建立大量取向与多晶体织构或取向分布函数的关系。事实上，当多晶体内许多晶粒具有同样取向时，它们的取向也不可能绝对一致，互相总存在一定偏差，并涉及相应的分布问题。因此，实际操作中以取向对晶粒分类，把那些属于相同取向的晶粒归类在一起，且把它们的取向分布看作是以某一标识取向为中心的、呈正态分布函数形式的统计性分布。借助以取向为中心的正态分布函数的组合即可计算出与 3.1.2 小节所述均匀取向数据库中所有取向所对应的取向分布函数。

在图 3.3～图 3.7 所示的极图上表达一个随机投影点 $\psi_i = (\alpha_i, \beta_i)$附近的正态分布函数时，对于该投影点附近任意位置 $\psi = (\alpha, \beta)$的分布密度 $p_i(\alpha, \beta)$[在图 3.3～图 3.7 极图上为 $p_i(\Phi = \alpha, \varphi_2 = \pi/2 - \beta)$]为[5]

$$p_i(\alpha, \beta) = S_0 \exp\left[-\frac{(\psi - \psi_i)^2}{\Delta\psi_0}\right] \tag{3.13}$$

式中，S_0 为正态分布函数中心的峰值；$\Delta\psi_0$ 为正态分布函数的半峰宽，即正态分布函数值从中心下降至 $S_0 e^{-1}$ 时偏离中心位置的角度；$(\psi - \psi_i)$表示取向附近任意位置 $\psi = (\alpha, \beta)$到 $\psi_i = (\alpha_i, \beta_i)$的距离，即两者偏差角。利用两者之间在极图内的矢量 $\boldsymbol{r}$ 与 $\boldsymbol{r}_i$ 夹角余弦关系可以求出$(\psi - \psi_i)$值，即根据球面投影几何关系求得该偏差角$(\psi - \psi_i)$为

$$r = [\sin\alpha\cos\beta \quad \sin\alpha\sin\beta \quad \cos\alpha]; \quad r_i = [\sin\alpha_i\cos\beta_i \quad \sin\alpha_i\sin\beta_i \quad \cos\alpha_i]$$
$$\psi - \psi_i = \arccos(\sin\alpha\cos\beta\sin\alpha_i\cos\beta_i + \sin\alpha\sin\beta\sin\alpha_i\sin\beta_i + \cos\alpha\cos\alpha_i) \tag{3.14}$$

如果由 n 个这类正态分布函数共同构成多晶体取向分布时，其构成整体极图数据的极密度分布 $p(\alpha, \beta)$则表达为

$$p(\alpha, \beta) = \sum_{i=1}^{n} p_i(\alpha, \beta) \tag{3.15}$$

需要注意的是，在计算某{hkl}极图时[3]，由于{hkl}指数的多重性，一个正态分布函数在极图范围内会出现几次，计算时都需要包括进去。n 个正态分布函数合在一起应该符合归一化条件，即它们的体积累加在一起应为 100%。计算每一个正态分布函数的体积 v_i 如下[6]：

$$v_i = \int_0^{\pi/2} S_0 \exp\left[-\frac{(\psi - \psi_i)^2}{\Delta\psi_0}\right] \mathrm{d}\psi = \frac{1}{2}\Delta\psi_0 S_0 \sqrt{\pi} \;; \; \sum_{i=1}^{n} v_i = 1 \tag{3.16}$$

如果各正态分布函数的半峰宽确定之后，归一化条件会限制峰值 S_0 的取值或可以解出 S_0 值。极图所涉及范围的极密度分布 $p(\alpha, \beta)$也应符合归一化条件，即有[6]

$$\frac{1}{2\pi}\int_{\alpha=0}^{\pi/2}\int_{\beta=0}^{2\pi} p(\alpha,\beta)\sin\alpha \mathrm{d}\alpha \mathrm{d}\beta = \frac{1}{2\pi}\sum_{\alpha=0(\Delta\alpha)}^{\pi/2}\sum_{\beta=0(\Delta\beta)}^{2\pi} p(\alpha,\beta)\sin\alpha\Delta\alpha\Delta\beta = 1 \tag{3.17}$$

如果在三维取向空间表达围绕某一随机取向 $g_i = (\varphi_{1i}, \Phi_i, \varphi_{2i})$周围的正态分布函数，对于该取向附近任意位置 $g = (\varphi_1, \Phi, \varphi_2)$的分布密度 $f_i(\varphi_1, \Phi, \varphi_2)$有[7]

$$f_i(\varphi_1, \Phi, \varphi_2) = S_0 \exp\left[-\frac{(g - g_i)^2}{\Delta g_0}\right] \tag{3.18}$$

式中，S_0 为正态分布函数中心的峰值；Δg_0 为正态分布函数的半峰宽；$(g - g_i)$表示取向附近任意位置 $g = (\varphi_1, \Phi, \varphi_2)$到 $g_i = (\varphi_{1i}, \Phi_i, \varphi_{2i})$的取向差角，可借助 2.2.1 小节的内容计算任意两取向之间的取向差角$(g - g_i)$。

如果由 n 个这类正态分布函数共同构成多晶体取向分布函数，其构成取向空间内密度数据的整体取向分布函数 $f(\varphi_1, \Phi, \varphi_2)$可表达为

$$f(\varphi_1, \Phi, \varphi_2) = \sum_{i=1}^{n} f_i(\varphi_1, \Phi, \varphi_2) \tag{3.19}$$

n 个正态分布函数合在一起应该符合归一化条件，即它们的体积累加在一起也应为 100%。每一个正态分布函数的体积 v_i 计算如下[8]：

$$v_i = \int_0^{\pi/2} S_0 \exp\left[-\frac{(g-g_i)^2}{\Delta g_0}\right][1-\cos(g-g_i)]\mathrm{d}g = \frac{1}{2\sqrt{\pi}} S_0 \Delta g_0 \left[1-\exp\left(-\frac{\Delta g_0^2}{4}\right)\right]$$

$$\sum_{i=1}^{n} v_i = 1 \tag{3.20}$$

在取向分布函数所涉及的范围内，所有不同取向晶粒的体积和应为 100%，取向密度分布 $f(\varphi_1, \Phi, \varphi_2)$应符合归一化条件，即有[9]

$$\begin{aligned} &\frac{1}{8\pi^2}\int_{\varphi_2=0}^{2\pi}\int_{\Phi=0}^{\pi}\int_{\varphi_1=0}^{2\pi} f(\varphi_1,\Phi,\varphi_2)\sin\Phi \mathrm{d}\varphi_1 \mathrm{d}\Phi \mathrm{d}\varphi_2 \\ &= \frac{1}{8\pi^2}\sum_{\varphi_2=0(\Delta\varphi_2)}^{2\pi}\sum_{\Phi=0(\Delta\Phi)}^{\pi}\sum_{\varphi_1=0(\Delta\varphi_1)}^{2\pi} f(\varphi_1,\Phi,\varphi_2)\sin\Phi\Delta\varphi_1\Delta\Phi\Delta\varphi_2 = 1 \end{aligned} \tag{3.21}$$

对于立方对称性金属，有

$$\begin{aligned} &\frac{4}{\pi^2}\int_{\varphi_2=0}^{\pi/2}\int_{\Phi=0}^{\pi/2}\int_{\varphi_1=0}^{\pi/2} f(\varphi_1,\Phi,\varphi_2)\sin\Phi \mathrm{d}\varphi_1 \mathrm{d}\Phi \mathrm{d}\varphi_2 \\ &= \frac{4}{\pi^2}\sum_{\varphi_2=0(\Delta\varphi_2)}^{\pi/2}\sum_{\Phi=0(\Delta\Phi)}^{\pi/2}\sum_{\varphi_1=0(\Delta\varphi_1)}^{\pi/2} f(\varphi_1,\Phi,\varphi_2)\sin\Phi\Delta\varphi_1\Delta\Phi\Delta\varphi_2 = 1 \end{aligned} \tag{3.22}$$

3.2.3　多晶体取向分布的形成与变形织构的演变

取向演变与变形织构的形成规律是塑性变形晶体学研究的重要内容。构建均匀取向数据库为借助特定理论研究和模拟取向演变与变形织构形成提供了基础，而众多取向的正态分布函数化进一步为相关研究提供了方便。

采用立方晶体均匀取向数据库中 936 个取向，并用统一的体积分数和半峰宽值设定以每一个取向为中心的正态分布函数，它们叠加之后即获得如图 3.8 所示的取向分布函数，且呈现出基本没有织构的取向密度分布。图 3.11(a)给出了正态分布函数互相叠加的示意图[7]。这种均匀的叠加使取向空间内的取向密度基本上处处为 1(图中虚线)，符合式(3.1)的限定。在这里每个取向所对应正态分布函数的半峰宽 Δg_0 均设定为 $\pi/36 = 5°$，式(3.20)所描述的函数体积 v_i 经归一化处理后都是 1/936。如果这 936 个取向改变取向位置并发生规律性移动，就会改变 936 个正态分布函数的叠加状态；在总体积仍保持 100%的情况下，取向密度不再处处为 1，有些地方因取向离开而明显下降到低于 1，有些地方因取向聚集而明显上升到高于 1，即出现了织构。图 3.11(b)示意性地展现了取向移动导致取向分布密度起伏的变化，由原来的均匀分布转而变成剧烈起伏(图中虚线)。如果这一演变是由塑性变形过程造成的，则展示了变形织构的形成过程。

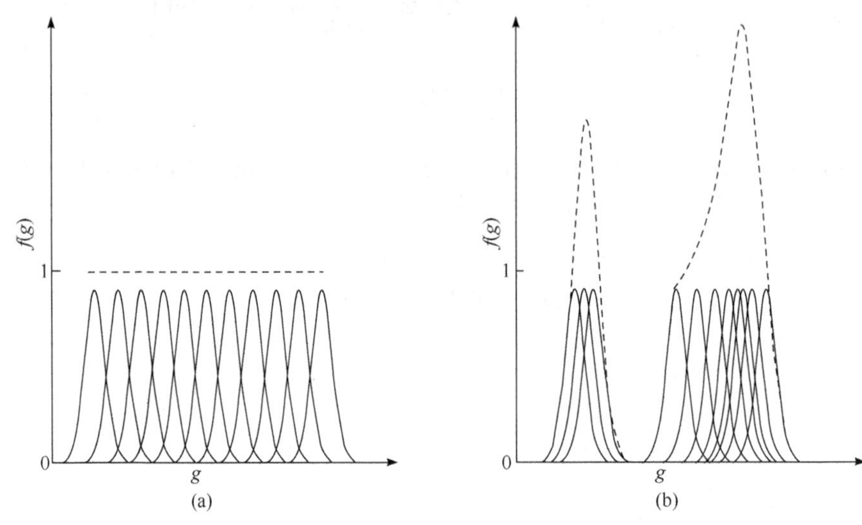

图 3.11　正态分布函数模拟织构的生成与变形织构的演变

如第 2 章所述，外载荷会推动金属晶体内塑性变形系的开动和塑性变形，同时也会造成取向的变化，且可以定量计算这种取向变化。如果提出了塑性变形晶体学理论，就能以该理论为基础借助上述方法计算取向的变化规律和变形织构的形成过程。以取向为{112}<111>的体心立方金属单晶体为例，假设只有取向因子最大的{110}<111>滑移系开动并在轧制应力下变形 20%，则变形导致取向演变如图 3.12(a)所示；如果开动的是取向因子最大的{112}<111>滑移系，则变形导致取向演变如图 3.12(b)所示。两者明显不同，说明不同滑移系开动导致了不同的取向演变和不同的终了取向(图 3.12 中标识为灰色符号)。{112}<111>取向体心立方单晶体的变形过程比图 3.12 的演示复杂，这里只是举例说明如何分析和观察变形过程中晶体取向的演变。

如果掌握了塑性变形系如何交替开动以驱动金属塑性变形的理论，也可以对均匀取向数据库内所有取向同时进行塑性变形模拟，以计算多晶体织构的演变和形成。仍以最简单的在外载荷作用下最大取向因子的滑移系开动为理论，对体心立方金属 20%轧制变形的过程进行模拟，以计算其变形织构。20%轧制换算成真应变为 0.223，模拟步长为真应变 0.001，即每经过 0.001 的变形就计算一次变化后的取向，然后在新取向下开动此时取向因子最大的滑移系。计算完成后把 936 个已经改变了取向的正态分布函数叠加在一起计算出整体取向分布函数，正态分布函数的半峰宽 Δg_0 为 5°。本书的织构模拟计算所用的正态分布函数大多采用 5°半峰宽。图 3.13 展示了从图 3.8(b)所示的 936 个均匀取向出发，计算取向分布函

数的等 φ_2 全截面图；其中，图 3.13(a)是只有{110}<111>滑移系开动造成的织构，图 3.13(b)是只有{112}<111>滑移系开动造成的织构，其取向分布函数的最高值分别达到了 6.8 和 13.1，即随机分布密度的 6.8 倍和 13.1 倍，说明出现了织构。结果同样显示，不仅织构峰值不同，而且不同滑移系开动会导致不同的取向演变和不同的多晶体织构。图 3.13 的织构不是体心立方金属真实轧制织构，这里对真实过程做了极大的简化，以期能提供一个如何模拟计算多晶体变形织构的初步印象。

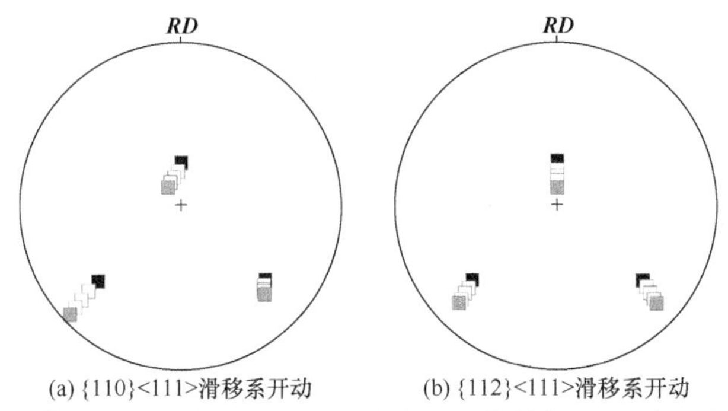

(a) {110}<111>滑移系开动　　(b) {112}<111>滑移系开动

图 3.12　滑移导致体心立方金属{112}<111>取向在 20%轧制变形过程中取向演变的模拟计算

{100}极图，黑符号为起始取向，白符号为变形过程中的取向，灰符号为终了取向；模拟计算轧制 20%的真应变为 0.223，模拟步长为 0.001

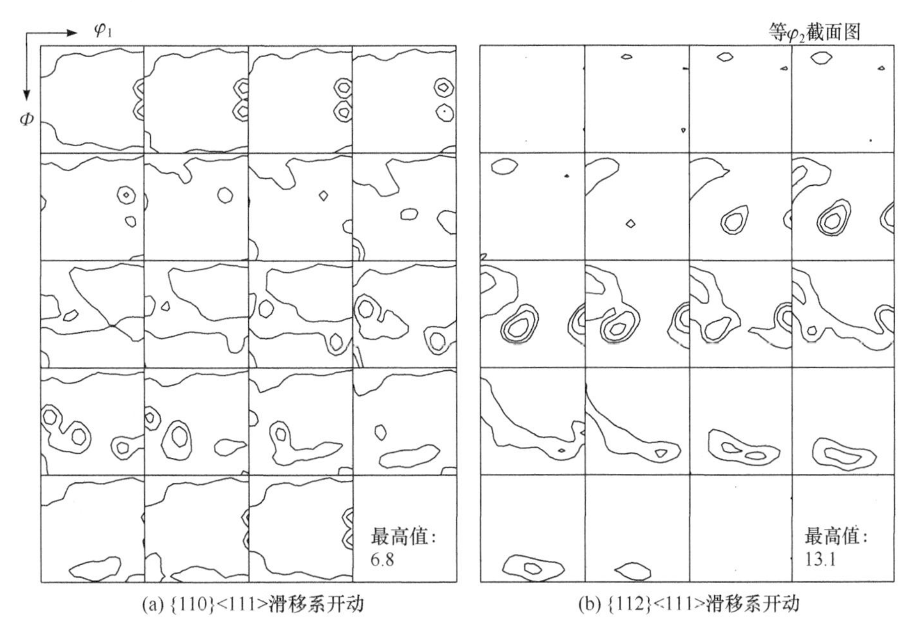

(a) {110}<111>滑移系开动　　(b) {112}<111>滑移系开动

图 3.13　滑移导致体心立方金属均匀取向经 20%轧制变形后形成的织构

取向分布函数，等值线水平：2, 4, 8

可以看出，有了上述基础，只要掌握任何变形理论就可以模拟计算相应的变形织构。因此模拟计算并不是一件很困难的事。塑性变形晶体学研究的关键在于所提出的变形理论和塑性变形系开动的规则既符合金属的实际情况，又符合材料学的基本理论原则，而且模拟与预测的变形织构与实际观察相符。在这方面还需要做长期的努力。

3.3 金属塑性变形晶体学理论的演变

3.3.1 初始理论

有了临界分切应力定律后，萨克斯于 20 世纪 20 年代提出了最早、最简单的金属塑性变形晶体学理论，即萨克斯理论[10]。该理论认为在外应力作用下多晶体中所有晶粒都借助开动取向因子最大的塑性变形系实现塑性变形，并不考虑晶粒之间可能的交互作用和跨越晶界时必须保持的应力应变连续问题。以平面塑性应变为例，当多晶体[图 3.14(a)]在外来 x_1 向的拉应力和 x_3 向的压应力作用下发生 x_1 向的延伸应变和 x_3 向的压缩应变时，萨克斯理论设想各晶粒实际承受的变形应力 $[\sigma_{ij}]$ 为

$$[\sigma_{ij}]=\begin{bmatrix}\sigma_{11}=-\sigma_{33} & 0 & 0\\ 0 & 0 & 0\\ 0 & 0 & \sigma_{33}\end{bmatrix} \tag{3.23}$$

在式(3.23)所示应力作用下各晶粒借助开动取向因子最大塑性变形系所造成的变形应变$[\varepsilon_{ij}^{\mathrm{p}}]$为

$$[\varepsilon_{ij}^{\mathrm{p}}]=\begin{bmatrix}\varepsilon_{11}^{\mathrm{p}} & F & F\\ F & F & F\\ F & F & \varepsilon_{33}^{\mathrm{p}}\end{bmatrix} \tag{3.24}$$

式(3.24)中应变分量 $\varepsilon_{ij}=F$ 表示对相应应变没有限制，随塑性变形系的开动而自由出现。由于取向的差异，多晶体开始塑性变形时各晶粒开动不同的塑性变形系不仅会造成互不相同的应变分量，尤其是切应变分量(ε_{ij}, $i\neq j$)，而且晶粒间必会产生交互作用力。萨克斯理论忽略这些应力、应变上的交互作用，其变形行为如图 3.14(b)所示互相独立，在晶界处必会造成晶粒间的空隙或重叠，不符合应力、应变必然连续的金属塑性变形规则(图 2.1)。因此，萨克斯理论未能严谨地反映出金属真实的变形晶体学过程。由于萨克斯理论对变形晶粒产生的各应变分量没有任何约束要求，因此也称为 NC(no constraint)理论或无应变约束理论。

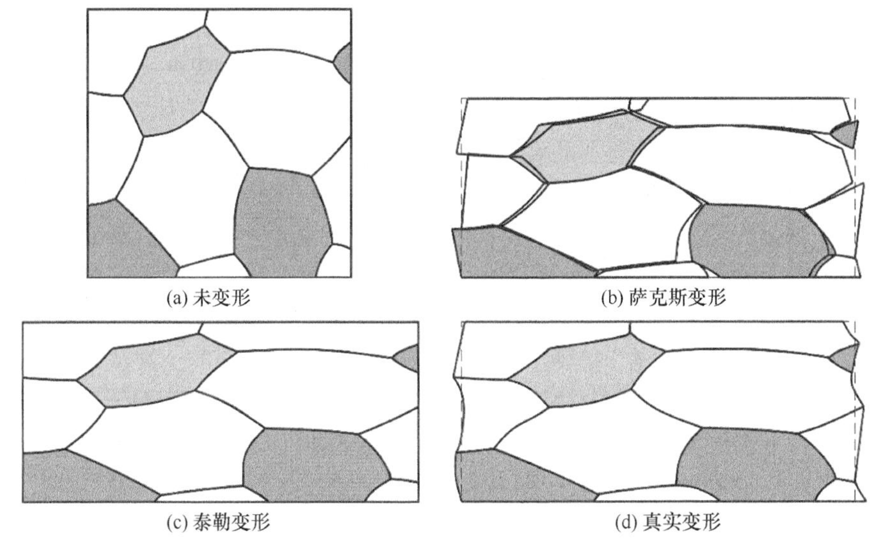

(a) 未变形　(b) 萨克斯变形

(c) 泰勒变形　(d) 真实变形

图 3.14　多晶体各晶粒变形引起的应变

随后 20 世纪 30 年代，泰勒提出了对后世影响巨大的金属塑性变形晶体学理论，称为泰勒理论，相关的原则也称为泰勒原则(Taylor principle)[11]。该理论认为塑性变形时多晶体中所有晶粒的应变张量都必须与多晶体外观的应变张量保持一致，以此获得多晶体应变的连续性。仍以平面塑性应变为例，当多晶体发生沿 x_1 向的延伸应变和 x_3 向的压缩应变时，泰勒原则设想各晶粒实际出现的变形应变 $[\varepsilon_{ij}^{\mathrm{p}}]$为

$$[\varepsilon_{ij}^{\mathrm{p}}]=\begin{bmatrix} -\varepsilon_{11}^{\mathrm{p}}=-\varepsilon_{33}^{\mathrm{p}} & 0 & 0 \\ 0 & 0 & 0 \\ 0 & 0 & \varepsilon_{33}^{\mathrm{p}} \end{bmatrix} \tag{3.25}$$

至于每个晶粒都需要何种外部应力张量才能造成这样应变张量的问题，未被初期的泰勒理论所考虑，所有此时能够知道各晶粒承受的应力张量$[\sigma_{ij}]$为

$$[\sigma_{ij}]=\begin{bmatrix} \sigma_{11} & U & U \\ U & U & U \\ U & U & \sigma_{33} \end{bmatrix} \tag{3.26}$$

式(3.26)中应力分量 $\sigma_{ij}=U$ 表示不去、也无法了解相应应力分量。无论晶粒取向如何，都必须依照式(3.25)的约束完成变形过程，由此确保变形过程中应变的连续性。不同取向的晶粒若要实现同样的应变，必然需要不同的外部应力甚至相应的复杂应力演变，而在一个多晶体内通常不会同时存在这种千变万化的外部应力条件。泰勒理论忽略了如何产生这种复杂应力的问题。泰勒理论造成的晶粒变形行

为如图 3.14(c)所示，各晶粒的应变整齐划一且与多晶体外形一致。多晶体各晶粒的应变张量实际上在保持应变连续的同时都会不同方式地偏离多晶体的宏观应变张量(图 2.2)，因此泰勒理论也未能严谨地反映出金属真实的变形晶体学过程。由于泰勒理论对变形晶粒产生的各应变分量都有严格约束，因此也称为 FC(full constraint)理论或全应变约束理论。

图 3.14(d)示意性地表达了多晶体各晶粒真实的变形行为，它们既会保持晶粒之间应变非一致而起伏地连续(图 2.2)，其应变张量又会以各自的不同方式偏离多晶体的宏观应变张量。显而易见，初期萨克斯理论和泰勒理论的设定是出于一些原始理论和客观观察，在一定程度上也基于人们尚不够严谨的主观认知和判断。

实现萨克斯理论的晶体学过程非常简单，只要在特定外载荷下开动晶粒内取向因子最大的塑性变形系就可以，如图 3.15(a)开动滑移系。需要注意的是，变形会导致晶粒取向的变化和塑性变形系取向因子的改变，因此理论计算塑性变形系开动和塑性变形时所模拟的塑性变形量或模拟步长要足够小，使每步计算后都可以重新计算晶粒取向，并重新寻找新取向下取向因子最大的塑性变形系。足够小的模拟步长可以使模拟过程中所有其间取向因子高于其他所有塑性变形系的变形系都可获得开动的机会，避免错过晶粒取向可能出现的演变转折点。

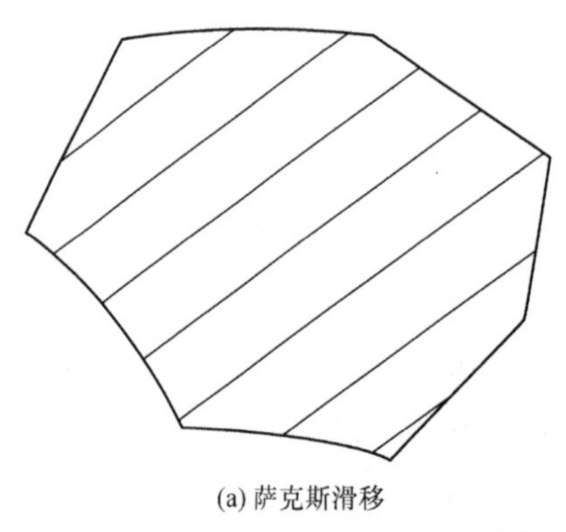

(a) 萨克斯滑移　　(b) 泰勒滑移

图 3.15　滑移行为

实现泰勒理论的晶体学过程则变得比较复杂。泰勒理论事先主观设定了晶粒应有的应变张量。如 2.4.3 小节所述，塑性变形应变张量的 9 个分量有 5 个是独立的，如果事先把应变张量设为定值，5 个独立变量都统一地确定下来，并让不同取向的所有晶粒内的塑性变形系去实现，则需要不同的塑性变形系组合开动以实现这一设定应变。以滑移为例，如式(2.12)所示一滑移系开动造成各应变分量之间的比值是固定的，只有滑移切变 δ_i 是可调整的。若要实现已经确定的 5 个自由应变分量，则最多需要 5 个独立的滑移系，以它们各自不同滑移切变 δ_k ($k = 1,2,\cdots,5$) 及所产生各应变张量的配合实现整体应变张量的要求，需参照式(2.12)求解：

$$\begin{bmatrix} \varepsilon_{11}^{\mathrm{p}} \\ \varepsilon_{22}^{\mathrm{p}} \\ 2\varepsilon_{12}^{\mathrm{p}} \\ 2\varepsilon_{23}^{\mathrm{p}} \\ 2\varepsilon_{31}^{\mathrm{p}} \end{bmatrix} = \begin{bmatrix} (b_1n_1)_1 & (b_1n_1)_2 & (b_1n_1)_3 & (b_1n_1)_4 & (b_1n_1)_5 \\ (b_2n_2)_1 & (b_2n_2)_2 & (b_2n_2)_3 & (b_2n_2)_4 & (b_2n_2)_5 \\ (b_1n_2+b_2n_1)_1 & (b_1n_2+b_2n_1)_2 & (b_1n_2+b_2n_1)_3 & (b_1n_2+b_2n_1)_4 & (b_1n_2+b_2n_1)_5 \\ (b_2n_3+b_3n_2)_1 & (b_2n_3+b_3n_2)_2 & (b_2n_3+b_3n_2)_3 & (b_2n_3+b_3n_2)_4 & (b_2n_3+b_3n_2)_5 \\ (b_3n_1+b_1n_3)_1 & (b_3n_1+b_1n_3)_2 & (b_3n_1+b_1n_3)_3 & (b_3n_1+b_1n_3)_4 & (b_3n_1+b_1n_3)_5 \end{bmatrix} \begin{bmatrix} \delta_1 \\ \delta_2 \\ \delta_3 \\ \delta_4 \\ \delta_5 \end{bmatrix} \tag{3.27}$$

使晶粒无论有何种取向都可以借助多个滑移系组合开动而造成总的应变张量与所设的应变张量一致[图 3.15(b)]。式(3.27)左侧为设定应变张量[如式(3.25)的设定]；如果选定了 5 个独立滑移系，则式(3.27)右侧第一项内 5 个滑移系的所有参数都是已知的。借助求解该方程组可获得所有 δ_k ，借以计算相应的取向变化。多数塑性良好的金属都可以提供所需的 5 个独立滑移系或塑性变形系。然而在金属中虽然最多只有 5 个是独立的(参见 2.4.3 小节)，但在众多滑移系中选择哪 5 个滑移系作为独立滑移系以实现设定的应变却有多种选择方案。为此，泰勒制定了一个最小内功原则，即 5 个滑移系开动后在克服临界分切应力 τ_{c} 而滑移的过程中所消耗的内功 dW 最小(min.)，即为

$$\mathrm{d}W = \tau_{\mathrm{c}} \sum_{k=1}^{5} \left| \mathrm{d}\delta_k \right| = \min. \tag{3.28}$$

或者说是最容易开动的那个 5 系组合滑移[11,12]。这里理论计算塑性变形系开动时模拟步长也要足够小，频繁计算新取向，并重新寻找新取向下 5 个独立滑移系的组合，避免不必要地错过晶粒取向演变过程中可能出现的转折点。

还需要指出的是，萨克斯理论和泰勒理论所阐述的塑性变形晶体学机制都是认为相关滑移系会在变形晶粒内均匀分布，且贯穿整个晶粒，使晶粒整体各部位均获得均匀一致的应变。但这一认定显然与 2.3.3 小节所介绍的塑性变形系在种种金属内各部位不均匀分布，且并非全都贯穿各晶粒的真实变形行为不相符，因此这些初期理论必然无法准确反映金属真实的塑性行为。

3.3.2　初始理论的修正

如上所述，初始的萨克斯理论和泰勒理论存在种种缺陷和不足，很早人们就开始修正这些理论。20 世纪 80 年代曾出现过一种修正泰勒理论的思路，相关分析认为，泰勒理论把位错滑移造成的切应变分量 $\varepsilon_{ij}^{\mathrm{p}}\,(i \neq j)$严格限制为 0 的做法[式(3.25)]过于严苛[12]。图 3.16 展示了晶粒借助贯穿晶粒的滑移而产生变形时可能造

成的 $\varepsilon_{12}^{\mathrm{p}}$、$\varepsilon_{23}^{\mathrm{p}}$、$\varepsilon_{31}^{\mathrm{p}}$ 等三种切应变。分析认为在如轧制变形等平面应变变形过程中，晶粒的形状逐渐变得扁平，如 $\varepsilon_{23}^{\mathrm{p}}$ 和 $\varepsilon_{31}^{\mathrm{p}}$ 这类切应变仅涉及扁平状晶粒的边沿[图 3.16(b)、(c)]，因滑移产生并在晶粒间造成切应变不协调时多局限于晶界的局部地区，相邻晶粒可以在晶界区借助开动少量的局部非贯穿晶粒的滑移自行协调应变的连续性，因此理论模型中不需要对滑移可能造成的切应变 $\varepsilon_{23}^{\mathrm{p}}$ 和 $\varepsilon_{31}^{\mathrm{p}}$ 有所限制。反之，在变形磨具或轧辊的压制下变成扁平的晶粒内一旦出现切应变 $\varepsilon_{12}^{\mathrm{p}}$，则必定涉及较大面积晶界区的局部应变协调，但因需要克服变形工具的压制阻力而很难实现[图 3.16(d)]。只有同时组合开动多组贯穿晶粒的滑移使 $\varepsilon_{12}^{\mathrm{p}}$ 不出现，才会促使变形顺利进行，因此理论上仍需将组合滑移导致的 $\varepsilon_{12}^{\mathrm{p}}$ 限制为 0。由此各晶粒实际出现的变形应变[$\varepsilon_{ij}^{\mathrm{p}}$]应该为

$$[\varepsilon_{ij}^{\mathrm{p}}]=\begin{bmatrix}\varepsilon_{11}^{\mathrm{p}} & 0 & F\\ 0 & 0 & F\\ F & F & \varepsilon_{33}^{\mathrm{p}}\end{bmatrix} \tag{3.29}$$

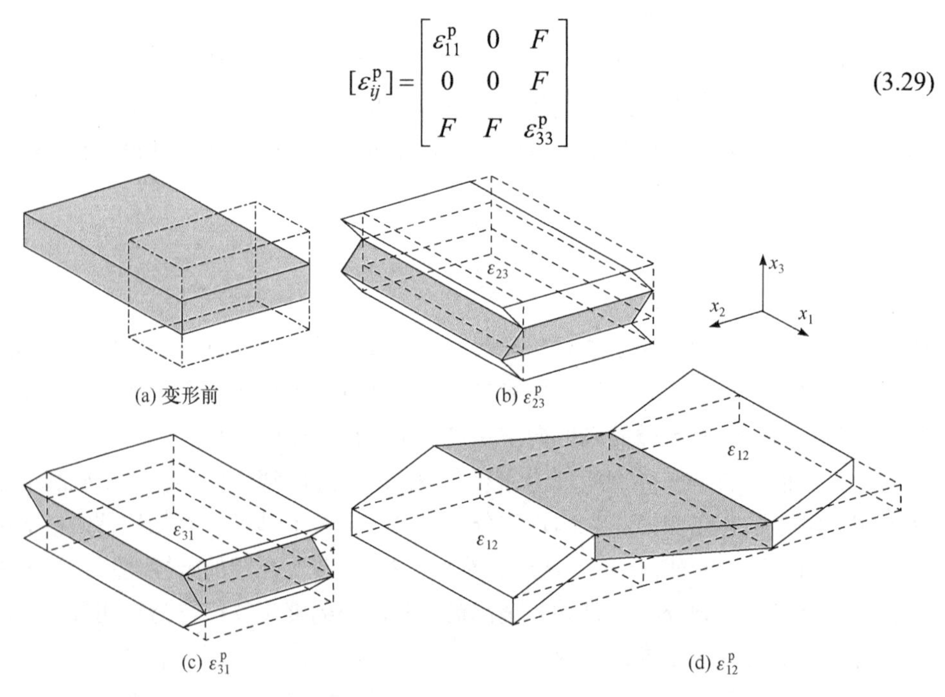

图 3.16　平面应变变形或轧制变形时变形晶粒(灰色)可能产生的切应变 $\varepsilon_{ij}^{\mathrm{p}}$

此时的应力张量原则上仍如式(3.26)所示。泰勒原则所设定应变张量内 5 个被限制住的自由应变分量中有 2 个自由了，有 3 个仍需严格限制，因而使所需开动的滑移系由最多 5 个变为最多 3 个。这种理论模型放弃了泰勒理论对其中 2 个切应变的限制，是一种改进的泰勒理论。其因松弛了对 2 个切应变的限制，也称为 RC(relaxed constraint)理论或松弛限制理论[12]。在这个理论中对位错滑移造成切应

变的限制或者像萨克斯理论那样完全不理会或者像泰勒理论限制为 0，因此仍不是金属晶粒真实的变形行为。

20 世纪 80 年代还出现过一种修正萨克斯理论的设想。针对萨克斯理论只实施单系滑移，完全不约束滑移造成的晶粒间应变不协调的问题，这种修正理论认为需要对滑移产生的切应变有所限制。研究设定，从萨克斯模型出发，当取向因子最大的第一滑移系开动后如果产生的各切应变分量比较低，则萨克斯模型是恰当的；如果产生的各切应变分量超过一定限制就应该设法限制[13,14]。限制措施是借助寻找并启动能够使超限应变值降低的附加滑移系，且尽可能启动取向因子较大的滑移系；附加滑移系与第一滑移系滑移切变值 δ_s 的比例与其取向因子的比例一致，以确保式(3.23)所示外载荷应力的主导地位。开动附加滑移系的条件是当第一滑移系产生切应变的绝对值超过 x_3 向主应变绝对值的 20%，对横向宽度变化的限制则是 x_2 向主应变绝对值超过 x_3 向主应变绝对值的 3%[13]。这样，各晶粒实际出现的变形应变[ε_{ij}^{p}]往往是：

$$[\varepsilon_{ij}^{p}]=\begin{bmatrix} \varepsilon_{11}^{p} & \left|\varepsilon_{12}^{p}\right|<\dfrac{\left|\varepsilon_{33}^{p}\right|}{5} & \left|\varepsilon_{13}^{p}\right|<\dfrac{\left|\varepsilon_{33}^{p}\right|}{5} \\ \left|\varepsilon_{21}^{p}\right|<\dfrac{\left|\varepsilon_{33}^{p}\right|}{5} & \left|\varepsilon_{22}^{p}\right|<\dfrac{3\left|\varepsilon_{33}^{p}\right|}{100} & \left|\varepsilon_{23}^{p}\right|<\dfrac{\left|\varepsilon_{33}^{p}\right|}{5} \\ \left|\varepsilon_{31}^{p}\right|<\dfrac{\left|\varepsilon_{33}^{p}\right|}{5} & \left|\varepsilon_{33}^{p}\right|<\dfrac{\left|\varepsilon_{33}^{p}\right|}{5} & \varepsilon_{33}^{p} \end{bmatrix} \tag{3.30}$$

此时，外应力张量基本如式(3.23)萨克斯理论那样保持主导状态。由于需要开动的附加滑移系所产生的反向切应变可能会同时抵消第一滑移系造成的其他几个切应变分量，因此往往是 2～4 个取向因子较大滑移系的组合开动。这种理论模型对完全不协调晶粒间应变的萨克斯理论进行了一定程度的约束，因此称为 PC(partial constraint)理论或部分限制理论[12]。在这个理论中对位错滑移造成切应变的限制参数是通过多次模拟实验获得的经验值，理论背景比较模糊，距离金属真实的变形行为尚存在明显距离。

以上所有对初期理论的改进仍基于滑移系在变形晶粒内均匀分布，且贯穿整个晶粒，并不能细致反映 2.3.3 小节所述的金属晶粒真实的变形行为。

3.3.3　初始理论对轧制变形织构的描述

先观察初始理论及其改进理论对真实金属塑性变形晶体学行为的定量描述，即这些理论对典型金属变形织构的模拟与预测。铝是典型的高层错能面心立方金属，其塑性变形的晶体学机制就是简单的位错滑移，比较适合用作观察和分析变形晶体学过程的模型材料。

选择一块纯铝，经过三个方向的反复锻压，并逐步降低压下率，再附加适当退火进而制造出接近于图 3.8(b)所示极弱织构的初始状态试样[13,14]。将试样作压下 88%厚度的轧制变形，获得的轧制织构如图 3.17(a)的取向分布函数等 φ_2 截面图所示，其最高函数值为 18.0。参照 1.3.2 小节所介绍取向空间内的典型取向分布分析可知，结果显示轧板中获得了欧拉角为(35°, 45°, 0°/90°)的{110}<112>、(90°, 30°, 45°){112}<111>、(60°, 30°, 65°){123}<634>等织构及少量(0°, 45°, 0°/90°)或(90°, 90°, 45°)，即{110}<001>织构。若把图 3.17(a)中自 $\varphi_2 = 45°$截面到 $\varphi_2 = 90°$截面内的取向密度聚集区域连接在一起就构成了图 1.29(a)所描述的变形晶粒取向聚集的管状空间，其中心线即为连接上述各变形织构的 β 取向线。

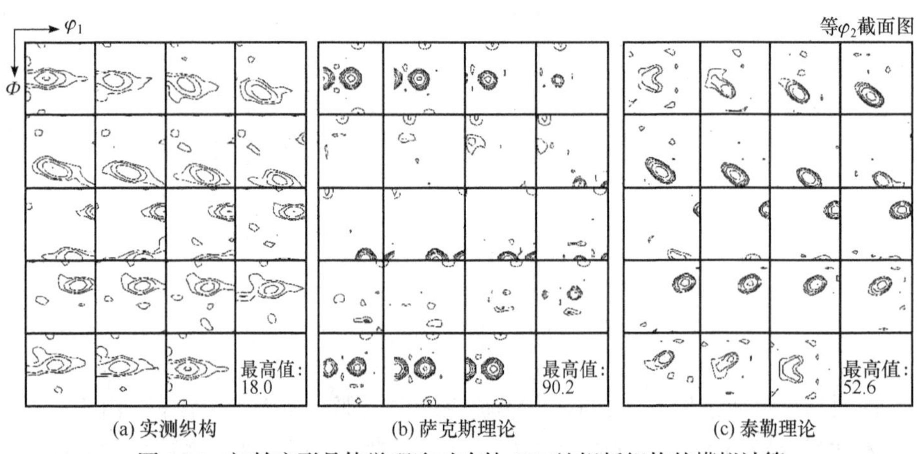

(a) 实测织构　　(b) 萨克斯理论　　(c) 泰勒理论

图 3.17　初始变形晶体学理论对冷轧 88%纯铝板织构的模拟计算
(密度水平：2, 4, 8, 16, 32, 64)

按照萨克斯理论并根据临界分切应力定律找到 936 个均匀分布的不同取向各晶粒内取向因子最大的滑移系，令其开动并计算开动后的各晶粒的新取向。参照式(2.12)，88%的总压下率换算成真应变 $-\varepsilon_{33}^{\mathrm{p}} = 2.219$，模拟计算步长采用较小的 $\Delta\varepsilon_{33}^{\mathrm{p}} = 0.001$，即借助 2219 步完成模拟计算。取向变化的计算如 2.2.2 小节所述，正态分布函数的半峰宽 Δg_0 为 5°。图 3.17(b)是萨克斯理论对图 3.17(a)织构的模拟计算结果，其中主要生成了极强的{110}<112>织构及略弱的{110}<001>织构，{110}<112>织构的函数峰值达到 90.2，远高于实际观察。萨克斯理论不能给出其他实际观察到的织构。萨克斯理论能够预测出{110}<112>织构的稳定性，显示了根据临界分切应力定律选择开动滑移系的重要作用。但是萨克斯理论过于简单，不仅与真实晶粒变形过程不符(图 3.14)，而且取向向稳定取向聚集过快，到达 90.2 的高密度值，不符合真实晶粒取向的演变行为。

采用同样的方法，按照泰勒理论对织构做类似的模拟计算；因为通常有 5 个滑移系开动，需根据各自的滑移切变 δ_s 共同分担模拟步长所需实施的 $\Delta\varepsilon_{33}^{p}=0.001$。在取向变化计算过程中需要做 5 次取向变化计算或参照 5 个滑移系的滑移面法向矢量、滑移方向矢量及其滑移切变 δ_s 等把它们综合在一起做一次计算。图 3.17(c)是基于泰勒理论的模拟计算结果，其中主要在取向{112}<111>附近生成了很强的织构，函数峰值达到 52.6，也远高于实际观察。仔细观察峰值位置可发现位于{112}<111>附近的{4,4,11}<11,11,8>[12]，称为泰勒织构。泰勒理论不能预测出{110}<112>织构，只可以预测出靠近{123}<634>的取向聚集。泰勒理论实现了晶粒间应变必然存在的连续性，但这种连续性过于简单而生硬，从而导致无法预测{112}<111>织构准确的位置，也不能预测轧制铝板中非常重要的{110}<112>织构。过于简单而生硬的应变连续约束也导致取向在{4,4,11}<11,11,8>附近过快地聚集，达到 52.6 的高密度值，与晶粒取向的真实演变行为并不一致。

对初始萨克斯理论和泰勒理论进行修正后，模拟计算的织构结果有所好转。采用同样的方法，按照松弛限制理论对织构做类似的模拟计算，结果如图 3.18(a)所示。观察发现，其预测取向聚集的位置与泰勒理论没有本质差异，仍是在{4,4,11}<11,11,8>附近和靠近{123}<634>的取向聚集，仍没有{110}<112>附近的聚集，只是峰值密度降低到 32.2，向真实密度接近。这说明，放弃部分泰勒原则改为部分采用萨克斯设想的措施无法取得实质性的突破[12]。仍用同样的方法，按照部分限制理论对织构做类似的模拟计算，结果如图 3.18(b)所示。可以发现，其预测出了{110}<112>和{112}<111>两个织构，且{112}<111>织构的准确位置明显更符合实际观察[13]；峰值密度进一步降低到 25.0，最接近实测观察到的 18.0，甚至也预测出了少量{110}<001>织构[图 3.17(a)]。部分限制理论虽然取得了一些突破，但所预测的{123}<634>织构明显低于实测观察，说明该理论仍需要从根本上有所改进。

将图 3.17(a)所示铝板进一步轧制至 95%的厚度压下，其真应变达到 $-\varepsilon_{33}^{p}=3.0$。用 β 取向线对比可以观察并进一步理解上述各种初期理论的特点和差异。图 3.19 是实测及各种理论模拟计算的 β 取向线分析，其中 FC 理论和松弛限制理论在{112}<111>附近的密度值实际上是在{4,4,11}<11,11,8>附近。变形后真实的取向密度沿 β 取向线各处分布，萨克斯理论只能预测 β 取向线右侧的密度分布，而泰勒及松弛限制理论只能预测 β 取向线左侧的密度分布。即这些理论只能预测一种类型的轧制变形织构，只有部分限制理论可以同时预测两种织构。

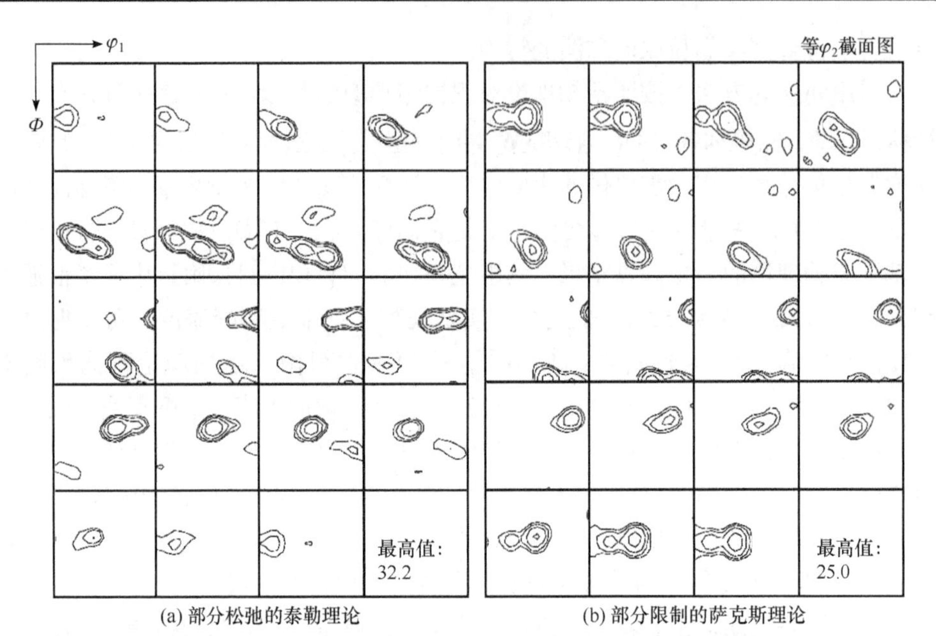

(a) 部分松弛的泰勒理论　　(b) 部分限制的萨克斯理论

图 3.18　修正的初始变形晶体学理论对冷轧 88%纯铝板织构的模拟计算

(密度水平：2, 4, 8, 16, 32)

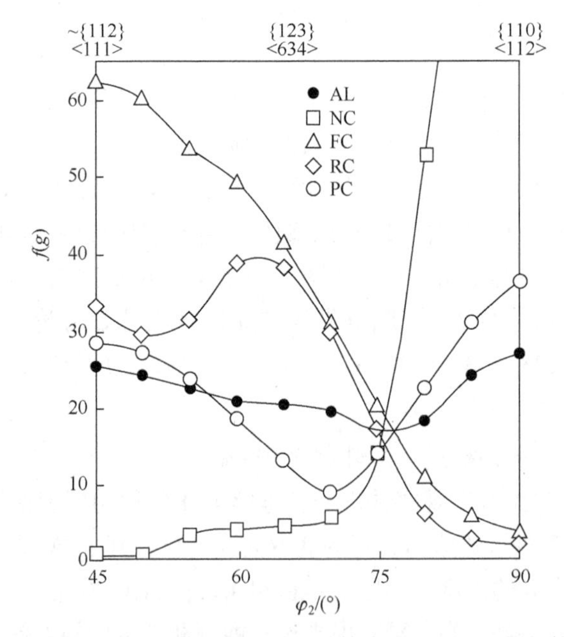

图 3.19　初始变形晶体学理论及修正理论模拟计算冷轧 95%纯铝板织构的β取向线比较

实验观察和部分限制理论预测都显示出了多种不同的织构，说明晶粒取向不同的最初位置可导致其变形后在不同的最终稳定取向附近聚集。由此，只能预测一大类稳定织构的理论显然不能全面反映出塑性变形的真实晶体学行为。初始的织构会影响最终稳定织构的类型和强弱已被广泛地观察到。一般认为，面心立方金属冷轧后晶粒取向沿 β 取向线聚集[12]，且可划分成左侧{112}<111>类型的织构和右侧{110}<112>类型的织构，{112}<111>类型也称为铜型织构，{110}<112>类型也称为黄铜型织构(表 1.3)。追踪各种取向在部分限制理论模拟计算过程中的演变路径，可以找到哪些初始取向最终聚集成铜型织构，哪些聚集成黄铜型织构。由此可以把如图 3.8(b)所示取向空间中的均匀取向划分成最终会流向{112}<111>的{112}<111>织构区和最终会流向{110}<112>的{110}<112>织构区，如图 3.20 所示[14]。

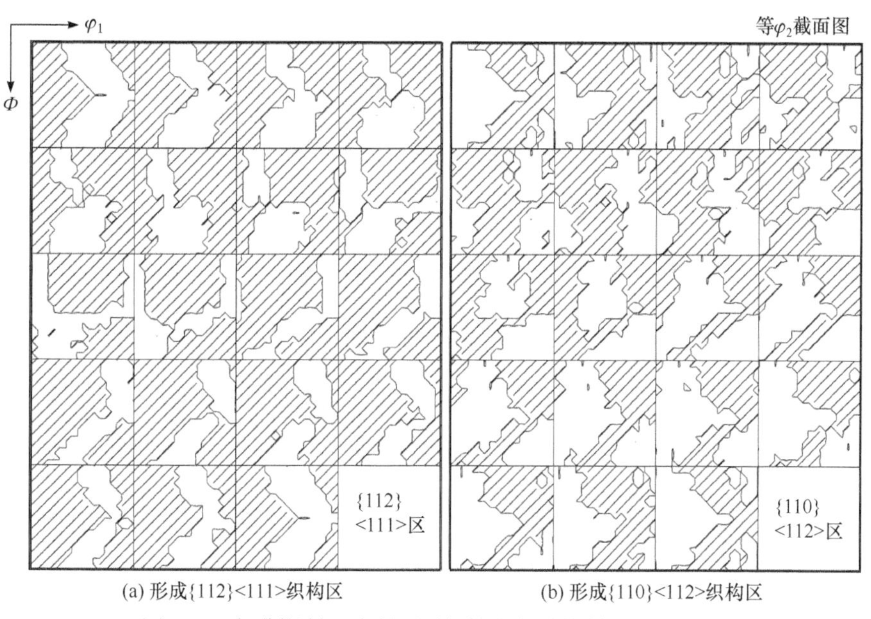

(a) 形成{112}<111>织构区　　(b) 形成{110}<112>织构区

图 3.20　部分限制理论所预测初始取向对轧制织构的影响

选取两块有初始织构的纯铝板，其初始织构如图 3.21 所示。与图 3.20 对比可以看出，图 3.21(a)的初始织构基本落入初始{112}<111>织构区，而图 3.21(b)的初始织构则基本落入初始{110}<112>织构区。两块铝板经 95%压下的冷轧变形后，其织构的 β 取向线果然分别展示了很强的{112}<111>型织构特征和{110}<112>型织构特征(图 3.22 白色符号所示) [4,14]。从图 3.21 带有初始织构的取向出发借助部分限制理论模拟计算 95%的轧制织构，随后获得织构的 β 取向线也展示出了类似的倾向(图 3.22 黑色符号所示) [4,14]。由此说明，部分限制理论较多地反映出真实塑性变形晶体学的特征。尽管如此，这一理论存在根据经验人为设定部分限制应变分量参数的措施[式(3.30)]，因此仍需要进一步完善。

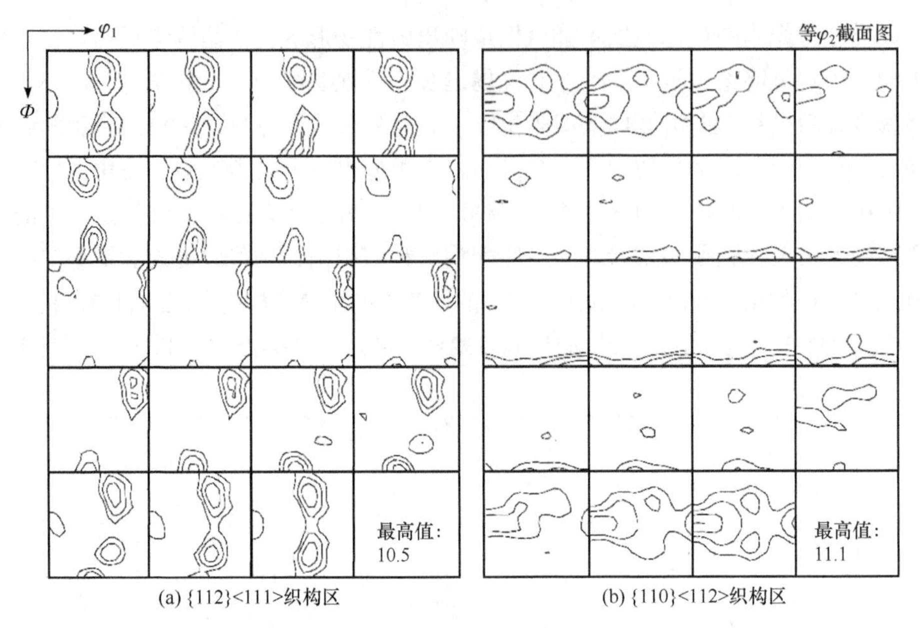

图 3.21　铝板轧制变形前的初始织构(密度水平：2, 4, 7, 11)

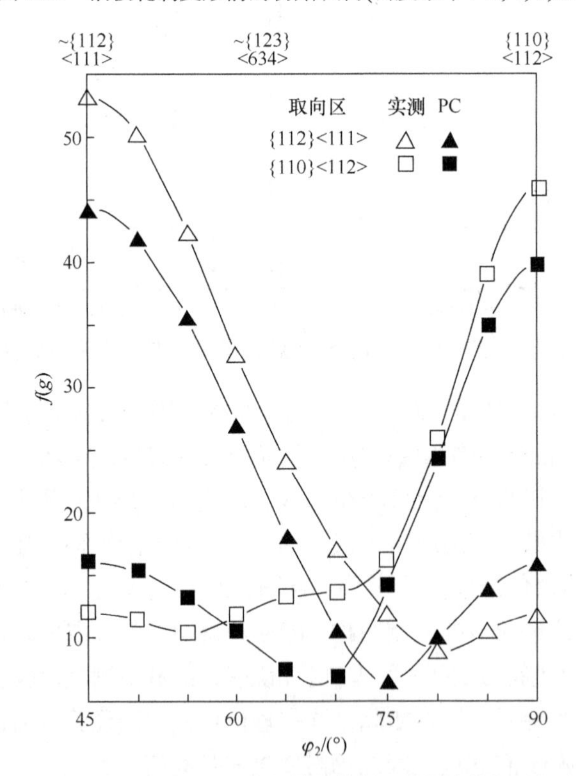

图 3.22　95%冷轧变形后图 3.21 所示两种初始织构的β取向线分析及相应的 PC 模拟计算

3.3.4　现代理论

20 世纪 80 年代，出现了一种对当今塑性变形晶体学理论产生重要影响的黏塑性自协调(visco-plastic self consistent，VPSC)理论，对之前的泰勒原理做了系统性的改进[15]。这个理论仍以泰勒原则为前提，但改变了滑移系开动的方式，以便使变形晶粒不仅应变，而且应力也与周围环境实现相协调和连续。黏塑性自协调理论认为变形晶粒相当于镶嵌于变形基体内的一个椭圆形黏塑性体，并与周围环境一起变形。周围环境可以笼统地看作是各向同性的弹塑性体，也可以看作是由具有均匀取向数据库内所有取向的晶粒随机填充的基体。塑性变形发生后，变形晶粒的应变仍需要与多晶体样品外形的应变保持一致，即仍坚持泰勒原则，但放弃了原来 5 个独立滑移系组合开动以实现特定应变的处理方式。黏塑性自协调理论设定，晶粒内所有滑移系都会开动，如果晶粒内只有一种类型的滑移系，如纯铝的{111}<110>滑移系，则其中每一个滑移系 i 的滑移切变速率 $\mathrm{d}\delta_i/\mathrm{d}t=\dot{\delta}_i$($t$ 为时间)与其所承受的分切应力 τ_i 之间表现为一种指数关系[15]：

$$\frac{\tau_i}{\tau_\mathrm{c}}=\left(\frac{\dot{\delta}_i}{\dot{\delta}_0}\right)^m \tag{3.31}$$

式中，τ_c 为临界分切应力；$\dot{\delta}_0$ 为一常数；m 为可人为控制的指数；$\dot{\delta}_i$ 为第 i 个滑移系的滑移切变速率；参照 2.3.1 小节，分切应力 τ_i 与该滑移系的取向因子相关。可以看出，一旦塑性变形开始，所有的滑移系都会开动并对晶体的变形做出贡献。当所有滑移系都开动并对变形的总应变有贡献时，贡献的大小就依赖于滑移系滑移切变的速率 $\dot{\delta}_i$。可以看出，指数 m 对各滑移系切变速率的差异起着关键性的作用，m 值很低时所有滑移系都会对变形晶粒的应变有贡献；而很高的 m 值则导致高取向因子滑移系开动成为实现应变的主体，低取向因子滑移系的作用基本可以忽略，m 值越高，这一趋势越明显。

近年来，黏塑性自协调理论不断改进，发展出了很多版本[16,17]。当多个滑移系在给定的 m 值的情况下按照式(3.31)所设定的比例开动后，所产生的应变张量通常与泰勒原则的设定并不相符，黏塑性自协调理论会根据两者差异所引起的不协调应力再按照式(3.31)重新调整滑移系的开动比例，经过多次调整直至最终形成的应变张量与泰勒原则设定的不相符程度降低到可接受的程度，或降低到变形晶粒可以借助弹性应变自己协调的范围。借助黏塑性自协调理论最终实现的应变张量与泰勒原则的设定基本一致，只是实现应变所开动滑移系的组合方式有所不同。由此，黏塑性自协调理论在确保变形晶粒间以泰勒原则的方式保持应变连续的同时也提供了应力连续的可能。

在黏塑性自协调理论的基础上，随后出现了以泰勒原则为出发点的板条变形理论[18]及其后续的改进理论(advanced lamel，ALAMEL)版本[19]。板条变形理论首先建立一个由大量取向组成的随机取向数据库，从中随机取出两个取向作为成对的两相邻晶粒的取向镶嵌于变形基体内。大量而离散地抽取这样的两相邻晶粒对，直至取向数据库内的取向全部被选中。所有这些晶粒对的取向构成变形前的初始取向分布。模拟塑性变形晶体学过程时，板条变形理论同时计算晶粒对中 2 个晶粒的变形过程，使两晶粒在两者间界面区域的应力和应变保持协调和平衡，并确保经多次调整可使两晶粒整体按照泰勒原则所设定的与周围基体之间在应变方面的不协调性降低到可接受的范围。随后，板条变形理论从每次计算一对取向的演变转变为同时计算多个取向的演变。

同一时期，在黏塑性自协调理论之后还衍生出仍以泰勒原则为出发点的晶粒交互作用变形理论(grain interaction，GIA)[20]。在这个理论中，将具备统计意义的大量晶粒团簇镶嵌于变形基体内，每个团簇由 8 个随机抽取的不同取向晶粒以在三个方向 2 × 2 × 2 的形式排列而成。大量而离散地抽取这样 8 个一组的相邻晶粒团簇，直至取向数据库内的取向全部被选中。模拟塑性变形晶体学过程时，晶粒交互作用变形理论同时计算晶粒团簇中 8 个晶粒的变形过程，使每两邻接晶粒之间在界面区域的应力和应变保持协调和平衡，并确保经多次调整可使 8 晶粒团簇整体按照泰勒原则所设定的与周围基体之间在应变方面的不协调性降低到可接受的范围[21]。同时，晶粒交互作用变形理论还在晶粒团簇内及与环境的界面区引入一些简化排列的位错，以进一步协调晶粒间及晶粒团簇与周围环境应变、应力的平衡[22]。以上这些现代理论在选择开动的滑移系时往往还需要从能量最有利的角度考虑滑移系组合开动的方案。

图 3.23 展示了板条变形理论、改进的黏塑性自协调理论以及改进的晶粒交互作用变形理论[23]对图 3.17(a)轧制 88%纯铝织构的模拟结果，其中以各模拟取向为中心的正态分布函数的半峰宽 Δg_0 均为 5°、$-\varepsilon_{33}^{\mathrm{p}} = 2.219$、$\Delta\varepsilon_{33}^{\mathrm{p}} = 0.001$。结果显示，板条变形理论的模拟结果[图 3.23(a)]虽然已经不同于泰勒理论的预测，尚保留较多的泰勒理论特征[图 3.17(c)]，取向在{112}<111>附近聚集过多，而在{110}<112>附近聚集过少[表 1.3、图 1.24、图 1.25(a)等]。改进的黏塑性自协调理论[图 3.23(b)]和改进的晶粒交互作用理论[图 3.23(c)]对图 3.17(a)纯铝轧制织构的模拟则明显更接近实际观察。主要表现为{110}<112>织构明显增强，但函数整体仍明显高于实验观察。图 3.24 给出了 88%冷轧变形后纯铝晶粒向 β 取向线汇集的密度分布及各现代变形晶体学理论的相应模拟计算，β 取向线把等 φ_2 截面图在 45°～90°的取向密度聚集区的函数峰值连接在一起，形成了如图 1.29(a)所示的完整管状区域。图 3.24 显示，各现代变形晶体学理论仍显示出一定的泰勒理论所具备的特征，即晶粒取向更倾向于聚集在{112}<111>附近，因为这些理论均以泰勒应变原则为出发点。

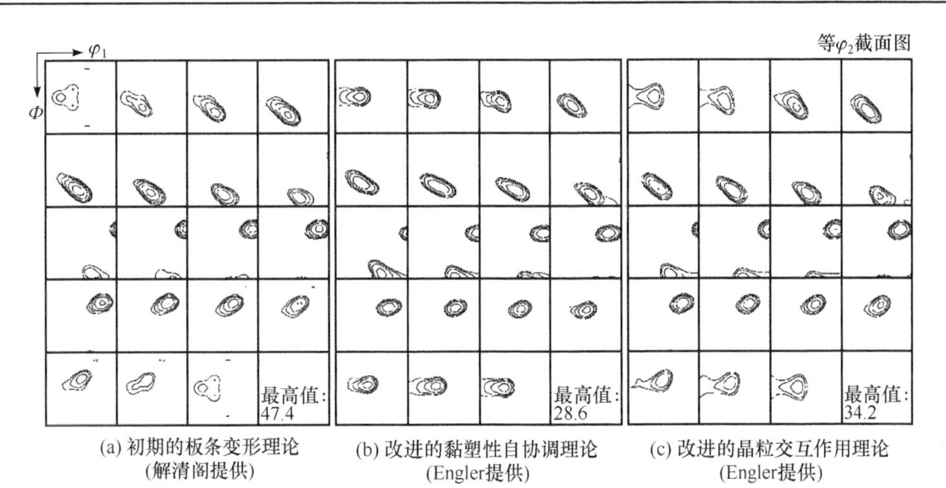

(a) 初期的板条变形理论（解清阁提供）　(b) 改进的黏塑性自协调理论（Engler提供）　(c) 改进的晶粒交互作用理论（Engler提供）

图 3.23　不同理论对图 3.17(a)所示冷轧 88%纯铝织构的模拟计算

(密度水平：2, 4, 8, 16, 32)

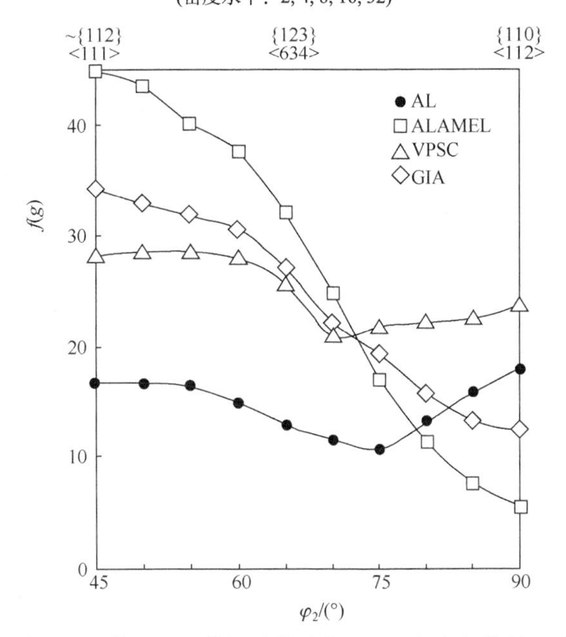

图 3.24　现代变形晶体学理论模拟计算冷轧 88%纯铝板织构的 β 取向线比较

迄今，尽管存在不同的现代塑性变形晶体学理论，但泰勒应变原则始终处于统治地位，并是各种理论的出发点和考核最终是否完成适当塑性变形的指标。然而，所有这些现代理论始终不能解释清楚变形基体是怎样为这些晶粒、晶粒对、晶粒团簇提供预先规定好且不易变动的应变环境，并使晶粒、晶粒对、晶粒团簇与其保持一致。而且迄今的板条变形理论和晶粒交互作用理论仍无法确保所模拟计算的晶粒对或晶粒团簇与变形基体之间保持应力的协调与平衡。另外，所有这些现代理论所提供的晶粒间或晶粒、晶粒对、晶粒团簇与变形基体间的应变或应力的协调和平衡都是预先人为设定的，或根据各自的理论计算出来的，无法确保这些应变或应力的协调和平衡与变形多晶体的实际情况相一致。可能存在的不一致就意味着至今所理解的变形晶体学过程与真实情况并不符合。因此，泰勒原则的物理或力学基础尚不完善和清晰。此外，作为这些现代理论的基础，式(3.31)所给出的所有滑移系共同开动的原则，以及其开动关系指数 m 的确定等都与作为塑性变形晶体学力学基础的临界分切应力定律相违背(参见 1.1.4 小节)，因而存在疑问和困惑，仍有待进一步厘清。

3.4 塑性变形过程中晶粒间复杂的交互作用与泰勒原则的局限

3.4.1 偏离泰勒原则的真实多晶体变形行为

萨克斯理论和泰勒理论的问世开启了从晶体学的角度阐述金属塑性变形过程的历史。迄今，人们已经建立了系统性金属塑性变形晶体学理论，对金属塑性变形的晶体学过程有了比较深入的了解。同时，已经广泛地开展了以相关晶体学理论为基础的变形织构演变的定量描述和预测。相应的研究成果也越来越多地运用到工业生产领域，为现代金属工业控制制品织构并利用因此产生的各向异性提供了基本的支撑。然而，金属塑性变形晶体学理论仍存在明显不足，在一些工业应用方面常出现理论的定量描述和预测与实际生产现状明显不符的情况。因此，需要继续不断地改进和完善金属塑性变形晶体学理论。

现有的晶体学理论往往设定塑性变形系在变形晶粒内做贯穿性开动，且均匀地分布于变形晶粒内。2.3.3 小节所示各种金属晶粒变形时实际开动的塑性变形系并不都是贯穿性的，有些塑性变形系只在晶粒内的局部出现，因此塑性变形系在晶粒内的分布也是不均匀的。晶粒中心部位主体的变形行为及塑性变形系的开动与分布明显不同于晶界区域，而现有的晶体学理论往往对此的描述比较模糊或粗糙，甚至回避晶界区与晶粒内部的差异。由此可见，理论描述与实际观察之间有时不可避免地会出现差异。

当金属多晶体塑性变形的变形量较低时，可以直接观察到晶粒的形状改变及相应的应变状态。图 3.25 是从轧板横向对 12.5%轧制变形工业纯铝多晶体变形前后各晶粒形状的改变及相应应变的观察。轧制造成各晶粒内多个滑移系开动[图 3.25(b)]，使晶粒沿轧向伸长、沿轧板法向减薄[24]。仔细勾勒晶粒形状的变化可以发现，晶粒的应变往往不符合泰勒原则[图 3.25(d)]且真实应变较明显地偏离了泰勒应变原则，两者的差异往往超出纯铝的弹性极限范围。这种观察显示，工业纯铝晶粒的塑性变形行为并不完全符合泰勒应变原则。

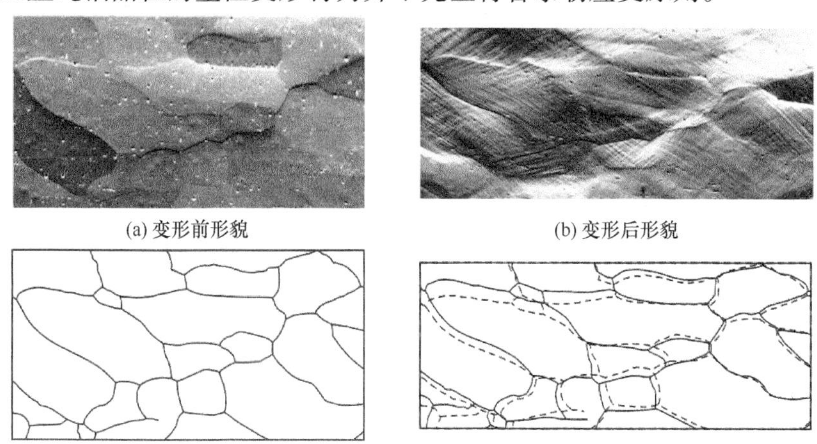

(a) 变形前形貌　(b) 变形后形貌

(c) 变形前晶粒形状　(d) 变形后晶粒形状(虚线为泰勒原则预测的形状)

图 3.25　12.5%轧制变形造成工业纯铝多晶体内晶粒的应变(水平为轧向，竖直为轧板法向)

图 3.26 是从试样侧面对 10%压缩无间隙原子钢多晶体变形前后各晶粒形状的改变及相应应变的观察。可观察到压缩造成各晶粒内多个滑移系开动[图 3.26(b)]，滑移系在晶粒内的分布并不均匀，且并不是所有滑移系的开动都会贯穿晶粒[25]。所勾勒晶粒形状的变化也显示，晶粒的应变大体不符合泰勒原则[图 3.26(d)]，其偏离泰勒原则的程度也超出了弹性极限允许的范围。图 3.27 是从轧板横向对 9%轧制变形工业纯钛多晶体变形前后各晶粒形状的改变及相应应变的观察。轧制造成各晶粒的变形晶体学行为比较复杂，晶粒内除了滑移外还有孪生开动的痕迹[图 3.27(b)]，各晶粒沿轧向伸长、沿轧板法向减薄的行为也大多不符合泰勒原则[26]。以上诸多实验观察显示，无论是面心立方金属、体心立方金属，还是密排六方金属，常见金属多晶体的塑性变形行为通常并不符合泰勒原则预先所给出的设定，因此基于泰勒原则所做的理论分析很难准确地再现和预测金属真实的塑性变形行为，也包括很难避免对变形织构的错误预测。

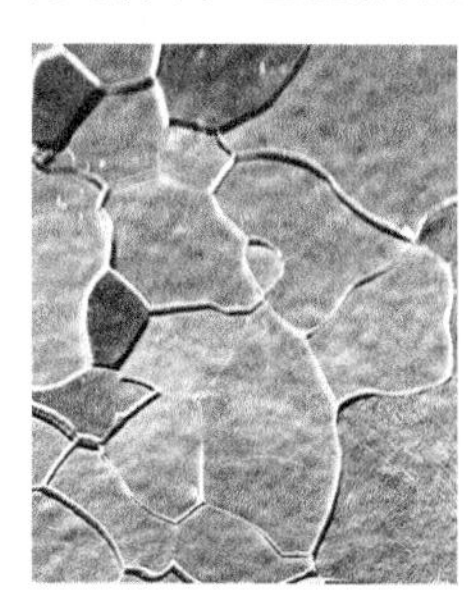
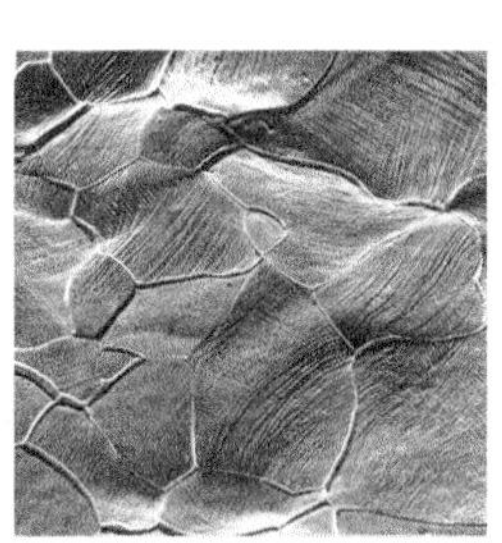
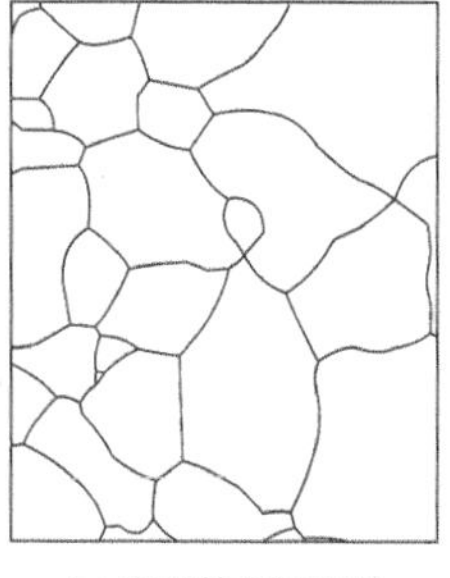
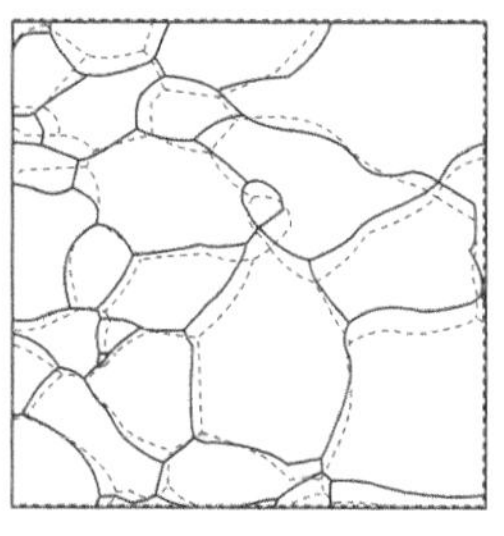

(a) 变形前形貌　(b) 变形后形貌　(c) 变形前晶粒形状　(d) 变形后晶粒形状(虚线为泰勒原则预测的形状)

图 3.26　10%压缩变形造成无间隙原子钢多晶体内晶粒的应变(竖直为压缩方向)

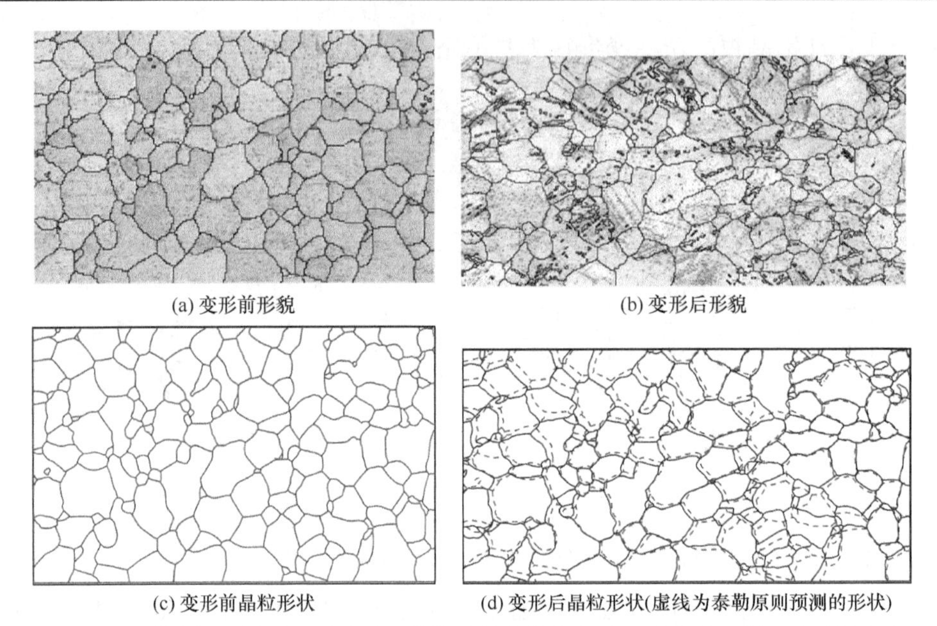

(a) 变形前形貌　(b) 变形后形貌

(c) 变形前晶粒形状　(d) 变形后晶粒形状(虚线为泰勒原则预测的形状)

图 3.27　9%轧制变形造成工业纯钛多晶体内晶粒的应变(水平为轧向，竖直为轧板法向)

3.4.2　滑移系的开动及变形晶粒与周围环境之间的弹性反应应力

塑性变形发生后，一个多晶体的外形以及其内部各晶粒的形状最终发生什么变化是塑性变形的结果，而不应该是能够事先设定的出发点和考察变形是否合理的核对标准。塑性变形完成后各晶粒之间的应力和应变的平衡、协调和保持连续的方式有无数种可能。泰勒原则提出的极端应变连续设定只是其中的一种。根据2.1.1 小节的分析和图 2.2，塑性变形后多晶体内各处所保持的应力和应变连续性的表现形式为起起伏伏地穿越变形基体。因此，泰勒原则所提出的极端应变连续虽然简单明了，但也应该是最不可能或很难实现的一种连续。反过来思考，施加外载荷导致的外应力通常是引起晶粒变形的唯一客观诱因，并造成了各个晶粒起起伏伏但保持互相平衡而连续的变形，且通常不符合泰勒原则，因此可以把各晶粒所承受的客观外应力作为出发点分析其塑性变形行为，而不是想当然地事先设定它们的应变必然服从泰勒原则。

2.3 节介绍了任意外载荷所引起复杂外应力张量导致的推动塑性变形系开动的切应力及其数学表达式。2.4.3 小节初步介绍了当晶粒内一个滑移系开动并造成塑性变形后可能在其周围造成的反应应力张量及相应应力、应变的不协调性，其中式(2.51)按照胡克定律分析给出了滑移系开动后相应的塑性应变张量在周围环境中可能引起的弹性应力场[27,28]。

驱动一晶粒内滑移系开动的原始动力在于由外载荷转化而来的外应力。在滑移系刚刚开动的初期阶段，其所造成的塑性应变还很低，因而式(2.51)所表达的随之而来的弹性应力场也很弱。假设晶粒所处的环境是绝对刚性的，也就是说周围环境既不随之塑性变形也不发生任何弹性变形，则滑移系开动导致的式(2.51)所示所有塑性应变分量都会以等值的弹性应变分量的形式被反向压缩回来。这些反向的弹性应变分量所产生的如式(2.51)所示的反向弹性应力会完全作用于变形晶粒本身，并对其后续的滑移变形产生影响。

以轧制为例，变形过程中晶粒保持屈服状态，参照式(2.50)，晶粒实际承受的变形外应力张量$[\sigma_{ij}]_R$保持为

$$[\sigma_{ij}]_R = \begin{bmatrix} \sigma_{11} & \sigma_{12} & \sigma_{13} \\ \sigma_{21} & \sigma_{22} & \sigma_{23} \\ \sigma_{31} & \sigma_{32} & \sigma_{33} \end{bmatrix}_R = \frac{\sigma_s}{2}\begin{bmatrix} 1 & 0 & 0 \\ 0 & 0 & 0 \\ 0 & 0 & -1 \end{bmatrix} \tag{3.32}$$

而变形晶体实际承受的总应力还应该包括由于其内滑移系开动受制于周围环境而产生的反应应力。轧制变形的外载荷主要来自x_3方向的压应力，并使晶粒始终保持承受屈服应力的状态。因此，无论式(2.51)所示反应应力中σ_{33}^e分量数值的高低，它始终会淹没在外应力σ_{33}分量中，使晶粒所承受的主应力既不会低于屈服应力，也不可能高于屈服应力。高于屈服应力会因相应的加速度应变受制于周围环境而被迫再次维持在屈服应力水平。同理，反应应力中σ_{11}^e分量也始终会淹没在外应力σ_{11}分量中。因此，宏观外应力与晶粒局域的反应应力合在一起后，可以忽略反应应力张量中的σ_{33}^e分量和σ_{11}^e分量，即令其为 0，且外应力保持屈服水平不变[29]。如此，变形晶粒承受的总应力$[\sigma_{ij}]$变形为

$$\begin{aligned} [\sigma_{ij}] = [\sigma_{ij}]_R - [\sigma_{ij}^e] &= \frac{\sigma_s}{2}\begin{bmatrix} 1 & 0 & 0 \\ 0 & 0 & 0 \\ 0 & 0 & -1 \end{bmatrix} - \frac{E}{1+\nu}\begin{bmatrix} 0 & \varepsilon_{12}^p & \varepsilon_{13}^p \\ \varepsilon_{21}^p & \varepsilon_{22}^p & \varepsilon_{23}^p \\ \varepsilon_{31}^p & \varepsilon_{32}^p & 0 \end{bmatrix} \\ &= \sigma_s\begin{bmatrix} \frac{1}{2} & 0 & 0 \\ 0 & 0 & 0 \\ 0 & 0 & -\frac{1}{2} \end{bmatrix} - \frac{E\delta}{1+\nu}\begin{bmatrix} 0 & \frac{1}{2}(b_1n_2+b_2n_1) & \frac{1}{2}(b_1n_3+b_3n_1) \\ \frac{1}{2}(b_2n_1+b_1n_2) & b_2n_2 & \frac{1}{2}(b_2n_3+b_3n_2) \\ \frac{1}{2}(b_3n_1+b_1n_3) & \frac{1}{2}(b_3n_2+b_2n_3) & 0 \end{bmatrix} \end{aligned} \tag{3.33}$$

这里涉及的是由滑移系贯穿晶粒的滑移所引起的均匀变形。设b为滑移系柏氏矢量的长度，μ为 2.3.1 小节所介绍的滑移系取向因子，τ_c为使滑移系开动的临界分切应力，E为杨氏模量，G为剪切模量，ν为泊松比，则根据弗兰克-瑞德屈

服应力理论[30]有

$$\sigma_{\mathrm{s}}=\frac{\tau_{\mathrm{c}}}{\mu}=\frac{Gb}{\mu d}=\frac{Eb}{2(1+\nu)\mu d};\quad \frac{E}{1+\nu}=\sigma_{\mathrm{s}}\frac{2\mu d}{b} \tag{3.34}$$

式中，d 为晶粒内位错的平均间距。将式(3.34)代入式(3.33)就得到晶粒变形时所承受的应力为

$$\begin{aligned}[\sigma_{ij}]&=\sigma_{\mathrm{s}}\begin{bmatrix}\frac{1}{2}&0&0\\0&0&0\\0&0&-\frac{1}{2}\end{bmatrix}-\sigma_{\mathrm{s}}\frac{2\mu d}{b}\begin{bmatrix}0&\varepsilon_{12}^{\mathrm{p}}&\varepsilon_{13}^{\mathrm{p}}\\\varepsilon_{21}^{\mathrm{p}}&\varepsilon_{22}^{\mathrm{p}}&\varepsilon_{23}^{\mathrm{p}}\\\varepsilon_{31}^{\mathrm{p}}&\varepsilon_{32}^{\mathrm{p}}&0\end{bmatrix}\\&=\sigma_{\mathrm{s}}\begin{bmatrix}\frac{1}{2}&-2\mu\varepsilon_{12}^{\mathrm{p}}\frac{d}{b}&-2\mu\varepsilon_{13}^{\mathrm{p}}\frac{d}{b}\\-2\mu\varepsilon_{21}^{\mathrm{p}}\frac{d}{b}&-2\mu\varepsilon_{22}^{\mathrm{p}}\frac{d}{b}&-2\mu\varepsilon_{23}^{\mathrm{p}}\frac{d}{b}\\-2\mu\varepsilon_{31}^{\mathrm{p}}\frac{d}{b}&-2\mu\varepsilon_{32}^{\mathrm{p}}\frac{d}{b}&-\frac{1}{2}\end{bmatrix}\end{aligned} \tag{3.35}$$

其中晶粒始终是在所承受屈服应力达到 σ_{s} 的条件下变形。在式(3.35)所示的总应力状态下，参照 2.3.1 小节可以计算出所有滑移系的取向因子，通常取向因子大的滑移系总是容易率先开动。可以看出，式(3.35)所给出的推动滑移系开动的应力不仅包括了萨克斯理论所依据的外应力，也包括了由于晶粒滑移与周围环境交互作用所产生的局部反应应力。只是所涉及的反应应力在这里尚且是把变形晶粒周围设想成绝对刚性环境下根据胡克定律计算出来的应力。但反应应力是在没有主观额外干扰的情况下，借助胡克定律客观计算出来的，基本区别于泰勒理论那种借助主观预设而人为给出泰勒原则的处理方法，而且泰勒理论中没有说明如何产生造成泰勒应变的应力。这里引入的考虑宏观外应力和局部反应应力的设想可称为反应应力(reaction stress，RS)理论[27-29]。

另外，随着滑移系的持续开动和滑移切变量 δ_{s} 的累积增长，滑移系所承受总应力中的反应应力部分[式(3.35)]会不断增大，这种增大应该有一个上限，即所累积的反应应力不应该超过晶粒的屈服应力。其中，根据屈服正应力与屈服切应力的关系[30]，反应应力中的反应切应力分量 σ_{ij} $(i\neq j)$不应超过 $\sigma_{\mathrm{s}}/2$，即不应超过屈服正应力的一半。由此就得到了变形晶粒所承受变形应力张量中各应力分量的上限 $[\sigma_{ij}]_{\lim}$ 为

$$[\sigma_{ij}]_{\lim}=\begin{bmatrix}\sigma_{11}\equiv-\sigma_{33}-\sigma_{22} & |\sigma_{12}|\leqslant\sigma_s/2 & |\sigma_{13}|\leqslant\sigma_s/2\\ |\sigma_{21}|\leqslant\sigma_s/2 & |\sigma_{22}|\leqslant\sigma_s/2 & |\sigma_{23}|\leqslant\sigma_s/2\\ |\sigma_{31}|\leqslant\sigma_s/2 & |\sigma_{32}|\leqslant\sigma_s/2 & \sigma_{33}\equiv-\sigma_s/2\end{bmatrix}\tag{3.36}$$

3.4.3　绝对刚性环境中多系滑移的形成与泰勒原则的实质

设想一个 O-x_1-x_2-x_3 轧制样品坐标系，x_3 方向为轧面法向，x_2 为轧板横向，x_1 为轧制方向；且假设变形晶粒在一个绝对刚性的环境下发生塑性变形，这个刚性的环境只允许晶粒沿 x_1 和 x_3 方向发生正应变，其他的应变分量都会受到绝对刚性的遏制。如果在式(3.32)所示轧制变形外应力作用下一个取向因子最大的滑移系开动，则这个滑移系会造成式(2.12)所示的塑性应变张量。其中与多晶体宏观应变一致的 $\varepsilon_{33}^{\mathrm{p}}$ 和 $\varepsilon_{11}^{\mathrm{p}}$ 两个塑性应变分量会淹没于宏观的应变中，其他的塑性应变分量受限于绝对刚性环境而难以实现，即所有这些塑性变形分量都会以反向的弹性应变形式被完全地压缩回来，并形成式(3.35)所示的扣除了外应力之外的弹性反应应力。随着滑移系的持续开动，弹性反应应力会不断累积、增长或演变，但其累积绝对值的上限受式(3.36)制约。这样，在变形过程中晶粒内各滑移系实际承受的变形应力应该如式(3.35)所示，是由外应力和刚性反应应力合成的总应力张量。如图 2.18 所示，如果一个滑移系所承受的切应力超过临界分切应力 τ_c 并开始滑移，则随着滑移导致的取向演变所有滑移系承受的刚性反应应力会不断累积，同时取向的变化会改变各滑移系的取向因子并改变取向因子最大的滑移系。如果只有取向因子最大的滑移系可以开动，则随着取向的变化会出现频繁的开动滑移系的变换。由于不断变换的滑移系是在外应力和刚性反应应力共同作用下开动，滑移系的变换有利于降低刚性反应应力的积累，因为反应应力更倾向于促进那些能阻碍其继续累加的滑移系开动。式(3.35)所示不断变化的变形应力导致滑移系不断变换开动，如此就会以自然而然的形式实现晶粒内多系滑移的行为，如图 3.28 所示。如果多晶体内所有晶粒都以这种方式在刚性环境中塑性变形，则可以借此统计性地计算取向演变的规律及织构的形成。

假设铝多晶体在式(3.35)所示的轧制应力条件和刚性环境下发生塑性变形，最终轧制变形量为 95%，即总的轧板法向塑性正应变 $-\varepsilon_{33}^{\mathrm{p}}=3.0$。变形过程中只有取向因子最大的滑移系开动，为充分体现滑移系交替滑移的过程，模拟计算时选取较小的模拟步长：$\Delta\varepsilon_{33}^{\mathrm{p}}=0.001$；每步计算完成后都计算取向的演变，然后在新取向下重新利用式(3.35)、式(2.47)和式(2.48)计算所有滑移系的取向因子 μ，找出取向因子最大的滑移系并确定其滑移方向矢量 $\boldsymbol{b}$ 和滑移面法向矢量 $\boldsymbol{n}$[式(2.9)]，再令该滑移系开动。如此通过 3000 步的模拟完成轧制计算，多次的交替滑移即可实现实际晶粒的多系滑移行为。这里只是把多系滑移分拆成若干个单系滑移，分别计算而已。

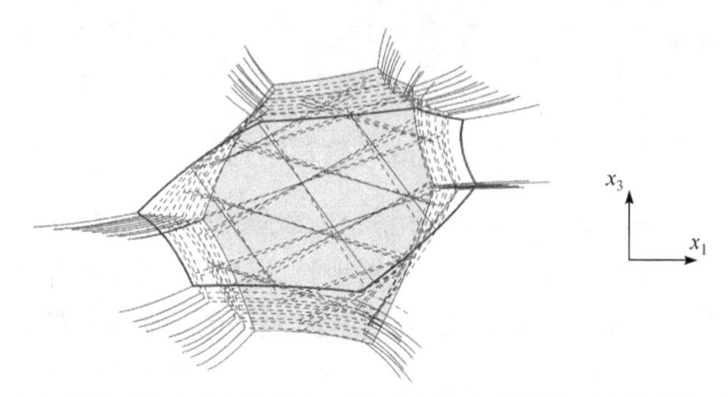

图 3.28 外应力和刚性反应应力复合作用下变形晶粒内多滑移系交替滑移造成的多系滑移

在开动滑移系已知的情况下，借助式(2.12)可以计算出滑移切应变 δ_s 为

$$\delta_s = \frac{\Delta\varepsilon_{33}^p}{b_3 n_3} \tag{3.37}$$

随后可计算出所有的塑性应变分量的增量 $\Delta\varepsilon_{ij}^p$，代入式(3.35)求得造成塑性变形应力张量中的所有应力分量 σ_{ij}。由于晶体始终处于塑性状态，并不需要获知 σ_s 的具体数值，只是认可 σ_s 值始终是达到的。式(3.35)中除了铝的滑移系柏氏矢量的长度 $b = 0.2863$ nm 已知外，还需要确定晶粒内位错的平均间距 d。晶粒内位错的平均间距与晶粒内的位错密度 ρ 相关，因而涉及晶粒的加工硬化程度。研究显示[31]，变形前退火铝晶粒内的初始位错密度 ρ_0 以及极高变形量(如 98%轧制变形，$-\varepsilon_{33}^p = 4.0$)的位错密度分别约为 $10^{12}\ \mathrm{m}^{-2}$ 和 $10^{18}\ \mathrm{m}^{-2}$，因此根据变形过程中位错增值和金属加工硬化的一般规律可估算：随 $-\varepsilon_{33}^p < 0$ 数值的增大，即时的位错密度 ρ 和位错平均间距 d 分别为[28]

$$\rho = \rho_0 10^{6\sqrt{-\varepsilon_{33}/4}}; \quad d = \frac{1}{\sqrt{\rho}} \tag{3.38}$$

至此计算取向演变和织构生成所需的所有参数都已获得，按照 2.2.2 小节介绍的方法就可以计算所有取向的演变，参照 3.2.3 小节的描述即可计算出表示轧制织构的取向分布函数。变形刚开始时还不存在刚性反应应力，只靠外应力可计算出开动滑移系所具备的最高取向因子 μ，代入式(3.35)得出新的变形应力并寻找出下一步滑移所开动滑移系具备的最高取向因子 μ，此时需加入已产生的反应应力的作用，并如此往复，可不断推进模拟计算。可以看出，用泰勒理论模拟时需要按式(3.27)计算 5 个独立滑移系对滑移切应变 δ_s 的分摊，用现代理论模拟时需参照式(3.31)计算和反复调整所有滑移系对 δ_s 可能的分摊。而这里只找出取向因子

最大的一个滑移系，借助式(3.37)计算其单独的滑移，所以是一种非常简单而直观的模拟路线。

图 3.29(a)给出了上述条件下借助相应晶粒间刚性反应应力理论模拟出 95%冷轧纯铝的织构，其特征是变形后晶粒取向主要围绕{4,4,11}<11,11,8>聚集。作为对比，图 3.29(b)给出了泰勒理论依靠寻找 5 个独立滑移系[式(3.27)]和最小内功原则[式(3.28)]所计算出 95%冷轧纯铝的织构。对照发现两种不同方法计算出的织构几乎是一模一样。对比图 3.30 的 β 取向线，可以看出两种模拟方法计算出的织构几乎是完全重叠的。两个取向分布函数的最高函数略有差异，但织构的特征完全相同，大部分取向分布函数分布的细节也是完全一致的，说明晶粒间刚性反应应力理论基本实现了泰勒理论所预想的晶粒变形晶体学行为。需要注意的是，刚性反应应力理论没有事先设定晶粒变形后应有的泰勒应变张量，没有去寻找 5 个独立滑移系，也没有设想最小内功原则，仅凭借绝对刚性环境和外应力与刚性反应应力组合的设想就自然而然地获得了泰勒理论的结果，其间甚至还引用了泰勒理论中没有的位错密度的变化[式(3.38)]，即加工硬化效应，同时也厘清了导致如此变形行为的应力来源。由此可见，泰勒理论中 5 个独立滑移系和最小内功原则都不是必要的，而泰勒理论的物理或力学实质就是所有晶粒都必须在绝对的刚性环境下变形。

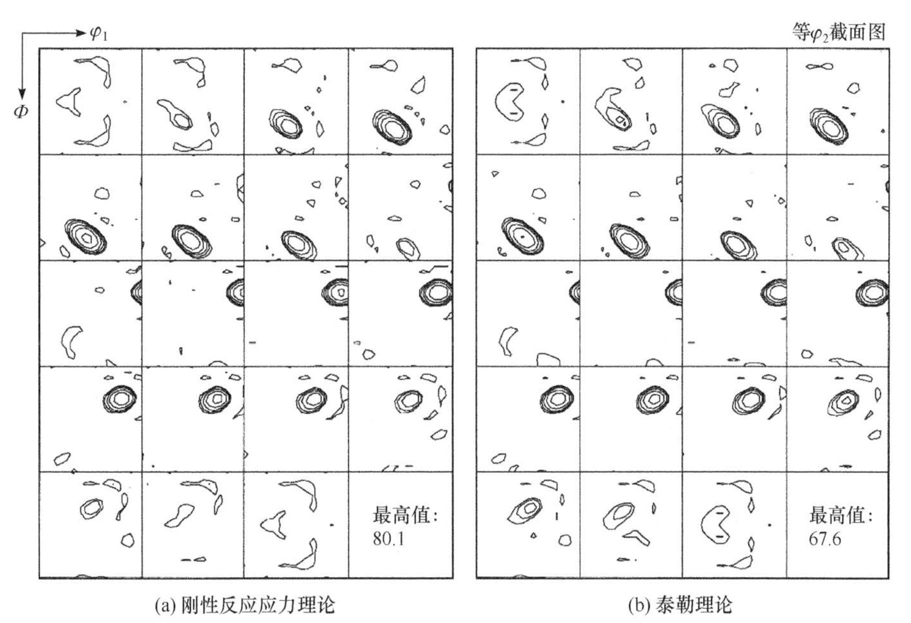

(a) 刚性反应应力理论　　(b) 泰勒理论

图 3.29　借助晶粒间刚性反应应力理论模拟 95%冷轧纯铝织构并与泰勒理论的相应模拟比较

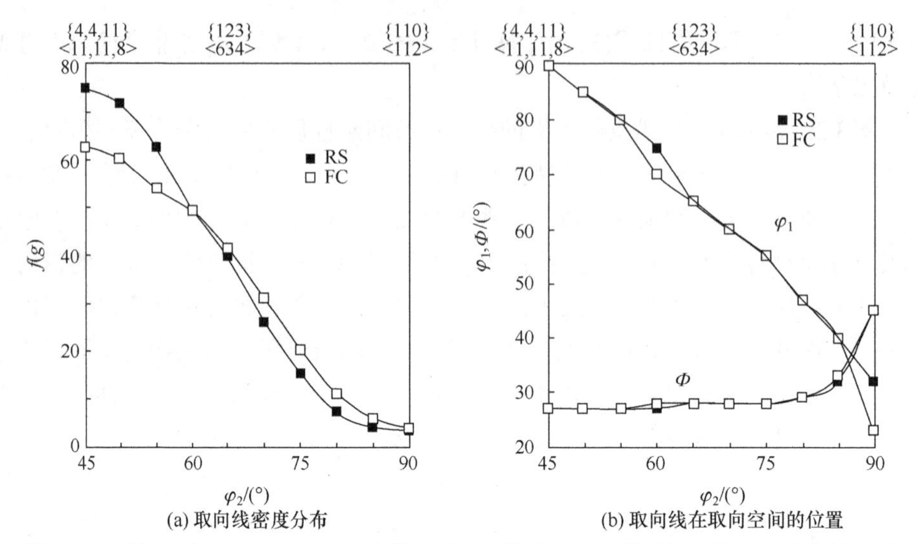

图 3.30　刚性反应应力(RS)理论和泰勒理论(FC)模拟 95%冷轧纯铝织构的 β 取向线比较

作为塑性变形晶体学现代理论基础的泰勒理论事先设定了泰勒原则，并未充分论证如此设定的原因，但仍期待其基本合理；同时泰勒理论也不清楚并回避了晶粒如何获得按特定比例开动 5 个独立滑移系所需应力张量的问题，因此泰勒理论的力学背景非常含糊，也难理清生成变形织构的原因。而这一切通过刚性反应应力理论的模拟计算全都变得清楚了。然而，泰勒理论和刚性反应应力理论所预测滑移系开动的晶体学行为都不是金属晶粒真实的塑性变形行为。

人们熟知，金属多晶体各晶粒塑性变形时的周围环境既会发生弹性变形，也会发生塑性变形，不可能是绝对刚性的。泰勒原则采取晶粒在绝对刚性的变形环境中变形，这显然并不正确。现代塑性变形晶体学理论仍把晶粒或晶粒团簇在绝对刚性的变形环境中变形作为其出发点，回避泰勒原则中绝对刚性环境的不合理设置，然后以违反临界分切应力定律的式(3.31)为基础，采取种种附件手段来避免由此产生的不恰当晶体学行为和偏离实际的织构预测。例如，晶粒交互作用变形理论在晶界处添加了某种位错结构，黏塑性自协调、板条变形等理论借助反复调整多滑移系开动的组合方式等降低刚性环境设定造成的不利影响。另外，为克服泰勒原则的不合理设定所带来的理论缺陷，借助采取附加措施所实现的晶粒间应力、应变的协调与平衡往往并不能成为多晶体晶粒间真实的协调与平衡方式[32]。因此，现代塑性变形晶体学理论仍需要进一步的改进与发展。

参 考 文 献

[1] 毛卫民, 杨平, 陈冷. 材料织构分析原理与检测技术. 北京: 冶金工业出版社, 2008.
[2] 毛卫民, 张新明. 晶体材料织构定量分析. 北京: 冶金工业出版社, 1993.

[3] 杨平, 毛卫民. 工程材料结构原理. 北京: 高等教育出版社, 2016.

[4] 毛卫民, 何业东. 电容器铝箔加工的材料学原理. 北京: 高等教育出版社, 2012.

[5] Pospiech J, Lücke K. The rolling textures of copper and α-brasses discussed in terms of the orientation distribution function. Acta Metallurgica, 1975, 23(8): 997-1007.

[6] 毛卫民. 无机材料晶体结构学概论. 北京: 高等教育出版社, 2019.

[7] 毛卫民. 金属材料的晶体学织构与各向异性. 北京: 科学出版社, 2002.

[8] Hirsch J, Lücke K. Texture analysis with the help of model functions//Bunge H J. Theoretical, Methods of Texture Analysis. Oberursel: DGM-Informationsgesellschaft, 1987.

[9] 余永宁, 毛卫民. 材料的结构. 北京: 冶金工业出版社, 2001.

[10] Sachs G. Zur Ableitung einer Fließbedingdung. Zeitschrift der Vereine deutscher Ingenieur, 1928, 72: 732-736.

[11] Taylor G I. Plastic strain in metals. Journal Institute of Metal, 1938, 62: 307-324.

[12] Hirsch J, Lücke K. Mechanism of deformation and development of rolling texture in polycrystalline fcc metals Ⅱ. Acta Metallurgica, 1988, 36(11): 2883-2904.

[13] Mao W. Rolling texture development in aluminum. Chinese Journal of Metal Science and Technology, 1991, 7: 101-112.

[14] Mao W. Modeling of rolling texture in aluminum. Materials Science and Engineering: A, 1998, 257: 171-177.

[15] Molinari A, Canova G, Ahzi S. A self consistent approach of the large deformation polycrystal viscoplasticity. Acta Metallurgica, 1987, 35: 2983-2994.

[16] Lebensohn R A, Tomé C N. A self-consistent viscoplastic model: Prediction of rolling textures of anisotropic polycrystals. Materials Science and Engineering: A, 1994, 175: 71-82.

[17] Lebensohn R A, Tomé C N, Castañeda P P. Self-consistent modelling of the mechanical behaviour of viscoplastic polycrystals incorporating intragranular field fluctuations. Philosophical Magazine, 2007, 87: 4287-4322.

[18] Van Houtte P, Li S, Seefeldt M, et al. Deformation texture prediction: From the Taylor model to the advanced lamel model. International Journal of Plasticity, 2005, 21: 589-624.

[19] Xie Q, Van Bael A, Sidor J, et al. A new cluster-type model for the simulation of textures of polycrystalline metals. Acta Materialia, 2014, 69: 175-186.

[20] Crumbach M, Goerdeler M, Gottstein G. Modelling of recrystallisation textures in aluminium alloys. Acta Materialia, 2006, 54: 3275-3306.

[21] Mu S, Tang F, Gottstein G. A cluster-type grain interaction deformation texture model accounting for twinning-induced texture and strain-hardening evolution: Application to magnesium alloys. Acta Materialia, 2014, 68: 310-324.

[22] Engler O, Crumbach M, Li S. Alloy-dependent rolling texture simulation of aluminium alloys with a grain-interaction model. Acta Materialia, 2005, 53: 2241-2257.

[23] Engler O. A new approach to more realistic rolling texture simulation. Advance Engineering Materials, 2004, 4(4): 181-186.

[24] 李一鸣, 任慧平, 毛卫民. 纯铝轧制晶粒交互作用对滑移系及取向的影响. 内蒙古科技大学学报，2019, 38(3): 238-242.

[25] Mao W. On the Taylor principles for plastic deformation of polycrystalline metals. Frontiers of Materials Science, 2016, 10(4): 335-345.

[26] 张杏, 王强, 张宁, 等. 晶粒间反应应力对低轧制变形量纯钛晶粒取向变化的影响. 稀有金属材料与工程, 2019, 48(12): 3895-3900.

[27] Mao W, Yu Y. Effect of elastic reaction stress on plastic behaviors of grains in polycrystalline aggregate during tensile deformation. Materials Science and Engineering: A, 2004, 367: 277-281.

[28] Mao W. Intergranular mechanical equilibrium during the rolling deformation of polycrystalline metals based on Taylor principles. Materials Science and Engineering: A, 2016, 672: 129-134.

[29] Mao W. Influence of intergranular mechanical interactions on orientation stabilities during rolling of pure aluminum. Metals, 2019, 9(477): 1-10.

[30] Hornbogen E, Warlimont H. Metallkunde. 2nd ed. New York: Springer-Verlag, 1991.

[31] Mondolfo L. Aluminum Alloys: Structure and Properties. London: Butterworths & Co Ltd, 1976.

[32] Mao W. The currently predominant Taylor principles should be disregarded in the study of plastic deformation of metals. Frontiers of Materials Science, 2018, 12(3): 322-326.

第 4 章　晶粒间反应应力交互作用下金属塑性变形的晶体学行为

如第 3 章所述，泰勒理论以泰勒原则为基础，回避和忽略了实际塑性变形过程中晶粒间复杂的应变关系，不考虑晶粒间的应力如何实现协调和平衡，是描述金属塑性变形晶体学过程的一种极为简化的初级方法。现代金属塑性变形理论在保持晶粒间应力与应变的协调和平衡方面做出了极大的努力，并取得了积极的进展。然而这些理论所实现的晶粒间应力与应变的协调和平衡与晶粒间真实的协调和平衡仍有出入。另外，这些现代理论大多以泰勒原则为出发点，而泰勒原则迫使晶粒(或晶粒团簇)在绝对刚性环境发生塑性变形的本质使其失去了理论和实践上的严谨合理性。泰勒原则虽然被广泛地接受，但其不当的设定使所有现代理论不得不在后续的改进中采取种种复杂措施，以便克服因使用泰勒原则所带来的困扰。例如，泰勒原则因无法阐述而回避了开动 5 个独立滑移系的应力来源问题，现代理论则引入所有滑移系以不同速率同时开动的理念，以便为滑移系组合开动寻求力学基础，但这一理念却显著违背临界分切应力定律。一般来说，只有所承受的分切应力达到临界值 τ_c 的滑移系才会开动，否则不会开动。同时，已开动滑移系所承受的分切应力值不应明显高于加工硬化后的流变 τ_{cy}[式(2.54)]，否则滑移会以加速度的方式运动。对于正常塑性变形的晶粒，那种以式(3.31)为依据，所有滑移系同时开动的模式很难持续。但为了仍能保留泰勒原则，现代理论不得不采用式(3.31)所设想的众多滑移系组合开动，以及反复协调，乃至添加位错结构等复杂的数学、力学处理手段。这些局部的反复协调和位错结构的调整难免会导致多晶体宏观变形一定程度地偏离真实的力学状态。由此可见，不合理、不严谨的泰勒原则事实上成为束缚塑性变形晶体学理论继续发展的障碍，因此有必要尝试摆脱泰勒原则[1]。

本章以晶粒间反应应力(RS)理论为基础，在摒弃泰勒原则的前提下借助分析晶粒间复杂的交互作用来探讨直观、合理、简洁、实用的金属塑性变形晶体学行为和相关理论。

4.1　塑性变形时复杂的晶粒间交互作用

4.1.1　金属多晶体变形基体弹性各向同性的倾向

晶体的重要特性之一是各向异性[2]，其中包括弹性各向异性，因此原则上晶体都是弹性各向异性体。表 4.1 列出了一些金属单晶体不同方向的杨氏模量[3-5]。对立方结构金属晶体来说，其杨氏模量最高的方向通常为<111>方向，最低的方向为<100>方向。对密排六方结构的金属晶体来说，其杨氏模量差别最大的两个方向通常是<0001>方向和与之垂直的<*uvt*0>方向。

表 4.1　一些金属单晶体的杨氏模量 *E*(GPa)

晶体结构	金属/晶向	<100>	<111>	$A_c(E_{111}/E_{100})$
面心立方	Al	64	77.5	1.21
	Cu	68	194	2.85
	Ag	44	117	2.66
	Au	42	114	2.71
体心立方	α-Fe	125	290	2.32
	W	400	400	1.00
	$Ti_{70}Nb_{30}$	39.5	91.0	2.30
晶体结构	金属/晶向	<*uvt*0>	<0001>	$A_h(E_{0001}/E_{uvt0})$
密排六方	Mg	45.4	50.7	1.12
	Ti	103.1	144.9	1.41
	Zn	119.0	35.2	0.29

可以用差别最大的两个方向的杨氏模量之比作为描述金属晶体弹性各向异性的参数[6]，立方晶体和密排六方晶体的弹性各向异性参数 A_c 和 A_h 分别为

$$A_c = \frac{E_{111}}{E_{100}}; \quad A_h = \frac{E_{0001}}{E_{uvt0}} \tag{4.1}$$

各金属单晶体的弹性各向异性参数也列于表 4.1 中。弹性各向异性参数越接近 1，金属晶体越接近弹性各向同性。可以看出，W 和 Mg 基本属于弹性各向同性体，Al 也很接近弹性各向同性，而其他金属则具备明显的弹性各向异性特征。

尽管多数金属晶体呈现弹性各向异性特征，但当多晶体内没有明显的织构时，金属材料往往会呈现出宏观的弹性各向同性。因为每个晶粒依照其不同取向而展现的弹性各向异性经互相中和、冲抵之后在不同方向都表现出平均的弹性性质，

即呈现伪弹性各向同性。当多晶体存在明显的织构时，原则上金属晶体微观的弹性各向异性应该以特定的方式在宏观上呈现出来。固体金属材料的生产过程通常经历凝固铸造、变形加工、热处理等流程。现代金属加工的凝固铸造通常会生产出具有正交对称外形的坯料，因此凝固过程中坯料的温度场以及热量散失的路径分布也呈正交对称特征。凝固之后在柱状晶晶区产生的铸造织构必定相对于样品坐标系是正交对称的[7,8]。2.4.1 小节已经介绍过，金属塑性变形加工时所承受的外载荷往往相对于样品坐标系是正交对称的，由此导致带有正交对称性织构的铸造板坯经过变形加工后形成的变形织构也具备这样的正交对称性。随后对铸造板坯以及经变形加工的金属所实施的各种热处理过程虽然会引起金属内织构的演变，但演变之后的织构仍然会保持正交对称特征。由此可见，金属材料中织构具有相对于样品坐标系的正交对称性是一种相当普遍的现象(参见 3.2.1 小节)。晶粒取向相对于样品坐标系的正交对称性表示为：在参考坐标系 O-x_1-x_2-x_3 内如果有某一特定取向的晶粒，则将该取向分别绕 x_1、x_2、x_3 三个轴做 2 次旋转后可获得与该特定取向成正交对称的另外三个取向。多晶体织构相对于样品坐标系的正交对称性则表示为：如果存在一定体积量的特定取向晶粒，则在与其成正交对称的另外三个取向上也很大概率地存在近似体积量的晶粒。在同样的外载荷下，这 4 个互为正交对称取向的晶粒内最容易对称开动的塑性变形系应具有同样数值的最大取向因子，且具有同样的对称开动倾向。

在具有正交对称性织构的金属多晶体的塑性变形过程中，如果一个取向的晶粒因塑性变形系的开动而产生了某种正应变[式(2.12)]，这种正应变导致的与周围环境的正应力交互作用往往会淹没在来自外部、作用于所有晶粒并发挥主导作用的正应力中，或许会对对开动塑性变形系不起作用的静水力的水平有所影响(参见 2.3.2 小节)。如果这个取向晶粒开动的塑性变形系造成了某种切应变[式(2.12)]，则与其成正交对称的另外三个取向晶粒也会有对称的塑性变形系以同样规则开动并产生这种切应变。图 4.1 以切应变 $\varepsilon_{31}^{\mathrm{p}}$ 为例示意性地展示了 4 个相对于参考坐标

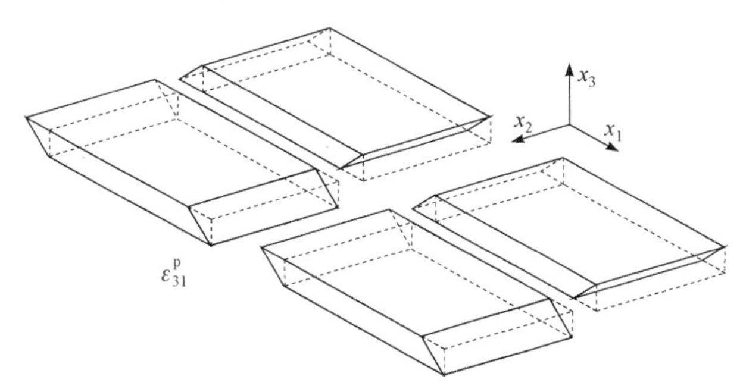

图 4.1　样品中具备正交对称性取向的 4 个晶粒在塑性变形过程中各自产生的正交对称切应变 $\varepsilon_{31}^{\mathrm{p}}$

系 O-x_1-x_2-x_3 互相呈正交对称取向的晶粒各自产生切应变 $\varepsilon_{31}^{\mathrm{p}}$ 时的情况。可以看出，4 个取向所产生的切应变两两互为正负、互相补偿，且也呈正交对称关系。同理，对于切应变 $\varepsilon_{12}^{\mathrm{p}}$ 和 $\varepsilon_{23}^{\mathrm{p}}$ 也会出现类似的情况。这些切应变往往都会涉及与变形晶粒周围环境的局部力学交互作用，与外应力的作用并不一致，且每个晶粒都会展示自己独特切应变的局域交互作用。

设想一个特定取向的晶粒在具有正交对称织构的基体环境中发生塑性变形。如果它与任何取向晶粒相邻接，则与该晶粒相邻的另外 3 个正交对称取向晶粒具有同样的相邻接的概率。从统计上观察，这个特定取向晶粒会面临周围某正在变形的晶粒及其另 3 个正交对称取向晶粒的共同作用；这 4 个晶粒的变形行为虽然不同，但它们的正交对称性导致其各种切应变 $\varepsilon_{ij}^{\mathrm{p}}$ 及相应的反应切应力 σ_{ij} 正负相抵、互相补偿，使其综合行为呈现伪各向同性的特征。同时，当该特定取向晶粒的塑性变形系开动所产生的切应变 $\varepsilon_{ij}^{\mathrm{p}}$ 侵入正交对称的环境时，环境产生的相应统计性反应应力也会呈现伪弹性各向同性的特征。因此，正交对称的变形基体环境往往会自发地展现出弹性各向同性的倾向，即一种伪各向同性。但是，对于所观察的该特定取向晶粒本身，因其取向确定、唯一，它与周围环境交互作用时自身会呈现出具体的弹性各向异性行为。如果变形金属晶体自身原本就是弹性各向同性或近似弹性各向同性，则所有上述交互作用过程都可以按照弹性各向同性处理。为简化初始的探讨，以下先以近似弹性各向同性的铝多晶体为例，分析塑性变形过程中变形晶粒与周围环境的力学交互作用。

4.1.2　弹性各向同性变形晶粒间的弹塑性交互作用

如 3.4.3 小节所总结的，泰勒理论的实质是所有晶粒都必须在绝对的刚性环境下变形。这种刚性环境对变形晶粒产生的反应应力与外应力结合就形成了变形晶粒即时承受的变形应力，如式(3.35)所示。然而变形金属晶粒所接触的真实环境既可以弹性变形，也可以塑性变形，兼具弹、塑性特征，与绝对刚性毫无关系。因此，需要把反映绝对刚性环境下变形应力的式(3.35)改造成也适用于弹塑性环境。以近似弹性各向同性的铝为例，假如近似弹性各向同性的变形铝晶粒周围环境也属于弹性各向同性体，变形基体会以弹性应变的形式承受变形晶粒产生的一部分塑性应变，同时变形基体也会压缩变形晶粒产生的塑性应变，使其中的一部分以反向弹性变形的形式压缩回变形晶粒内。变形晶粒和变形基体的弹性各向同性性质使变形晶粒所产生的塑性应变被变形晶粒和变形基体以等值弹性应变的方式分摊，即变形晶粒和变形基体产生的弹性应变张量中各应变分量方向相反、数值相等，且都等于相应塑性应变分量的一半。由此，滑移系在外应力不变的情况下开动时，各向同性弹塑性环境所产生反应应力只是刚性环境条件时的一半，即

与式(3.35)对照，变形晶粒实际承受的变形应力应转变为[9-11]

$$[\sigma_{ij}]=\sigma_{\mathrm{y}}\begin{bmatrix}\dfrac{1}{2} & -R\mu\varepsilon_{12}^{\mathrm{p}}\dfrac{d}{b} & -R\mu\varepsilon_{13}^{\mathrm{p}}\dfrac{d}{b}\\ -R\mu\varepsilon_{21}^{\mathrm{p}}\dfrac{d}{b} & -R\mu\varepsilon_{22}^{\mathrm{p}}\dfrac{d}{b} & -R\mu\varepsilon_{23}^{\mathrm{p}}\dfrac{d}{b}\\ -R\mu\varepsilon_{31}^{\mathrm{p}}\dfrac{d}{b} & -R\mu\varepsilon_{32}^{\mathrm{p}}\dfrac{d}{b} & -\dfrac{1}{2}\end{bmatrix} \tag{4.2}$$

式中，R 为反应应力系数，$R = 2$ 即适用于绝对刚性环境下的反应应力，$R = 1$ 则适用于变形晶粒和变形基体均为弹性各向同性体时的反应应力。实际模拟计算显示，R 取值为 1 或 2 对织构模拟结果的影响并不大。

参照 2.4.4 小节，由于金属加工硬化效应，促使塑性变形系在塑性变形过程中开动的临界分切应力 τ_{c} 会转变为一个不断增大的变量 τ_{cy}[式(2.54)]。τ_{cy} 的增大也会导致金属塑性变形的屈服应力 σ_{s} 或流变应力 σ_{y}[式(2.53)]的增大。根据弗兰克-瑞德屈服应力理论[6]，宏观变形过程中的平均位错间距 d 可以表达为[11]

$$\tau_{\mathrm{cy}}=\frac{\sigma_{\mathrm{y}}}{2}=\frac{Gb}{d};\quad d=\frac{2Gb}{\sigma_{\mathrm{y}}}=\frac{Eb}{(1+\nu)\sigma_{\mathrm{y}}} \tag{4.3}$$

式中，G 为各向同性的剪切模量；E 为杨氏模量；ν 为泊松比；b 为滑移系柏氏矢量的长度。参照拉伸试验数据和式(2.53)可求得塑性变形过程中的流变应力 σ_{y}，代入式(4.3)，再代入式(4.2)就可以在没有位错密度数据的情况下根据金属常规的力学性能数据求得塑性变形应力张量的动态变化，使相关计算更具备工程应用价值。

式(3.36)给出了各个弹性反应应力分量的上限值，即反应应力不可能超过各自的上限值。在塑性变形过程中如果某一反应应力分量达到式(3.36)设定的上限值，即表示达到了与变形晶粒邻接的变形基体的屈服应力值。此时相邻的基体晶粒不仅自身会在外应力作用下继续塑性变形，而且变形晶粒积累起来足够高的反应应力会促使与变形晶粒邻接的基体局域性地发生额外的塑性变形。反应应力导致的这种局域性塑性变形，指的是积累的反应应力使变形基体内一些原来并未开动的滑移系所承受的切应力值也达到了临界分切应力的水平并开始局部滑移，而这种滑移使反应应力积累的能量得以释放，进而自身难以继续积累增大。这种附加的局域塑性变形只涉及反应应力能辐射到的范围，即从邻接面到基体晶粒内有限范围的某些滑移系所承受的切应力因反应应力的影响而达到了使其开动所需的临界值。反应应力的存在使变形晶粒和周围基体保持了弹性应力与应变的平衡和协调。一旦反应应力累积到其上限值，就会诱发部分滑移系在基体晶粒和变形晶粒靠近邻接面两侧额外的开动和局部的塑性变形。因此，反应应力实际上也促使变形晶粒和周围基体同时以塑性应变的形式保持了弹性应力与弹性和塑性应变的平衡和协调。对相应的弹性应力以及弹塑性应变都可以根据弹塑性理论进行解析计算，因此相应的应力、应变量以及变形晶粒与其周围基体之间应力、应变的统计性协调与平衡都是自然形成的，是真实可信的。这里不存在事先的主观设定，只是客观地推演和计算，其过程简洁明了。

附加塑性变形区的出现防止了邻接面附近应力与应变不协调现象的出现，但基体晶粒内在邻接面附近和晶粒中心区因应力应变的不一致也出现了弹塑性协调的需求。这种弹塑性协调会自发阻止邻接面附加滑移系和相应塑性变形的行为向基体晶粒内部的扩张，但会使基体晶粒邻接面与变形晶粒的协调以及与晶粒内部的协调同时达到平衡。可以看出，在外载荷驱动金属多晶体变形的过程中以上所说的种种应力应变的协调和平衡不仅会自然而然地出现，而且切实可行，不存在理论上的缺陷和实际的障碍。金属多晶体内不同取向晶粒互相邻接的状态有无穷多种可能性，目前尚很难做穷举式的计算。因此，宜采用统计性的原则阐述变形过程，以避免不必要的烦琐计算，以及出现不应有的忽略。

一般来说，在外应力作用下取向因子最大的滑移系，因其所承受的切应力会首先到达推动位错开动的水平而倾向于率先开动。然而，取向因子最大的滑移系以外的滑移系虽然没有开动，但它们仍然承受着大小不同且倾向推动其开动的切应力，只是这些切应力一时还没有达到临界分切应力值。然而一旦晶粒间的反应应力出现，这种情况就会发生变化。晶粒间交互作用传递过来的反应应力可以使靠近晶界区域的滑移系，在自身承受的切应力未达到临界值的情况下迅速提升到使其开动的临界值，并造成局部塑性变形，进而缓解晶界区域应力应变的持续升高趋势。也就是说，各反应应力分量的累积值尚未达到式(3.36)设定的上限值时，晶界区域的某些之前未开动的滑移系就已经被激活，并阻止了应力应变的继续累积。因此，式(3.36)可能是一个实际上无法达到的设定。鉴于此，可以把式(3.36)改造为

$$[\sigma_{ij}]_{\lim}=\begin{bmatrix}\sigma_{11}\equiv-\sigma_{33}-\sigma_{22} & |\sigma_{12}|\leqslant\alpha_{12}\sigma_y/2 & |\sigma_{13}|\leqslant\alpha_{31}\sigma_y/2\\ |\sigma_{21}|\leqslant\alpha_{12}\sigma_y/2 & |\sigma_{22}|\leqslant\alpha_{22}\sigma_y/2 & |\sigma_{23}|\leqslant\alpha_{23}\sigma_y/2\\ |\sigma_{31}|\leqslant\alpha_{31}\sigma_y/2 & |\sigma_{32}|\leqslant\alpha_{23}\sigma_y/2 & \sigma_{33}\equiv-\sigma_y/2\end{bmatrix}\tag{4.4}$$

即在反应应力理论中对切应力和 x_2 向正应力的上限加一个上限系数α_{ij}，即α_{12}、α_{23}、α_{31}和α_{22}，以适当缩小反应应力的上限范围。可以看出，如果$\alpha_{12}=\alpha_{23}=\alpha_{31}=\alpha_{22}=1$，则式(4.4)转变回式(3.36)，反应应力可以达到其理论上的最高值(图 3.29 和图 3.30)。此时在相当刚性的环境下，相应的塑性变形晶体学行为会产生与泰勒理论相近的变形织构。如果$\alpha_{12}=\alpha_{23}=\alpha_{31}=\alpha_{22}=0$，则式(4.4)表示完全没有反应应力，与式(4.2)组合在一起进行的塑性变形晶体学模拟计算实际上变成了展示萨克斯理论设定的晶体学变形过程。因此，反应应力上限系数的不同极端设定可以

分别体现出萨克斯理论和泰勒理论的塑性变形晶体学过程。上限系数α_{ij}对所产生变形织构的类型有重大影响。

4.1.3　晶粒间反应应力的上限对变形织构类型的影响

反应应力理论式(4.4)中的上限系数α_{12}、α_{23}、α_{31}和α_{22}是否全部为 0 或全部为 1 代表了不同晶粒变形时的两种极端的情况：全部为 0 表示晶粒是在自由环境下开动塑性变形系并自由生成应变张量，等同于萨克斯理论给出的变形模式，此时开动的滑移系全都贯穿晶粒滑移，且均匀分布于变形晶粒内部；全部为 1 表示晶粒是在相当刚性的环境下开动塑性变形系以生成应变张量，类似于泰勒理论给出的变形模式。此时，由于近刚性环境的强烈制约，开动的滑移系未必全都能进行贯穿晶粒的滑移，即不能排除在刚性环境的约束下存在只局限于变形晶粒内晶界附近的局部滑移。然而，传统的泰勒理论采用 5 个独立的滑移系组合成泰勒理论设定的应变，使所开动的 5 个独立滑移系仍需贯穿晶粒滑移，并均匀分布于变形晶粒内部[式(3.27)]，略有别于在近刚性环境下用反应应力理论实现的变形行为。可以想象到，当式(4.4)中的上限系数α_{12}、α_{23}、α_{31}和α_{22}处于 0 和 1 之间时，反应应力理论模拟出来的变形织构会不同于萨克斯理论和泰勒理论，或许处于两者之间。因此，有必要观察各上限系数的演变对织构的影响。

根据至此的阐述，反应应力理论尚且只适应于变形基体和变形晶粒都是弹性各向同性的情况，因此这里仍采用近似弹性各向同性且仅借助滑移系实现塑性变形的铝为模拟计算的对象，分析反应应力上限系数变化时所模拟计算变形织构的演变规律。模拟的均匀取向数据为 3.1 节所述的 936 个均匀分布的随机取向，变形方式为轧制变形，轧制变形总压下率为 95%，即轧板法向的真应变$-\varepsilon_{33} = 3.0$，模拟步长$\Delta\varepsilon_{33} = 0.001$。轧板横向的反应正应力通常会淹没于外应力张量中或只会影响应力张量中的静水力水平，对轧制织构影响不大，因此暂且设定$\alpha_{22} = 0$。鉴于 3.3.2 小节及图 3.16 所示滑移产生的$\varepsilon_{23}^{\mathrm{p}}$和$\varepsilon_{31}^{\mathrm{p}}$易于在晶界区得到协调而$\varepsilon_{12}^{\mathrm{p}}$难以协调的特征，在模拟计算过程中先将$\alpha_{23}$和$\alpha_{31}$做同步改变($\alpha_{23} = \alpha_{31}$)，但单独改变$\alpha_{12}$，以适量减少模拟结果的数量。模拟计算式(3.35)中的反应应力时仍采用式(3.38)所给出的计算位错平均间距d的方法。以取向分布函数$\varphi_2 = 45°$和$\varphi_2 = 65°$ 的形式给出模拟计算结果，因为这两个截面可以反映出冷轧铝板中主要的戈斯{110}<001>、黄铜{110}<112>、铜型{112}<111>、S{123}<634>等织构组分生成和演变的情况(参见 1.3.2 小节)。图 4.2 给出了相应的模拟计算结果，图 4.2(a)为$\varphi_2 = 45°$截面图，可观察戈斯、黄铜、铜型等织构组分；图 4.2(b)为$\varphi_2 = 65°$截面图，可观察 S 织构。可参阅 1.3.2 小节核对图 4.2 中各取向分布函数峰值位置所对应的取向和织构。

当$\alpha_{12} = \alpha_{23} = \alpha_{31} = 0$时,形成了非常强的黄铜织构和较弱的戈斯织构[图 4.2(a)左上角，参见图 1.24]，这其实就是萨克斯理论的模拟结果。当$\alpha_{12} = \alpha_{23} = \alpha_{31} = 1$时，反应应力可达到理论上的最高值，且形成了很强的{4,4,11}<11,11,8>泰勒织构[图 4.2(a)右下角]，符合泰勒理论的模拟结果。当$\alpha_{23} = \alpha_{31} = 0$时，随$\alpha_{12}$值的升高可形成强而独立的 S 织构[图 4.2(b)第一行截面图]，而黄铜织构却逐渐消失，且没有出现铜型织构或泰勒织构[图 4.2(a)第一行截面图]。当$\alpha_{12} = 0$时，随$\alpha_{23} = \alpha_{31}$值的升高，轧制织构未发生明显变化[图 4.2(a)第一列截面图]，黄铜织构保持其很高的体量，只是戈斯织构消失。整体可以看出，只要α_{12}、α_{23}和α_{31}三者都不为 0 并共同限制反应应力的上限，黄铜织构会减弱并快速消失，而 S 织构则转向铜型或泰勒织构。只要α_{12}、α_{23}和α_{31}三者都大于 0.6，泰勒织构实际上就成为唯一稳定的织构。在图 4.2(b)中用虚线标注了 S 织构位置的φ_1值，可以清楚地看到其位置

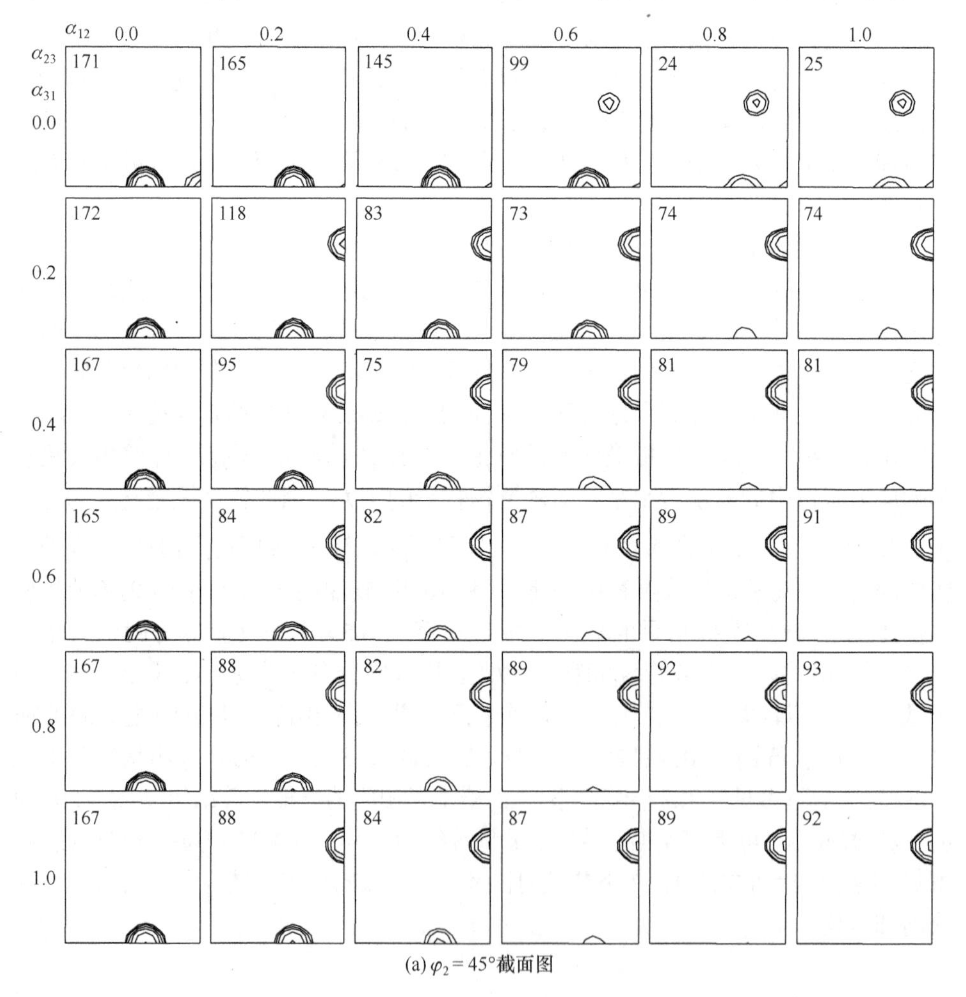

(a) $\varphi_2 = 45°$截面图

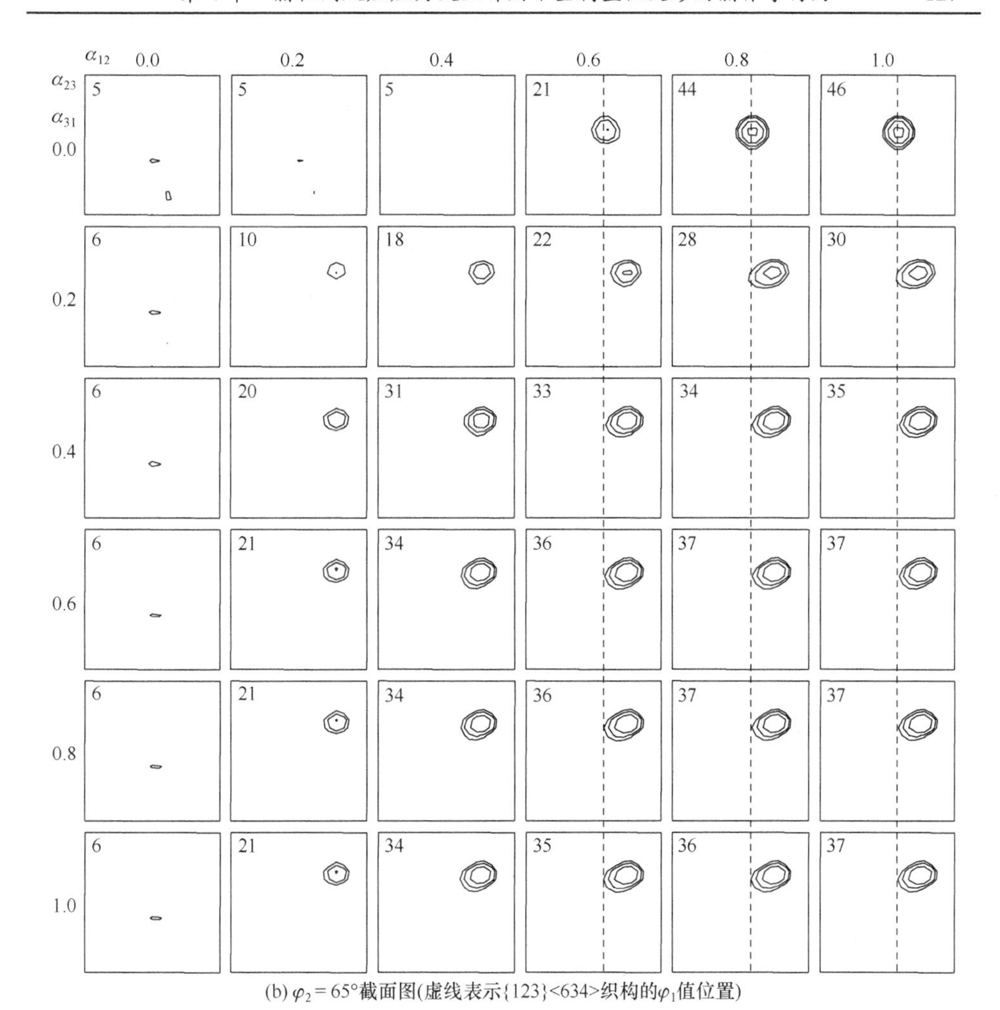

(b) $\varphi_2 = 65°$截面图(虚线表示{123}<634>织构的φ_1值位置)

图 4.2　反应应力理论上限系数$\alpha_{12} = \alpha_{23}$和$\alpha_{31}$对 95%冷轧铝板织构的影响

截面图中的数值表示该截面上的最高函数值；函数等值线水平：5, 10, 20, 40, 80, 160

显著区别于铜型或泰勒织构的位置。只有$\alpha_{23} = \alpha_{31} = 0$时才有可能获得强而独立的 S 织构，否则在$\varphi_2 = 65°$截面图上观察到的都是铜型织构峰延伸出来的峰角部位。

在外来轧制应力张量的基础上附加反应应力张量[式(3.35)]会改变开动滑移系的选择，使其偏离萨克斯理论对滑移系的选择。贯穿晶粒滑移的这种变化会改变所形成的织构(图 4.2)。另外，当反应应力达到某一上限临界值后有可能引起在与其邻接晶粒内邻接区附加的局部滑移。根据反应应力理论的设计，这种非贯穿晶粒的滑移不会明显影响晶粒取向的正常演变；然而，轧制应力与反应应力综合作用致使局部滑移开动后，反应应力就无法按原来的方式继续累积，而且局部开动的滑移系之前已经承受外应力的作用，因此往往在反应应力还没有累积到$\alpha_{ij} = 1$

的水平时就开动了。图 4.2 显示，α_{ij}的不同水平为各种常见织构的出现和稳定提供了可能性，并决定了变形后织构的类型和结构。

将图 4.2 模拟出的织构稳定性与冷轧铝板中常见织构对比可以看出，贯穿性滑移引起的ε_{23}^{p}和ε_{31}^{p}及其所造成的反应应力在变形过程中并不会明显改变开动滑移系的选择，因为α_{23}和α_{31}的大小对织构类型的影响并不很大[图 4.2(a)第一列截面图，$\alpha_{12}=0$]。然而当贯穿性滑移造成ε_{12}^{p}和相应反应应力后，就必须开动能够消除或降低所累积ε_{12}^{p}的贯穿性滑移，否则鉴于 3.3.2 小节所分析的原因很难借助晶界附近的非贯穿性滑移去平衡累积的不协调ε_{12}^{p}。由此可见，较大的α_{12}有利于驱动那些能降低ε_{12}^{p}的贯穿性滑移系开动，并因此影响变形织构的类型。如图 4.2(b)第一行截面图所示，大的α_{12}值有利于形成强的 S 织构。虽然α_{23}和α_{31}的单独改变对织构没有明显影响，但它们与α_{12}共同作用时 S 织构就变得不稳定了。$\alpha_{23}=\alpha_{31}\geqslant 0.2$时与$\alpha_{12}$共同作用就造成黄铜织构和 S 织构的弱化以及铜型织构和泰勒织构的增强[图 4.2(a)]。

α_{23}和α_{31}单独作用时，分别把α_{12}固定为 0.4(图 4.3)和 1.0(图 4.4)，观察α_{23}和α_{31}独立变化时对铝板轧制织构的影响。α_{12}不为 0 时α_{23}和α_{31}对织构的形成有不同影响。提高α_{31}促进铜型和泰勒织构的增强，降低黄铜织构[图 4.3(a)，图 4.4(a)]。提高α_{23}也会降低黄铜织构但并不促进铜型和泰勒织构的增强，却倾向于保持 S 织构的稳定[图 4.3(b)，图 4.4(b)中$\alpha_{31}=0$的第一列]，说明α_{12}不为 0 时，

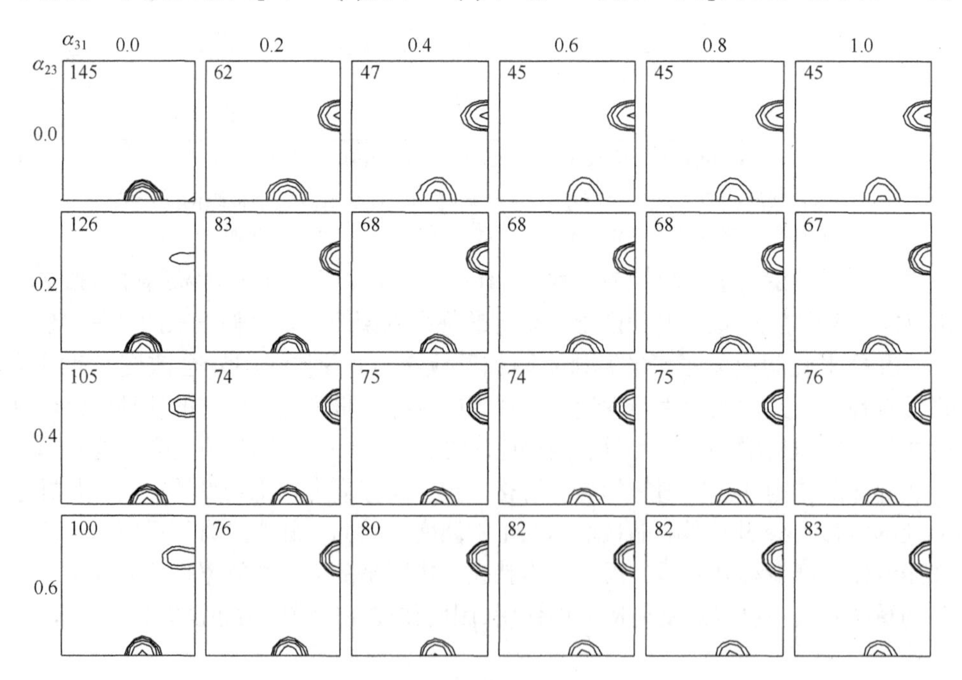

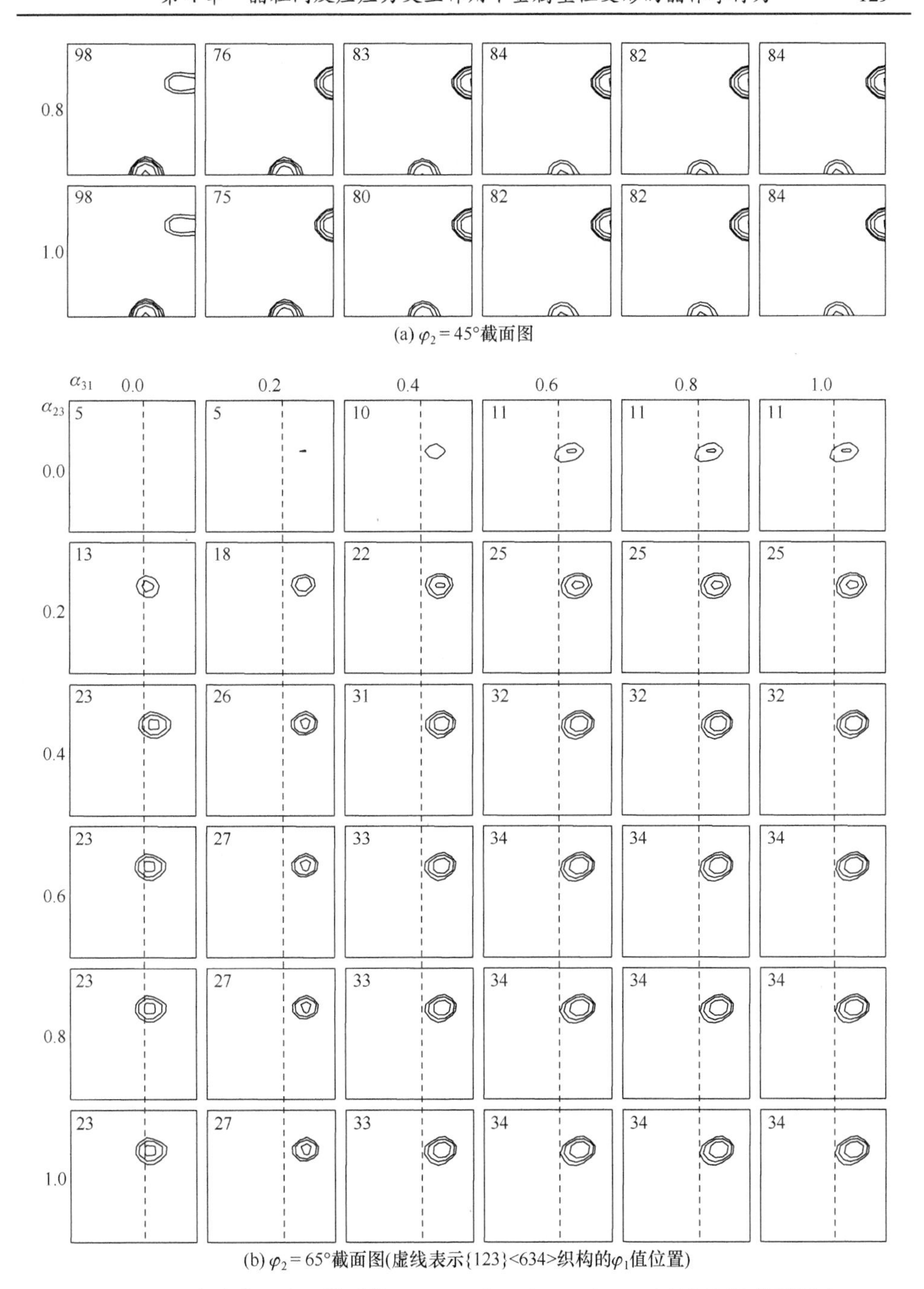

(a) $\varphi_2 = 45°$截面图

(b) $\varphi_2 = 65°$截面图(虚线表示{123}<634>织构的φ_1值位置)

图 4.3　反应应力理论上限系数$\alpha_{12} = 0.4$时α_{23}和α_{31}对 95%冷轧铝板织构的影响

截面图中的数值表示该截面上的最高函数值；函数等值线水平：5, 10, 20, 40, 80

α_{23}和α_{31}对贯穿性滑移系的选择有不同影响。

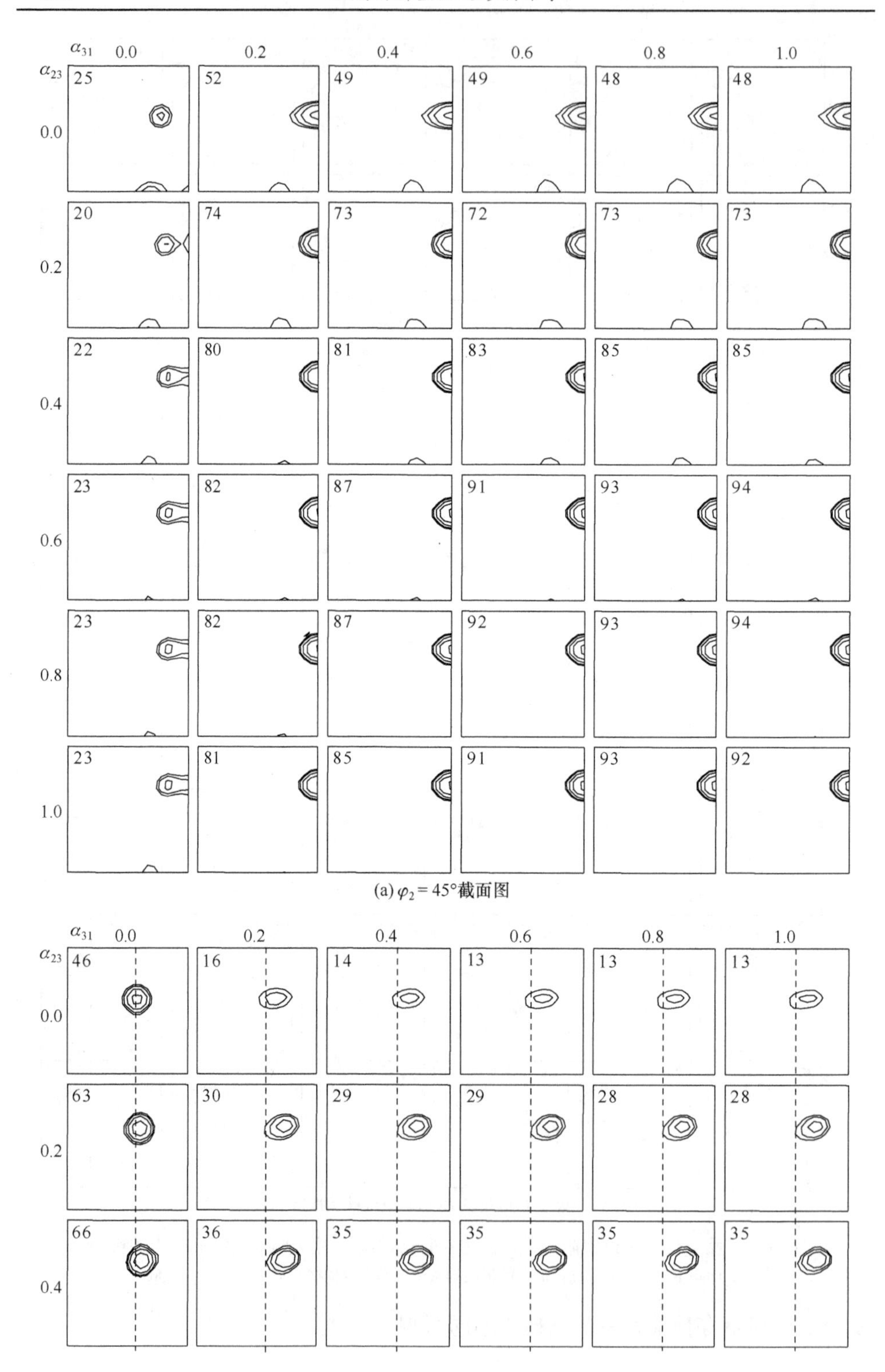

(a) $\varphi_2 = 45°$截面图

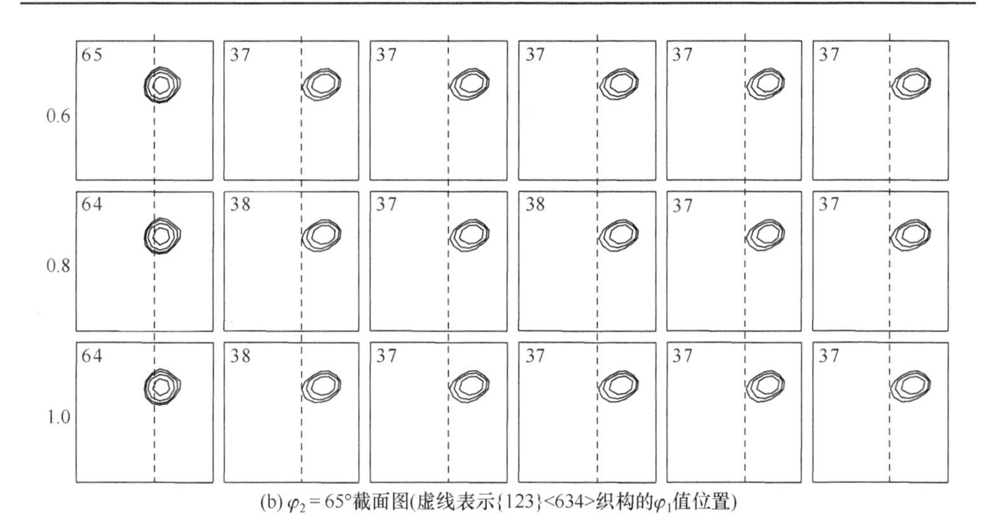

(b) $\varphi_2 = 65°$截面图(虚线表示{123}<634>织构的φ_1值位置)

图 4.4　反应应力理论上限系数$\alpha_{12} = 1.0$时α_{23}和α_{31}对 95%冷轧铝板织构的影响

截面图中的数值表示该截面上的最高函数值；函数等值线水平：5, 10, 20, 40, 80

4.1.4　反应应力理论中冷轧铝板 β 取向线的稳定特征

贯穿性滑移系开动后所产生的切应变与主应变的相对应变比值$|\varepsilon_{ij}^{p}/\varepsilon_{33}^{p}|$、反应应力上限系数$\alpha_{ij}$以及应力张量作用下开动滑移系的取向因子$\mu$等因素都会影响变形织构的稳定性。冷轧铝板织构或各种面心立方金属冷轧板织构往往稳定于如图 1.29(a)所示的 β 取向线附近。在轧制外应力作用下所有取向晶粒中滑移系最大取向因子的范围为 0.2～0.5。

图 4.5(a)在取向空间内给出了$\mu = 0.35$的等值线，即约为最大取向因子的中间值线；高于 0.35 可称为软取向，低于 0.35 可称为硬取向。在取向空间内 β 取向线则位于较软取向区域 [图 4.5(a)，*号为 β 线位置]，因此晶粒比较容易借助交替的贯穿性滑移而变形，同时仍保持软取向。取向因子最大的滑移系开动后所造成的相对切应变$|\varepsilon_{ij}^{p}/\varepsilon_{33}^{p}|$的范围通常为 0～1，可以把其间的 0.35 看作是高、低相对切应变区的分界线。图 4.5(b)～(d)以灰色区的形式在取向空间分别给出了$|\varepsilon_{12}^{p}/\varepsilon_{33}^{p}|>0.35$、$|\varepsilon_{23}^{p}/\varepsilon_{33}^{p}|>0.35$和$|\varepsilon_{31}^{p}/\varepsilon_{33}^{p}|>0.35$的区域。可以看到，β 取向线位于$|\varepsilon_{12}^{p}/\varepsilon_{33}^{p}| = 0.35$的边界线上[图 4.5(b)]。如图 3.16 所示和相关讨论，高$|\varepsilon_{12}^{p}/\varepsilon_{33}^{p}|$是非常不稳定的，往往需要借助贯穿性滑移来降低或调整已累积的ε_{12}^{p}所带来的晶粒间的应力、应变的不协调性。由此，β 取向线要始终保持离开高$|\varepsilon_{12}^{p}/\varepsilon_{33}^{p}|$值区。另外，滑移造成的$|\varepsilon_{12}^{p}/\varepsilon_{33}^{p}|$又是不可避免的，因此 β 取向线只能在允许的低$|\varepsilon_{12}/\varepsilon_{33}|$值区附近徘徊。反之，类似的讨论已经说明，取向因子最大的

滑移系开动后造成的$|\varepsilon_{23}^{p}/\varepsilon_{33}^{p}|$和$|\varepsilon_{31}^{p}/\varepsilon_{33}^{p}|$则比较容易借助晶界区域非贯穿晶粒的滑移的局部协调作用而保持应力与应变的平衡，并随时限制了相应反应切应力的增长。因此，β 取向线可以穿越高低$|\varepsilon_{23}^{p}/\varepsilon_{33}^{p}|$值区[图 4.5(c)]，甚至滞留于高$|\varepsilon_{31}^{p}/\varepsilon_{33}^{p}|$值区[图 4.5(d)]。这一现象与人们早期的认知相符(3.3.2 小节)。

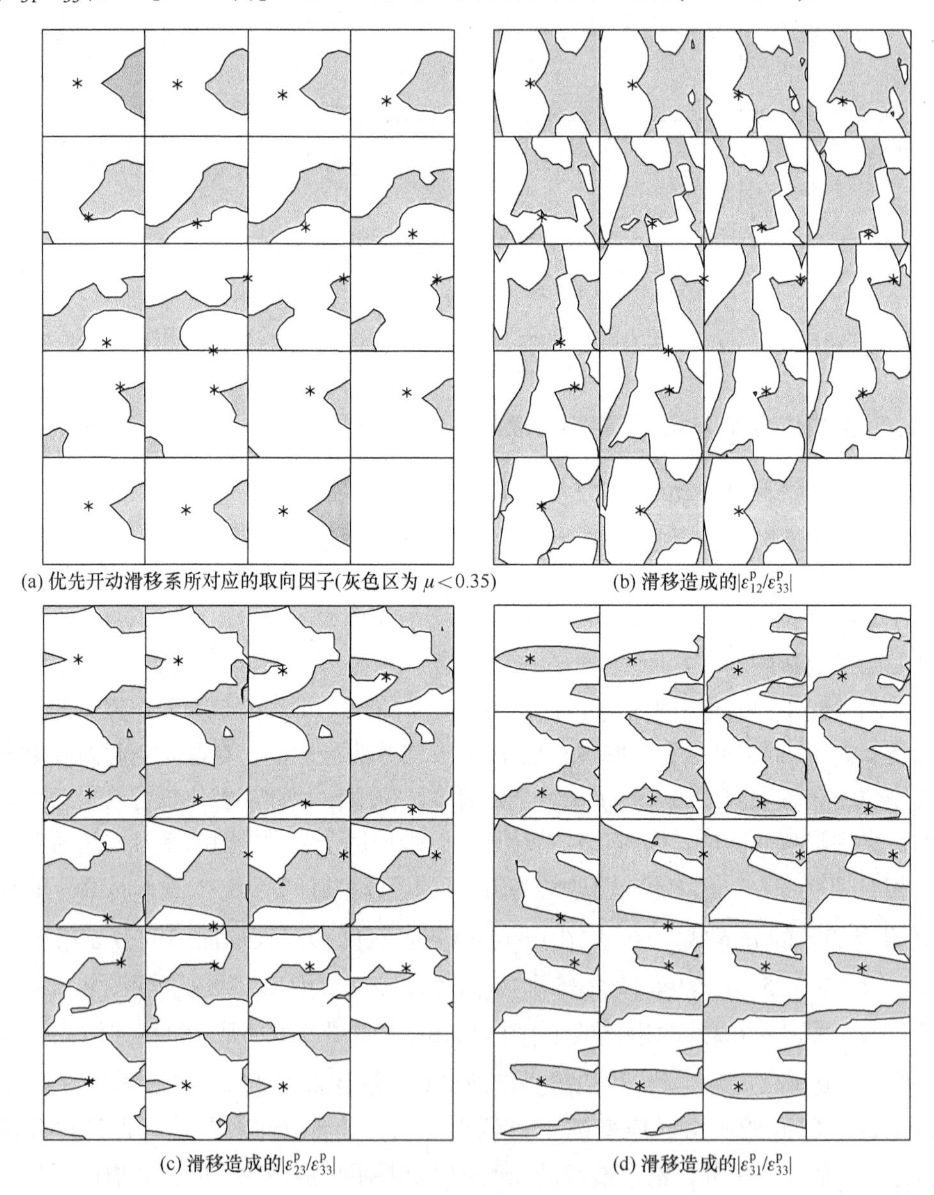

(a) 优先开动滑移系所对应的取向因子(灰色区为 $\mu<0.35$)　(b) 滑移造成的$|\varepsilon_{12}^{p}/\varepsilon_{33}^{p}|$

(c) 滑移造成的$|\varepsilon_{23}^{p}/\varepsilon_{33}^{p}|$　(d) 滑移造成的$|\varepsilon_{31}^{p}/\varepsilon_{33}^{p}|$

图 4.5　取向空间(等φ_2截面图)内 95%冷轧铝板 β 取向线(*号)的滑移系取向因子及产生切应变倾向

(b)～(d)中的灰色区为$|\varepsilon_{ij}^{p}/\varepsilon_{33}^{p}|>0.35$ 区

4.1.5　反应应力理论中的随机织构效应

从图 4.6 的无间隙原子钢变形结构中可以观察到变形晶粒内滑移系贯穿晶粒的痕迹以及一些未贯穿晶粒的滑移系痕迹[9]。未贯穿晶粒的滑移痕迹大多靠近晶界附近，呈非均匀分布。实际上，塑性变形系贯穿晶粒开动及未贯穿晶粒开动的行为是金属多晶体塑性变形的常规行为。这种行为在图 2.10、图 2.11、图 2.12、图 3.25、图 3.26 等大量变形组织中都可以观察到。因此，为了更好地反映金属塑性变形的实际，不应该从理论上认为金属塑性变形晶体学行为中只有贯穿晶粒且均匀分布的塑性变形系开动。上述理论分析和探讨显示，反应应力理论中设定的反应应力上限系数 α_{ij} 反映了造成塑性变形系非均匀局部开动的反应应力所能达到的水平。一般来说，上限系数 α_{ij} 越大，变形过程中可能产生的反应应力越大；这一方面会影响贯穿性塑性变形系的开动选择，另一方面也会促进靠近晶界区域的非贯穿性塑性变形系的活跃开动。此时，晶粒间的应力与应变的协调主要靠调整所开动的贯穿性滑移系来实现。即使在上限系数 α_{ij} 设定很小的情况也不意味着反应应力很小，而是说明相应反应应力对贯穿性塑性变形系开动的影响较小，同时也说明反应应力更频繁地作用于非贯穿性塑性变形系的开动，以协调晶粒间应力和应变的平衡与连续。在多晶体各变形晶粒整体的主应变与多晶体宏观大体保持一致的前提下，非贯穿性塑性变形系大多在靠近晶界部位频繁开动，导致各晶粒正应变分量少许的差异及各切应变较明显的差异，进

(a) 微观组织

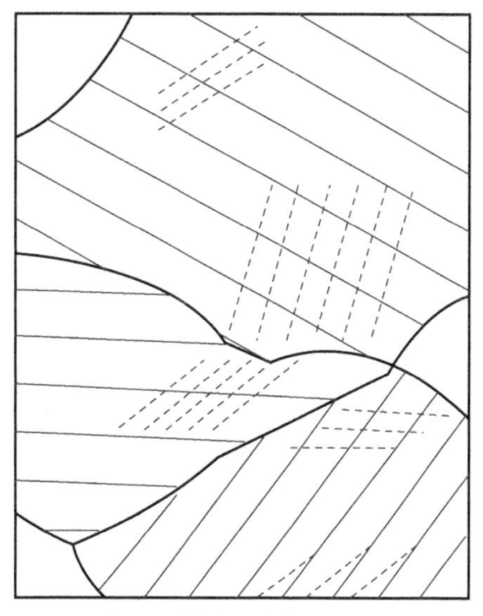

(b) 贯穿性滑移痕迹(平行实线)与非贯穿性滑移痕迹(平行虚线)[9]

图 4.6　无间隙原子钢压缩变形晶粒内贯穿性滑移与非贯穿性滑移分析

而使应变从一个晶粒以连续演变的形式过渡到相邻的另一个晶粒，并贯穿整个多晶体。同时由外应力和反应应力组合而成的应力状态也会以类似的方式从一个晶粒过渡到相邻的另一个晶粒。在晶粒中心、靠近晶界、跨越晶界等各处应力和应变张量始终是变化的，可以在晶界处出现转折，但始终保持连续(图 2.2)。由此，变形多晶体内实现了应力、应变自然的起伏连续，而不是泰勒原则所设定的所有晶粒的应变单调恒定、非起伏、强制性的连续。在以泰勒原则为基础的现代理论对部分晶粒计算出的应变乃至应力的连续也难免与金属多晶体的实际情况有所出入。

然而，应力和应变在跨越晶界时的连续状况除了受众多复杂因素影响外，主要还受相邻两晶粒的取向、次近邻晶粒的取向、晶界面的法向方位和曲率等复杂因素的影响，且可能出现的具体情况有无穷多种，难以逐一进行分析与计算。因此，反应应力理论只是模拟贯穿性塑性变形系的开动及其对取向演变的影响，并没有具体涉及非贯穿性塑性变形系开动会造成怎样的局部应力和应变的过渡。但是，正由于影响因素众多、复杂、难以量化、不确定等，这里可以做适当随机统计的处理。塑性变形系贯穿性开动的规律明显，可准确计算取向变化；非贯穿性的开动难以掌握规律，随机性强，造成的局部取向变化也呈随机性，因此塑性变形系非贯穿性开动应该会造成变形织构中出现随机织构组分。人们在借助变形晶体学理论模拟变形织构时，往往会遭遇理论计算的织构明显锋锐于实测织构；其中一个重要原因就在于基于泰勒原则的理论计算中通常并不太涉及晶界区的起伏过渡和塑性变形系非贯穿开动，不太涉及变形也会造成随机织构的分析。因此，引入塑性变形系的非贯穿开动不仅与事实相符，而且引入随机织构组分可使模拟计算更接近金属变形的实际。

以上的分析及模拟计算实践证明，反应应力上限系数α_{ij}通常不会达到其最大值 1，而且不仅α_{12}、α_{23}、α_{31}、α_{22}等各值会有差异，不同金属多晶体的α_{ij}值也可能各不相同。当变形晶粒具有明显弹性各向异性时，高的剪切模量会使相应切应变$\varepsilon_{ij}^{\mathrm{p}}$造成的反应切应力快速积累，低的剪切模量会使相应反应切应力积累较慢。因此，不同金属多晶体不同的上限系数α_{ij}设置可以一定程度地反映出变形晶粒的弹性各向异性特征，即把晶粒的弹性各向异性问题一定程度转换为不同α_{ij}值的设定，由此α_{ij}就掺入了晶粒弹性各向异性的影响。弹性各向异性晶体在正交对称的外载荷下变形，所形成具有正交对称性织构的基体通常也趋向于弹性各向同性，这种情况有利于反应应力理论直接处理弹性各向异性金属的塑性变形问题。当然，在式(3.35)中将各向同性弹性常数换成随取向变化的各向异性弹性函数，也可以用于弹性各向异性金属的模拟计算，只是相应过程会变得复杂。

以上针对金属多晶体塑性变形过程建立了反应应力理论最基本的框架。在这个框架下可以探索和研究不同种类金属多晶体以及不同塑性变形方式的晶体学过程。其中还涉及许多针对不同特定变形晶体学过程的理论细节，需要进一步充实和拓展，因此这个理论远不是一个完善的理论。同时，反应应力理论也是一个非常开放的体系或平台，任何人都可以添加自己的改进或发展自己的设想。反应应力理论的核心是放弃在理论上存在偏差、又不符合金属实际塑性变形行为的泰勒原则，以简洁、直观、符合晶体学基本理论和实践的方式处理金属塑性变形问题。下面举出一些实例，展示对塑性变形的反应应力理论在不同方面根据实验室数据所做的一些充实和完善的初步尝试，当涉及真实工业生产实践时还需要仔细分析多晶体变形的工程条件和参数，以便借助细致的优化、调整、完善，达到工业应用的目标。

4.2　单一类型滑移系开动和铝的塑性变形晶体学

铝是广泛应用的工程材料，铝晶体近似弹性各向同性(表 4.1)，属于高层错能面心立方金属，塑性变形过程中通常不会有孪生出现，且只存在{111}<110>这一种类型的滑移系，模拟其塑性变形过程特别适合用来检验反应应力理论的适用性。

4.2.1　无初始织构铝板的轧制织构模拟

将工业纯铝锭沿互相垂直的三个方向依次做 25%的压缩变形，两次循环压缩后做 500℃ 10 min 中间退火，然后再沿互相垂直的三个方向依次做 25%、15%、10%、5%递减压缩变形量的循环压缩变形和 500℃ 15 min 的最终退火，退火后平均晶粒尺寸约为 100 μm，且获得了对退火铝板来说较弱的织构(图 4.7)。将该铝样品分别做 30%、50%、70%、88%和 95%的冷轧变形，所获得轧制织构的 β、α 取向线分析如图 1.29(b)～(d)所示；其取向分布函数的$\varphi_2 = 45°$和$\varphi_2 - 65°$截面图如图 4.8(a)所示[11]。

借助反应应力理论对工业纯铝冷轧织构模拟时，需先设定各上限系数α_{ij}。实际上α_{ij}有可能在轧制变形过程中逐渐变化。从宏观统计的角度出发，在这里暂且认为α_{ij}值在轧制变形过程中保持恒定不变，并根据前面的探讨分析，分别设定：$\alpha_{12} = 0.72$、$\alpha_{23} = \alpha_{31} = 0$、$\alpha_{22} = 0.04$。根据式(4.3)和式(2.53)，对位错平均间距 d 有

$$d = \frac{Eb}{(1+\nu)\sigma_y} = \frac{2Gb}{\sigma_y} = \frac{2Gb}{\sigma_s} \frac{1}{1+\left(\frac{\sigma_b}{\sigma_s}-1\right)\left(\frac{\varepsilon^p}{\varepsilon_b^p}\right)^{1/n}} \tag{4.5}$$

如此可以用工程上常见的初始屈服强度和抗拉强度来推算位错平均间距 d，以便避免使用难以准确获知的位错密度。设式(4.5)中达到抗拉强度的应变 $\varepsilon_{\mathrm{b}}^{\mathrm{p}}$ 为−4.0，ε^{p} 即为轧制变形沿板法向的正应变 $\varepsilon_{33}^{\mathrm{p}}$，涉及变形加工硬化的参数 $1/n$ 设为 1/8。将式(4.5)代入式(4.2)中，其中 $R = 1$。对于工业纯铝约有：$\sigma_{\mathrm{s}} = 20$ MPa、$\sigma_{\mathrm{b}} = 50$ MPa、$G = 25.9$ GPa、$b = 0.2863$ nm。以前述 936 个均匀分布的取向用作模拟计算的起点，为确保滑移系能充分交替开动以确保合理的多系滑移，模拟计算过程仍采用较小的步长 $\Delta\varepsilon_{33}^{\mathrm{p}} = 0.001$。塑性变形过程中的随机织构会随变形而发生变化，为简便起见，这里统一设定模拟织构中的随机织构组分始终为 10%。

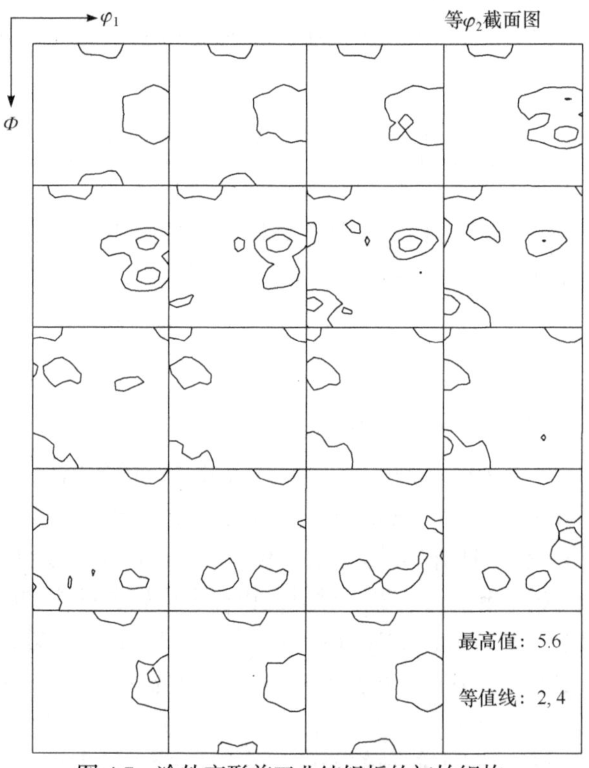

图 4.7　冷轧变形前工业纯铝板的初始织构

图 4.8(b)给出了反应应力理论基于上述参数而得到的模拟计算织构。结果显示出与实测织构非常相似[与图 4.8(a)对比]。其中，$\varphi_2 = 45°$截面图上铜型织构、黄铜织构，$\varphi_2 = 65°$截面图上 S 织构等织构组分的中心位置以及各织构组分的峰值密度都与实测值非常接近，说明反应应力理论确实能够再现乃至预测冷轧铝板的织构形成过程。图 4.9 是基于反应应力理论的模拟结果对铝板织构所做的取向线分析，以便综合观察变形织构的演变过程。与图 1.29 对比，可以认为，反应应力理论模拟计算的结果大体再现了真实织构演变的主要特征。

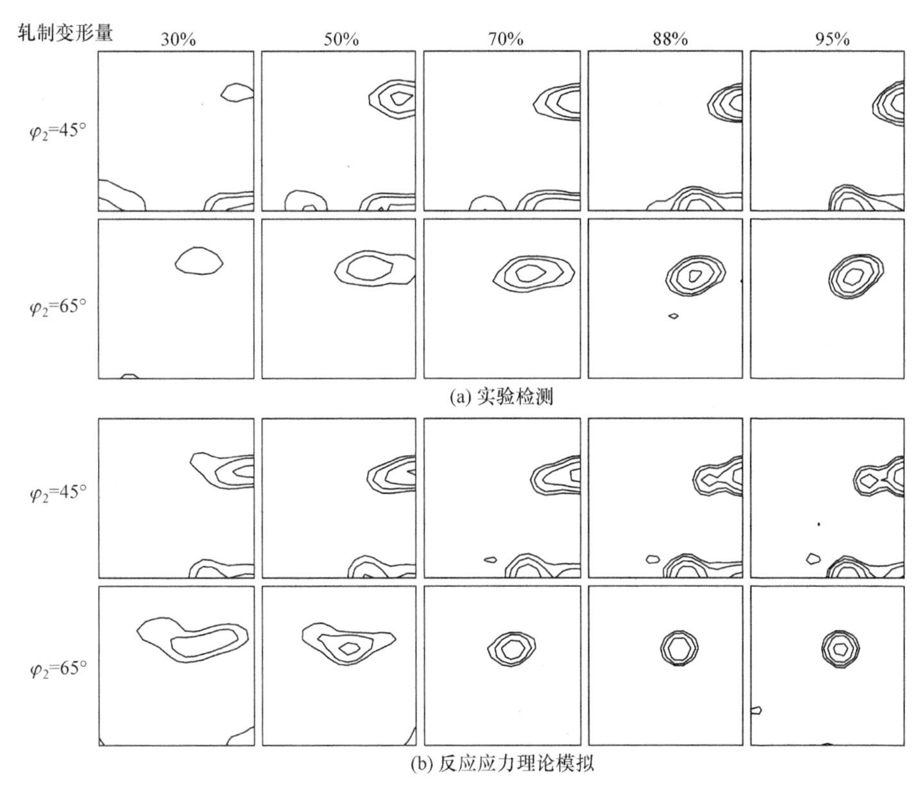

图 4.8　冷轧工业纯铝板织构(等值线水平：2, 4, 8, 16)

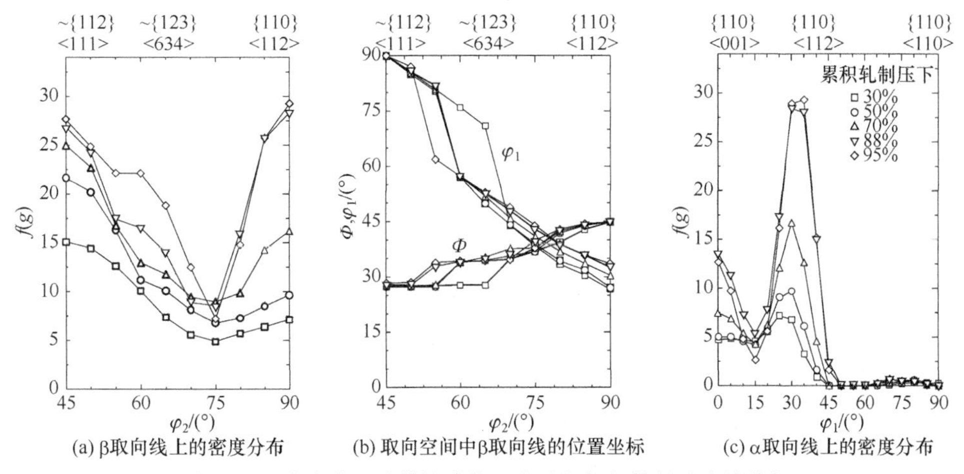

图 4.9　反应应力理论模拟冷轧工业纯铝板织构的取向线分析

观察图 4.7 可以发现，变形前铝板并不是完全没有织构，较弱的初始织构也会对变形后取向的分布和织构的形成有所影响(图 3.20)。在以反应应力理论进行模拟计算之前有许多模拟参数需要确定，且需要不断调整，甚至其中许多参数在变形过程中是变化的函数，这些模拟参数尚存在进一步优化的空间。另外，反应应力理论本身也有待进一步完善。这些因素都会对理论模拟计算结果的准确性和细节精度产生影响。但迄今的结果显示，反应应力理论确实具备理论拓展和实际应用的空间。对各种模拟参数的分析和确定过程也是对金属塑性变形机制的探索和了解过程。从实际应用角度考虑，经实验数据验证确认的模拟参数可以用于同类材料相同变形条件下的织构预测和变形晶体学认定。对有关理论深入改进的工作涉及相关的科学研究，这里不再进一步深入探讨。

4.2.2　冷轧铝板中潜在影响再结晶的变形亚结构

当外载荷作用于金属多晶体时，无论是否发生塑性变形都会在多晶体基体内引起弹性应力和弹性应变。变形试样发生的塑性应变会在去除外载荷后保留下来，而外载荷引起的宏观弹性应力和应变会自动消失。但是，塑性变形过程中各晶粒之间微观交互作用引起的弹性应力和应变仍会保留下来，不会因为去除外载荷而消失。因此，塑性变形结束后变形基体内除了出现常规的主要因位错密度提升而形成的储存能外，还会额外存在一部分因不同取向晶粒交互作用而产生的弹性应变能。塑性变形过程中多晶体体积不变，当外载荷被去除后对变形过程产生的各反应应力分量有$\sigma_{33}=0$和$\sigma_{11}=-\sigma_{22}$。因此，根据弹性理论和残留的反应应力可以计算出晶界区域晶粒间交互作用导致的残留弹性应变能W为[12]

$$W=\frac{1}{2G}(\sigma_{12}^2+\sigma_{23}^2+\sigma_{31}^2+\sigma_{22}^2) \tag{4.6}$$

式中，$G=26$ GPa 为纯铝的剪切模量。

根据反应应力理论模拟计算出的冷轧铝板各晶粒的取向及其所形成的织构主要组分，轧制变形生成了铜型织构{112}<111>、黄铜织构{110}<112>和 S 织构{123}<634>。设同一织构组分内把位于峰值取向位置周围偏离 5°范围内的取向都看作是属于该织构的取向[11]，95%的轧制变形模拟计算显示，当反应应力上限系数设定为$\alpha_{12}=0.8$、$\alpha_{23}=\alpha_{31}=0$、$\alpha_{22}=1$时，变形基体内会残留少量稳定的立方取向{100}<001>亚结构[11]。在反应应力理论的模拟过程中，当轧制变形量达到某一特定值时可输出不同取向晶粒即时的反应应力σ_{12}、σ_{23}、σ_{31}、σ_{22}等，再根据式(4.6)计算属于各主要织构组分不同取向晶粒因晶粒间微观反应应力造成的残留弹性应变能。图 4.10 即为模拟计算至不同变形量时获得的不同织构的平均残留弹性应变能[11]。可以看到，在相同模拟参数下，不同取向晶粒所保留的弹性应变能会有显著差异。黄铜织构{110}<112>展示出非常高的弹性应变能，而铜型织构{112}<111>和 S 织构{123}<634>的弹性应变能则很低。塑性变形过程中反应应力理论涉及的各种变形参数在多晶体各部位很难始终保持一致，难免会出现如上使立方取向{100}<001>亚结构稳定的参数条件，由此计算出来的立方取向的残留弹性应变能也非常低(图 4.10)。

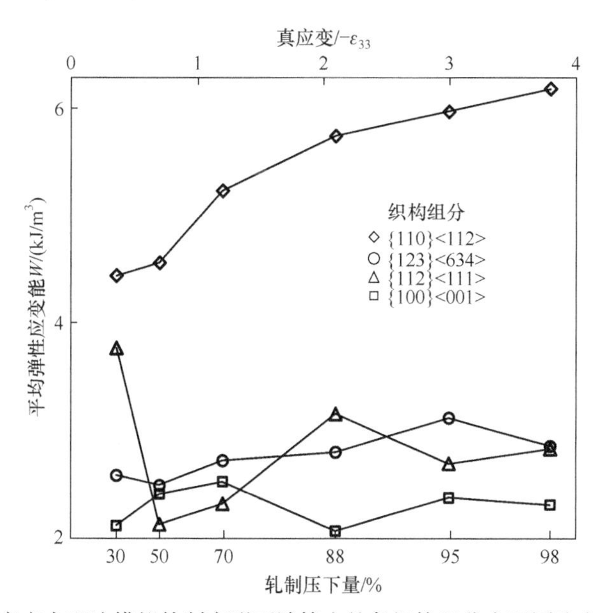

图 4.10　基于反应应力理论模拟轧制变形而计算出的各织构组分内不同取向铝晶粒因晶粒间微观力学交互作用而在不同变形量下所残留弹性应变能的平均值

冷轧变形多晶体铝基体内储存能通常会达到 2000 kJ/m^3 的水平，经回复处理后会降低到约 300 kJ/m^3[6]。与之对照，图 4.10 所示的残留弹性应变能要低 2 个数量级。但是，在冷变形之后的热处理过程中不同取向变形晶粒高低不同的残留弹性应变能仍可能发挥一定作用。冷轧铝板在再结晶退火中通常会形成立方织构{100}<001>。一般来说，特定立方取向再结晶核应事先存在于变形基体内，然后才会借助快速长大而形成立方织构[13]。反应应力理论证明，轧制过程中晶粒间的反应应力可以使立方亚结构获得一定的稳定性，并保持稳定至冷轧完成[11]。现有的研究显示，变形金属中如果存在立方亚结构，其内位错密度会比较低，因而可以优先转变成再结晶核[14]。在这里，反应应力理论也证实，立方取向亚结构周围的残留弹性应变能很低(图 4.10)，因此会增强其结构稳定性，容易在再结晶之前的回复过程中转变成潜在的再结晶核。

选两块工业纯铝板做 95%冷轧变形，两轧制样品分别命名为 Q 和 W；随后对两样品在盐浴炉中做 200℃ 10 min 回复退火，其间未发生再结晶行为。图 4.11

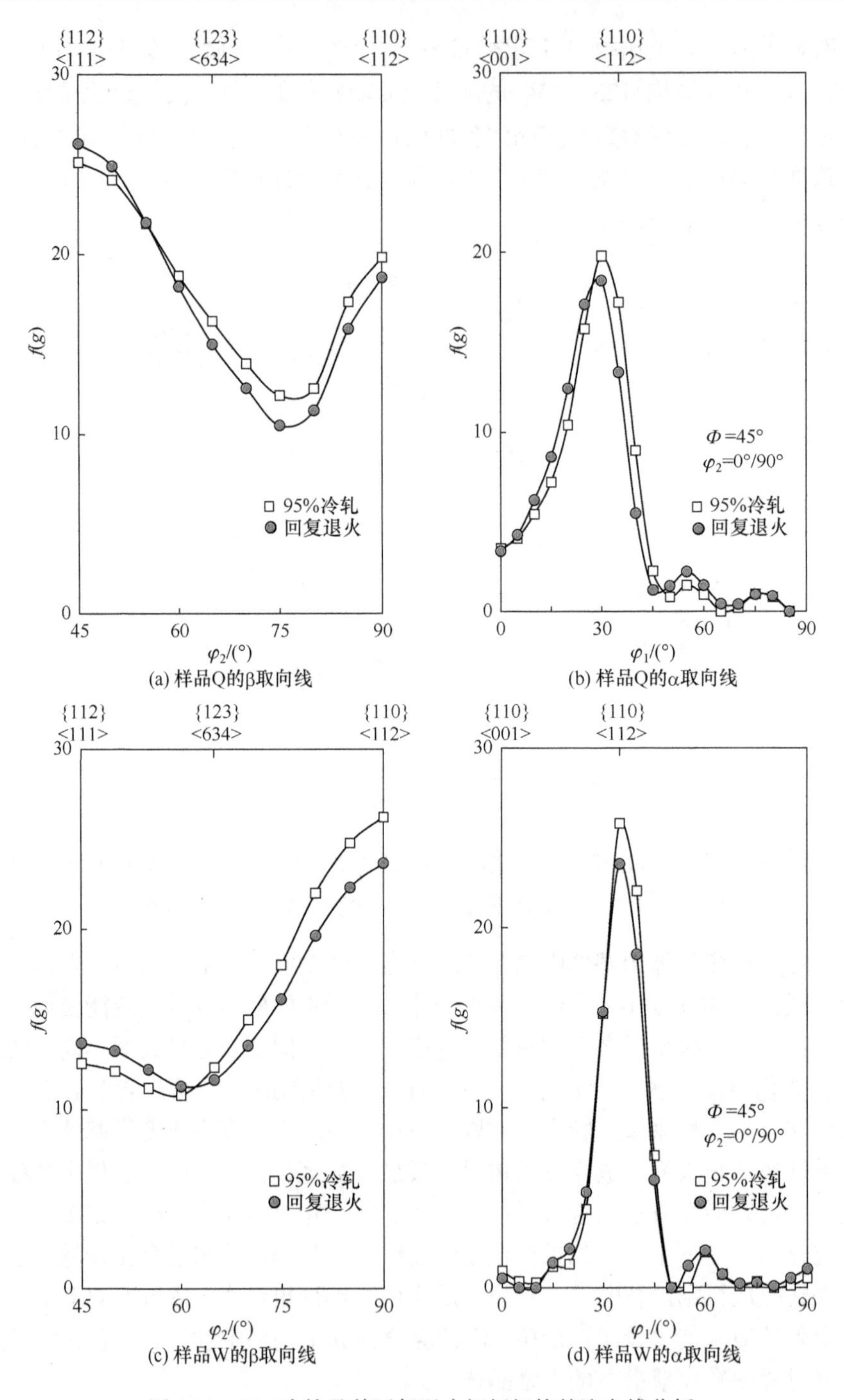

(a) 样品Q的β取向线　(b) 样品Q的α取向线

(c) 样品W的β取向线　(d) 样品W的α取向线

图 4.11　95%冷轧及其回复退火铝板织构的取向线分析

给出两轧板回复退火前后取向分布函数的取向线分析。冷轧后两样品均获得沿 β 取向线分布的铜型{112}<111>、S{123}<634>和黄铜{110}<112>织构[图 4.11(a)、(c)]，其中样品 Q 中的铜型织构比较强，而样品 W 中则黄铜织构比较强。回复退火没有造成轧制织构类型的明显变化，但沿取向线的取向分布密度有所变化，表现为回复使两样品中铜型织构变得略强，而黄铜织构变得略弱。图 4.11(b)、(d)显示，黄铜织构的密度峰降低，并沿 α 取向线向戈斯{110}<001>取向迁移。这一现象应该与冷轧变形后各织构残留的弹性应变能有关(图 4.10)。

多系滑移并没有在铜型织构形成过程中积累起高的反应应力(图 4.10)，因此在回复后随着储存能和点阵扭曲的减少，铜型织构变得更强、更锋锐。然而，在同样基于反应应力理论的模拟过程中黄铜织构却积累起很高的反应应力(图 4.10)，且许多取向沿 α 取向线迁移到黄铜取向[15-17]。可以发现，黄铜织构不具备铜型织构那样的稳定性。在回复过程中一些晶粒取向自黄铜取向沿 α 取向线反向迁移，向它们在变形时迁移过来的方向回迁[图 4.11(b)、(d)]，借此释放在变形时较多积累的一部分弹性应变能。由此可见，变形取向与弹性应变能的内在联系会影响相关取向的回复行为，并有可能扩展到在后续再结晶过程中对形核和晶粒长大行为的影响。

4.2.3　铝板不均匀轧制织构

铝属于强度比较低、变形抗力也比较低而塑性良好的轻金属。为了提高加工效率、降低生产成本，许多铝加工企业会在生产板材时利用铝塑性好、变形抗力低的特点加大每轧制道次的压下率，促使以较少的轧制道次就可以把板材轧制到所需的厚度。然而，加大轧制压下率，需要板材承受更大的表面摩擦力和更大的外来切应力 σ_{31}，因而加大了图 2.16 所示的变形应力沿轧面法线分布的差异性、图 2.15 所示应变分布的不均匀性，并导致沿轧板厚度方向织构的不均匀，以及表面剪切织构的生成。不均匀织构是指从轧板中心到轧板表层的织构会逐渐变化，使中心层与表层的织构出现明显偏差，其中中心层大体保持正常的轧制织构，而表层则以剪切织构为主。铝板正常轧制织构主要涉及戈斯{110}<001>、黄铜{110}<112>、铜型{112}<111>、S{123}<634>等织构组分，如图 3.17(a)所示。剪切织构主要由旋转立方{100}<001>织构和{111}面平行于轧面的面织构组成，包括{111}<110>、{111}<112>等，不包含正常的轧制织构组分。

为描述织构沿轧板法向逐渐变化的规律，工程上通常采用 s 值表示从轧板表层到轧板中心层的不同部位，且有

$$s = \frac{d - 2t}{d} \tag{4.7}$$

式中，d 为轧板厚度；$t \leqslant d/2$ 为所观察部位到轧板表面的距离。轧板中心有 $s = 0$，轧板表面有 $s = 1$[7]。将无明显初始织构的工业纯铝板分别以约 44%、50%、55% 的大道次压下率做三道次轧制，总轧制变形量为 87%[18]。图 4.12(a)和(b)给出了该轧板靠近中心层($s = 0.19$)比较正常的轧制织构，以及靠近表层($s = 0.94$)的剪切织构，两者的差异非常明显。一些铝板产品性能对织构并不敏感，可借助高效轧制的方法生产；而有些铝板产品的性能或质量对轧板织构很敏感，因此需要在确保能合理控制轧制织构的技术前提下提高轧制加工的生产效率。相关的技术基础就在于能够模拟并预测剪切织构，探索其出现及演变的规律和力学条件。

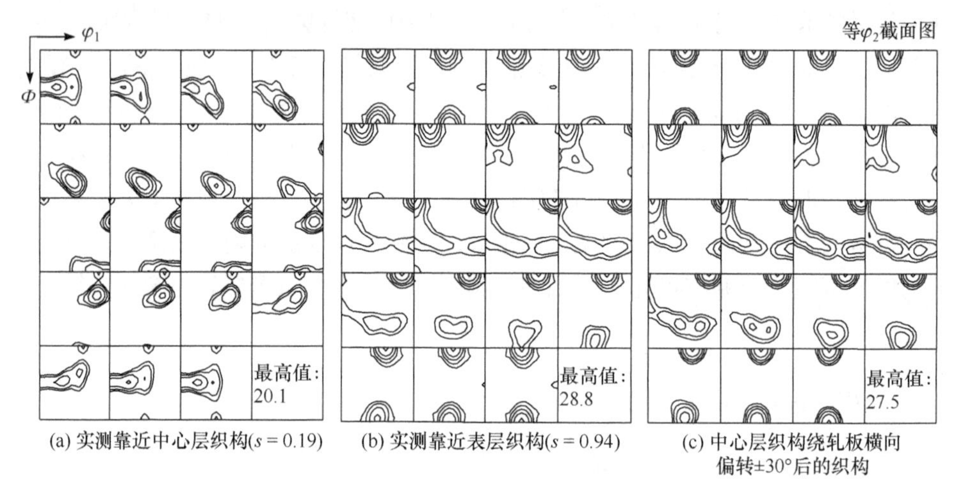

(a) 实测靠近中心层织构($s = 0.19$)　(b) 实测靠近表层织构($s = 0.94$)　(c) 中心层织构绕轧板横向偏转±30°后的织构

图 4.12　以大道次压下加工冷轧铝板织构(密度水平：1.5, 3, 6, 12, 24)

从图 4.12(a)所示中心层织构到图 4.12(b)所示表层织构是逐渐过渡过来的。图 4.13 以 $\varphi_1 = 90°$、$\varphi_2 = 45°$取向线的方式[图 1.24 和图 1.27(a)]展示了不均匀织构沿轧板厚度方向的不断演变，表现为从中心层至表层随 s 值升高，正常冷轧{112}<111>和{110}<001>织构逐渐减弱、消失，而{001}<110>以及{111}<112>剪切织构逐渐增强；在表层和中心层之间正常轧制织构和剪切织构处于混合在一起的状态[7]。正常织构{112}<111>、{110}<001>与剪切织构{001}<110>、{111}<112>之间的取向关系类似于绕轧板横向互相发生了约±30°的偏转。

大道次压下率的轧制变形及表面剪切力的增强会导致轧制主应力状态绕轧板横向偏转，如图 2.17 所示。这种关系说明，如果绕轧板横向偏转适当的角度后观察大道次压下率的轧板，其表面的织构可能就变成了正常的轧制织构。由此可以尝试绕轧板横向旋转轧板中心层正常织构，观察旋转结果与表面剪切织构的关系。考虑到轧制过程前滑区、后滑区的附加切应力相反会导致织构向两个方向旋转及后滑区较长的特征(图 2.16)，将图 4.12(a)所示铝板中心附近 $s = 0.19$ 处正常的{112}<111>、{123}<634>、{110}<112>、{110}<001>等织构组分的 75%绕横向(后滑)转−30°(如{112}<111>转至{001}<110>附近)，将其 25%绕横向(前滑)转+30°(如{112}<111>转至{111}<112>附近)。然后根据这些转动的正态分布织构组分[19]可计算出相应的取向分布函数，如图 4.12(c)所示[18]。与图 4.12(b)的实测表层织构对比可见二者非常一致，表明了正常织构与剪切织构相互偏转的上述内在联系。只有从理论上合理阐述这种内在联系，才有可能为调整和控制剪切织构的出现提供理论支撑。

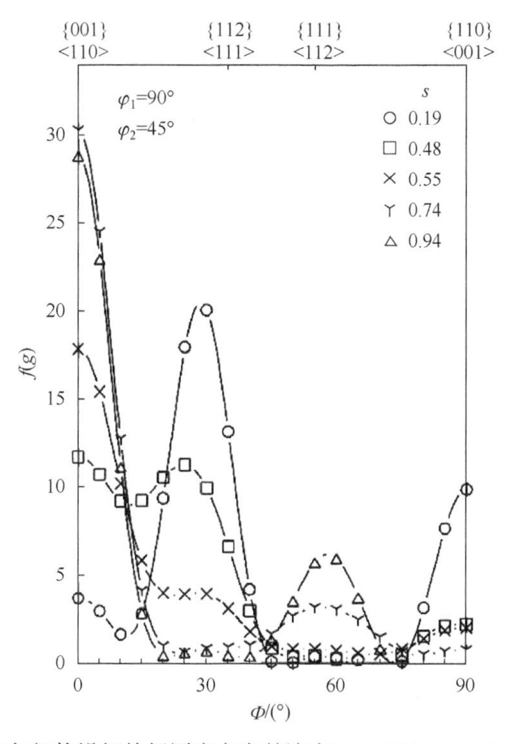

图 4.13　不均匀织构沿铝轧板厚度方向的演变($\varphi_1 = 90°$、$\varphi_2 = 45°$取向线分析)

如上所述，大道次压下产生的表面剪切应力 τ [图 4.14(a)]使主应力状态绕轧板横向偏转一个角度θ [图 4.14(b)][20]。这导致式(3.35)所示的轧制外应力状态中出现了切应力σ_{31}，即表现为[10]

$$[\sigma_{ij}]_{\text{ext}} = \begin{bmatrix} \sigma_{11} = -\sigma_{33} & 0 & \sigma_{13} \\ 0 & 0 & 0 \\ \sigma_{31} & 0 & \sigma_{33} \end{bmatrix} = \sigma_{\text{y}} \begin{bmatrix} \dfrac{1}{2\cos 2\theta(1+\tan^2 2\theta)} & 0 & \dfrac{\tan 2\theta}{2\cos 2\theta(1+\tan^2 2\theta)} \\ 0 & 0 & 0 \\ \dfrac{\tan 2\theta}{2\cos 2\theta(1+\tan^2 2\theta)} & 0 & \dfrac{-1}{2\cos 2\theta(1+\tan^2 2\theta)} \end{bmatrix} \tag{4.8}$$

当$\theta=0$时，式(4.8)所示的轧制外应力状态与正常状态一致[式(3.35)第1项]。当θ很小时，铝板形成的轧制织构与正常织构没有明显区别，而θ增加到一定程度时则会明显改变所生成的轧制织构。由图4.14(a)可以看出，增加道次压下可以明显提高θ角，且θ值在辊缝入口处应最高，在辊缝出口处则基本为0；轧板在辊缝的流动过程也是θ角逐渐降低的过程。设一个道次的变形过程中随道次压下真应变$\Delta\varepsilon_p$从0至ε_p变化时的θ角为

$$\theta=\theta_0\left[1-\left(\frac{\Delta\varepsilon_p}{\varepsilon_p}\right)^m\right]^q \tag{4.9}$$

式中，m和q为控制θ角降低速率的参数；θ_0为轧缝入口处的θ角。分析显示[20]，提高m值有利于提高接近辊缝出口处的θ角，降低q值有利于提高接近辊缝入口处的θ角。模拟计算表明，辊缝中θ角整体较高时才可获得合理的表面剪切织构，而且轧板进入辊缝后滑区所产生的表面切应力始终占据统治地位，随后的前滑区对剪切织构没有明显影响[20]。

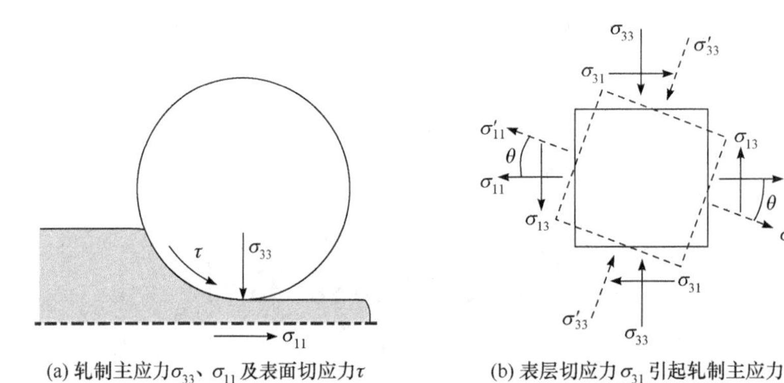

(a) 轧制主应力σ_{33}、σ_{11}及表面切应力τ

(b) 表层切应力σ_{31}引起轧制主应力状态绕轧板横向的偏转θ

图4.14　大道次压下率导致轧制主应力状态绕轧板横向的偏转

大道次压下时高的应变速率不仅使轧板沿轧向流动，而且会产生很大的沿横向流动的倾向，由此会引起晶粒间很大的横向反应正应力，即导致很大的上限系数α_{22}；同时其他α_{ij}也会增大，但α_{31}会被外部很大的σ_{31}掩盖，不再对滑移系开动产生重要影响。同时，大压下率对晶粒取向在正常轧制时的流动产生严重干扰，流动方向大幅波动，因而增大了随机织构的含量。大压下率和表层的外切应力会引发晶粒间更大的反应应力，导致非贯穿滑移涉及更大的范围，因而会进一步增大随机织构含量。经反复尝试，对中心层可选择反应应力理论的模拟参数为$\alpha_{12}=0.73$、$\alpha_{23}=0.02$、$\alpha_{31}=0$、$\alpha_{22}=0.08$、$\theta_0=0°$，随机织构含量为35%；对表层织构有$\alpha_{12}=0.9$、$\alpha_{23}=0.9$、$\alpha_{31}=0$、$\alpha_{22}=1$、$\theta_0=42°$、$m=5$、$q=1/6$，随机织构含量

为 50%[20]。图 4.15 给出了实测织构和模拟织构截面图的对比，可以看出反应应力理论大致可以再现不均匀织构的形成及其主要特征。目前，还无法定量计算或确认模拟织构中的随机织构应有的比例及一些其他模拟参数，只是根据实测织构进行推断，因此相关理论还有待于进一步研究。表层剪切织构的形成需要较高的反应应力上限系数α_{ij}，因此反应应力理论预测的表层剪切织构会保持较高的残留弹性应变能，并对后续可能的再结晶过程产生影响。

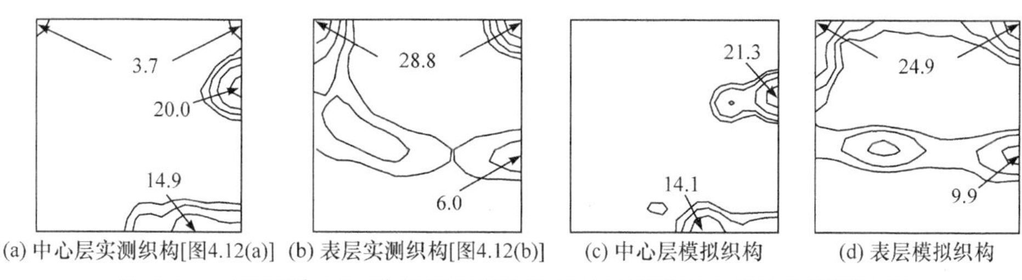

(a) 中心层实测织构[图4.12(a)]　(b) 表层实测织构[图4.12(b)]　(c) 中心层模拟织构　(d) 表层模拟织构

图 4.15　大压下率 87%冷轧铝板织构及其基于反应应力理论的模拟计算

$\varphi_2 = 45°$截面图，密度水平：2, 4, 8, 16

4.3　多种类型塑性变形系复合开动和多种立方金属的塑性变形晶体学

4.3.1　多种类型滑移系复合开动和低碳钢的塑性变形晶体学

低碳钢是常见的、具有体心立方结构的铁基合金。低碳钢的塑性变形晶体学机制虽然仍以滑移系为主，但其滑移系的类型不再单一。一般来说，体心立方金属滑移系的滑移方向是确定的，通常其滑移矢量平行于晶体的<111>方向，但可以有多种滑移面，包括{110}、{112}、{123}等晶体学平面。由此可构成{110}<111>、{112}<111>、{123}<111>等多种类型的滑移系，使其变形晶体学行为变得复杂。由 2.4.4 小节的介绍可知，{123}<111>滑移可以拆解成由{110}<111>和{112}<111>适当组合而成的滑移，因此从晶体学角度出发可以不必单独考虑{123}<111>滑移的存在。尤其在反应应力理论的模拟计算中模拟的步长都非常细小，只要符合在外应力和反应应力复合作用下开动的力学条件，反应应力理论可以为任何多个滑移系组合而成的多系滑移提供充分的组合机会。同时，{110}<111>和{112}<111>的适当组合也可以形成任何{*hkl*}<111>滑移系的滑移。因此，在体心立方金属的塑性变形晶体学理论中可以只考虑{110}<111>和{112}<111>滑移系。另外，许多体心立方金属虽具有显著的弹性各向异性特征(表 4.1)，反应应力理论基于晶体正交对称性造成的变形基体弹性各向同性倾向，仍把变形基体看作是各向同性的。同时，尝试借助调整反应应力上限系数α_{ij}来协调变形晶粒的弹性各向异性及相应的反应应力各向异性。

一般认为，体心立方金属中{110}<111>滑移系的临界分切应力最低，因此{110}<111>是最容易开动、最活跃的滑移系[21]。可以把{110}<111>与{112}<111>滑移系的临界分切应力之比 $\tau_{c\{110\}}/\tau_{c\{112\}}$确定为 0.95∶1，即后者略高[22]。参照式(2.55)，在计算{110}<111>滑移系取向因子不变的情况下可以把{112}<111>滑移系的有效取向因子 $\mu_{y\{112\}}$ 确定为

$$\mu_{y\{112\}}=\frac{\tau_{c\{110\}}}{\tau_{c\{112\}}}\mu_{\{112\}}=0.95\mu_{\{112\}} \tag{4.10}$$

如果考虑变形过程中{110}<111>与{112}<111>两种类型滑移系有不同的加工硬化效率，则可以把式(2.55)具体形式改为计算{112}<111>滑移系相对于{110}<111>滑移系流变取向因子 $\mu_{y\{112\}}$ 的形式：

$$\mu_{y\{112\}}=\frac{\tau_{cy\{110\}}}{\tau_{cy\{112\}}}\mu_{\{112\}}=\frac{0.95}{\left[1-\Delta\mu\left(\frac{-\varepsilon_{33}}{\varepsilon_{b}}\right)^{\frac{1}{4}}\right]}\mu_{\{112\}} \tag{4.11}$$

式中，$\Delta\mu$ 为{112}<111>滑移系相对于{110}<111>滑移系的取向因子加工硬化增量，这里设 $\varepsilon_b=3$ 为 $\Delta\mu$ 发挥作用的极限真应变。如果 $\Delta\mu=0$，式(4.11)就变成了加工硬化不影响两类滑移系有效取向因子的式(4.10)。$\Delta\mu>0$ 或 $\Delta\mu<0$ 分别表示随变形量增加{112}<111>滑移系的流变临界分切应力 $\tau_{cy\{112\}}$的增长速率低于或高于{110}<111>滑移系的 $\tau_{cy\{110\}}$。因此，如果 $\Delta\mu>0$，就表明{112}<111>滑移系会越来越活跃。

图 4.16(a)～(c)给出低碳钢板冷轧 55%、78%、92%的实测织构，结果显示轧制变形使钢板中出现了常规的{100}<011>、{111}<110>、{111}<112>等主要冷轧织构组分(参见 1.3.2 小节及图 1.30)。采用反应应力理论模拟织构时，经优化的模拟参数为$\alpha_{12}=0.8$、$\alpha_{23}=\alpha_{31}=0$、$\alpha_{22}=0.12$；相关参数有$\sigma_s=107$ MPa、$\sigma_b=305$ MPa、$G=82$ GPa、$b=0.24824$ nm，{110}<111>与{112}<111>滑移系的临界分切应力之比 $\tau_{c\{110\}}/\tau_{c\{112\}}$固定为 0.95∶1，式(4.5)中的 $1/n$ 设为 1/8。如图 4.6 所示，非贯穿性滑移会较多地深入晶粒内部，提高随机织构效应，因此选定的随机织构含量为 40%[23]。图 4.16(d)～(f)给出在固定 $\tau_{c\{110\}}/\tau_{c\{112\}}$比条件下模拟出低碳钢板冷轧 55%、78%、92%的织构，可以看出模拟计算的结果中并未出现异常织构，但其中{111}<112>过强，而{100}<011>和{111}<110>却过于疲弱，与实测织构不符[图 4.16(a)～(c)]。尝试性模拟计算显示，在高轧制变形量的情况下只有{112}<111>滑移系变得比较活跃时，{100}<011>和{111}<110>织构才会变得稳定，而在临界分切应力之比 $\tau_{c\{110\}}/\tau_{c\{112\}}$ 固定的情况下，很难获得稳定的{100}<011>和

{111}<110>织构。

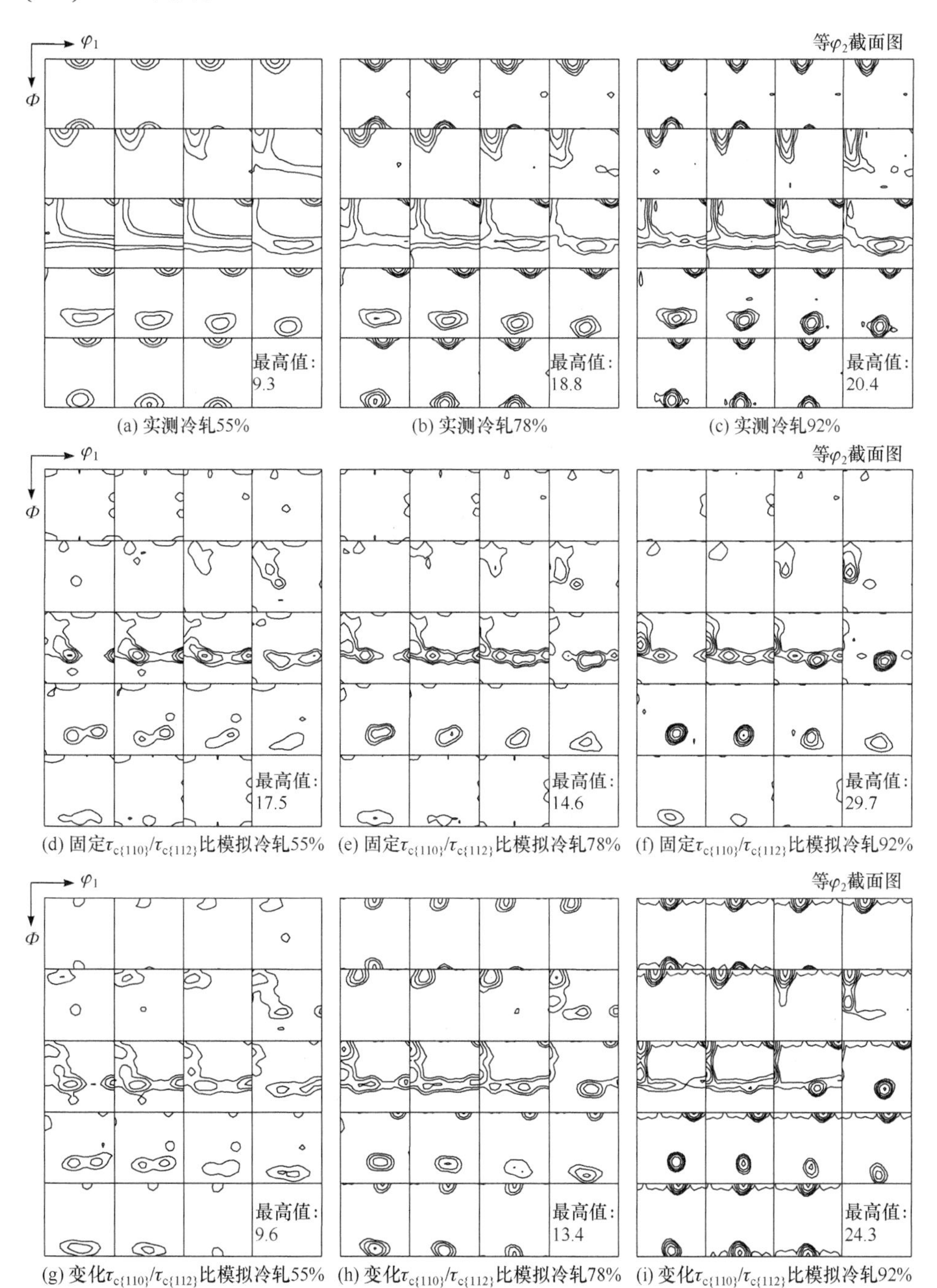

(a) 实测冷轧55%　(b) 实测冷轧78%　(c) 实测冷轧92%

(d) 固定$\tau_{c\{110\}}/\tau_{c\{112\}}$比模拟冷轧55%　(e) 固定$\tau_{c\{110\}}/\tau_{c\{112\}}$比模拟冷轧78%　(f) 固定$\tau_{c\{110\}}/\tau_{c\{112\}}$比模拟冷轧92%

(g) 变化$\tau_{c\{110\}}/\tau_{c\{112\}}$比模拟冷轧55%　(h) 变化$\tau_{c\{110\}}/\tau_{c\{112\}}$比模拟冷轧78%　(i) 变化$\tau_{c\{110\}}/\tau_{c\{112\}}$比模拟冷轧92%

图 4.16　不同冷轧变形量的低碳钢板轧制织构及其基于反应应力理论的模拟计算

等φ_2全截面图，密度水平：2, 4, 7, 12, 20

2.4.4 小节的分析及图 2.21 显示，体心立方金属{110}面的八面体间隙位置密度高于{112}面，八面体间隙位置正是低碳钢中间隙原子滞留的位置。变形开始后尽管初期{110}面滑移的临界分切应力 $\tau_{c\{110\}}$较低，但{110}面上滑移系因与较多间隙原子交互作用而产生的加工硬化效应可能会高于{112}面的滑移；由此，式(4.10)所示固定的 $\tau_{c\{110\}}/\tau_{c\{112\}}$比值关系并不适合准确表达体心立方金属的塑性变形行为。采用式(4.11)所示变化的 $\tau_{c\{110\}}/\tau_{c\{112\}}$比值关系或许更为恰当。如此，变形初期{110}<111>滑移系会比较活跃，随着变形量的提高和加工硬化效应的增强，{112}<111>滑移系会相对变得越来越活跃。以此为背景，采用反应应力理论模拟图 4.16(a)～(c)所示低碳钢板织构时，仍选用与图 4.16(d)～(f)所示模拟一致的参数，只是采用了式(4.11)所示变化的 $\tau_{c\{110\}}/\tau_{c\{112\}}$比值关系，其中 $\Delta\mu = 0.152 > 0$、$\varepsilon_b = 3$。图 4.16(g)～(i)再次给出了所模拟低碳钢板冷轧 55%、78%、92%的织构[23]，结果显示出了{100}<011>、{111}<110>、{111}<112>等轧制织构同时出现的稳定性，明显更符合实测织构特征。由此可以证实，在体心立方金属的塑性变形过程中，{112}<111>滑移系确实是相对于{110}<111>越来越活跃的塑性变形系。同时，反应应力理论为证实这一现象的研究提供了可能性及合理性。

4.3.2 滑移系与孪生系复合开动以及奥氏体不锈钢的塑性变形晶体学

奥氏体不锈钢中的基体组织属于低层错能面心立方金属。层错能低对应着孪生系开动后形成的孪生界面能也比较低，由此降低了孪生系开动的临界分切应力。因此，这种金属塑性变形过程中除了{111}<110>滑移系开动外，也会有{111}<112>孪生系开动[24]。轧制过程中孪生系理论上最大的取向因子为 0.5，图 4.17 给出了面心立方金属晶粒孪生系最大取向因子与取向的关系，其中灰色区为取向因子μ高于 0.45 的高取向因子易孪生区。轧制变形会导致面心立方金属中生成铜型{112}<111>织构(图 1.29)，位于图 4.17 $\varphi_2 = 45°$截面上虚线圈标注的位置，非常靠近易孪生区。分析认为[17]，低层错能面心立方金属冷轧初期虽然会生成{112}<111>织构，但随变形量增加，{112}<111>取向易孪生的特征使其很快因转到其他取向而消失。{112}<111>的演变途径如图 4.18 所示，{112}<111>取向首先以弯曲箭头所指示的目标借助孪生转换到$\Phi > 90°$的{552}<115>(侧向白三角处)，由于取向空间的对称性，它也是在$\Phi < 90°$侧向黑三角位置的{552}<115>。随后的变形过程中取向会借助滑移转向{110}<001>，再逐渐转向{110}<112>形成黄铜织构[17,25]。由此可见，模拟奥氏体不锈钢的轧制织构必须考虑孪生系的开动。

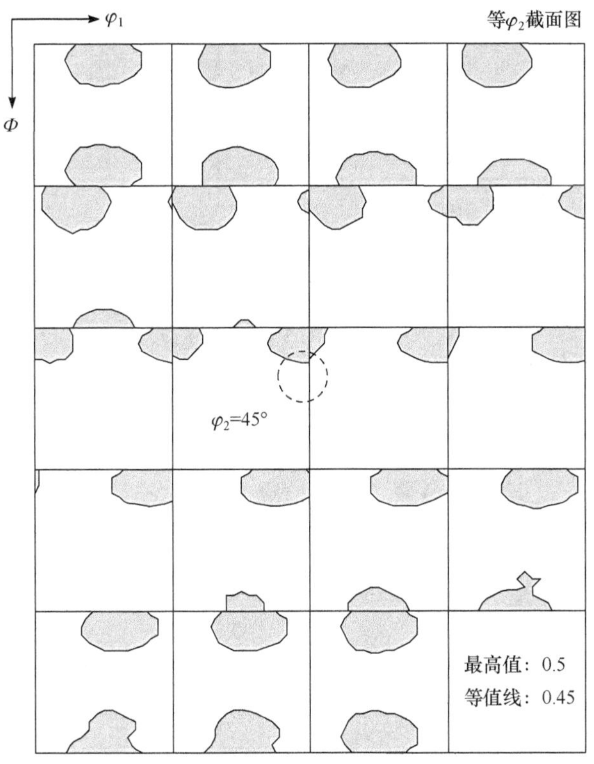

图 4.17　面心立方金属高孪生取向因子区(灰色区，μ＞0.45)

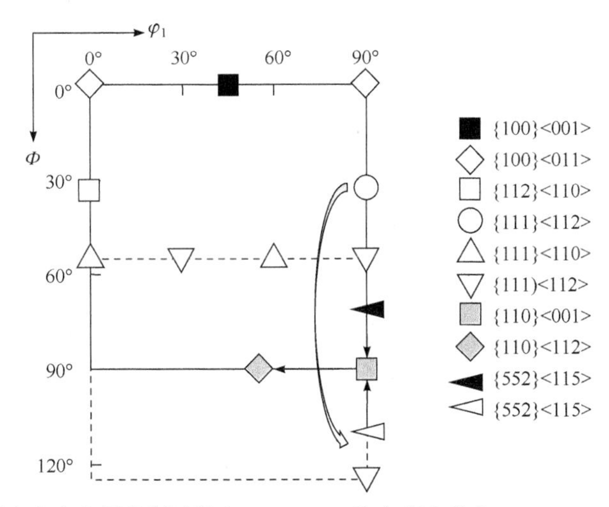

图 4.18　面心立方金属轧制过程中{112}<111>取向孪生及向{110}<112>演变的路径

选择 0Cr18Ni9 不锈钢，将试样分别做 55%、90%和 98%的冷轧变形，其冷轧织构的取向分布函数全φ_2截面图如图 4.19(a)～(c)所示[23]。冷轧变形如预期，主

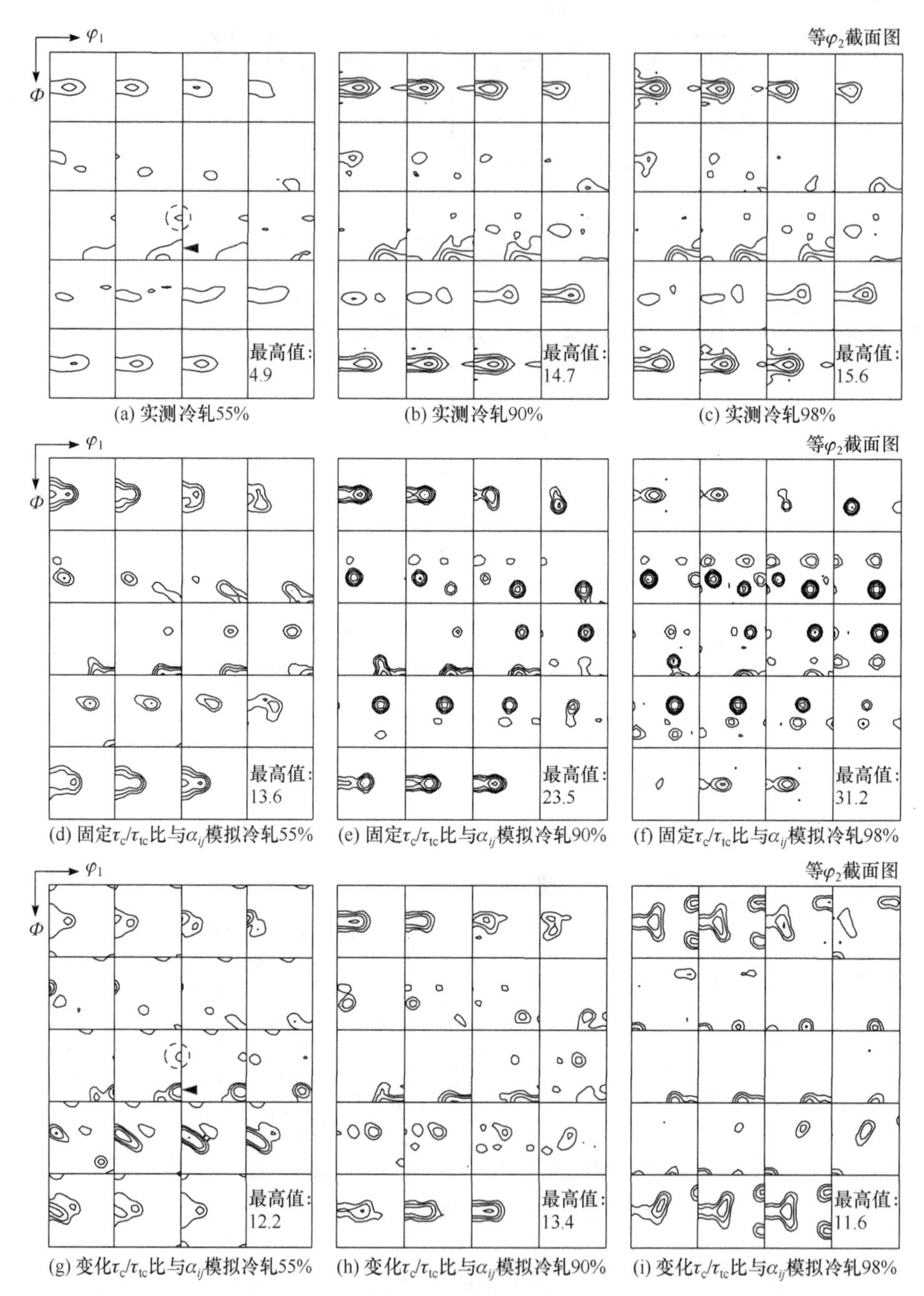

图 4.19　不同冷轧变形量的奥氏体不锈钢板轧制织构及其基于反应应力理论的模拟计算

等φ_2全截面图，密度水平：2, 4, 7, 12, 20, 30

要生成黄铜{110}<112>织构以及戈斯{110}<001>织构；在低变形量时也观察到少

量铜型{112}<111>织构[图 4.19(a)虚线圈标识区]，在{112}<111>取向发生孪生后所到达的{552}<115>取向位置也观察到少量取向的聚集[图 4.19(a)黑三角指示点]。

以反应应力理论为背景对奥氏体不锈钢织构进行模拟时，先把滑移{111}<110>的临界分切应力 τ_c 与孪生{111}<112>的临界分切应力比值 τ_c/τ_{tc} 确定为常见的 0.88 : 1[23]，因此孪生有效取向因子 μ_{ty} 为

$$\mu_{ty} = \frac{\tau_c}{\tau_{tc}} \mu_t = 0.88\mu_t \tag{4.12}$$

式中，μ_t 为仅按照临界分切应力定律的几何关系计算出来的孪生系取向因子。

在塑性变形过程中，孪生系的开动通常不会对塑性变形做出很大贡献，在滑移变得困难时开动孪生系可以把变形晶粒的孪生软取向转变为滑移软取向，以利于进一步的滑移变形。但孪生会瞬时造成晶粒间较大的反应应力，并打乱原有反应应力的累积模式。孪生发生后，母晶体取向与孪生开动前晶粒的取向接近，母晶体内应该迟早会发生类似的孪生；在孪生频率较低的情况下可放弃对母晶体取向的后续计算。在这里模拟孪生系开动造成的取向变化时，只计算孪生切变晶体的取向，并作为后续继续变形的取向，以简化计算过程。

经优化的反应应力理论的模拟参数，确定 $\alpha_{12} = 0.4$、$\alpha_{23} = \alpha_{31} = \alpha_{22} = 0$；另有 $\sigma_s = 205$ MPa、$\sigma_b = 502$ MPa、$G = 78.5$ GPa、$b = 0.2549$ nm，式(4.5)中的 $1/n$ 设为 1/4，随机织构含量为 40%[23]。图 4.19(d)～(f)给出在固定 τ_c/τ_{tc} 比条件下模拟出奥氏体不锈钢板冷轧 55%、90%、98%的织构，可以看出模拟计算的结果也以黄铜{110}<112>织构为主及适量戈斯{110}<001>织构。在低变形量时未观察到铜型{112}<111>织构痕迹，在{112}<111>取向孪生后所应到达的取向位置上也未见有取向密度，但出现了很强的 S{123}<634>织构[对照图 4.19(a)～(c)及图 4.8 铝中的 S 织构]，与实测织构不符，说明模拟所采用的晶体学机制与实际存在明显偏差。不恰当的参数可能涉及固定的 τ_c/τ_{tc} 比值和固定的反应应力上限系数 α_{ij}。

先把反应应力上限系数 α_{12} 和 α_{23} 分别改为随轧制应变 ε_{33} 可变的

$$\alpha_{12} = 0.4 - 0.2\left(\frac{-\varepsilon_{33}}{4}\right)^{\frac{2}{3}};\quad \alpha_{23} = 0.15 - 0.15\left(\frac{-\varepsilon_{33}}{4}\right)^{\frac{2}{3}} \tag{4.13}$$

再考虑把滑移与孪生的临界分切应力比值改为渐变的形式。晶粒内一旦发生孪生，则该孪生区内通常无法再出现同样的孪生，即孪生无法像同一面上的滑移那样因不断塞积而加工硬化，因此滑移与孪生临界分切应力比值的变化应以滑移系的加工硬化为主。可计算滑移与孪生的临界分切应力比值变化时的有效取向因子 μ_{ty} 为

$$\mu_{ty} = \frac{\tau_{cy}}{\tau_{tcy}} \mu_t = \left[0.7 + \Delta\mu \left(\frac{-\varepsilon_{33}}{\varepsilon_b} \right)^{\frac{2}{3}} \right] \mu_t \tag{4.14}$$

式中，$\Delta\mu = 0.51$，$\varepsilon_b = 4.0$。

图4.19(g)～(i)给出了在τ_c/τ_{tc}比和上限系数α_{ij}都随应变按照式(4.13)和式(4.14)变化时所模拟奥氏体不锈钢板冷轧 55%、90%、98%的织构[23]。结果显示，不仅出了黄铜{110}<112>织构及戈斯{110}<001>织构，而且在低变形量时出现了在实测织构中观察到的少量铜型{112}<111>织构[图 4.19(g)虚线圈标识区]，以及在{112}<111>取向发生孪生后所到达的{552}<115>处明显的取向聚集[图 4.19(g)黑三角指示点]；异常的 S 织构也消失了，很接近实测织构，说明反应应力理论中所涉及的许多参数在不同金属多晶体的塑性变形观察中会以各自的规律发生变化。到了 98%的高轧制变形量时在φ_2 = 0°/90°截面出现了异常的织构组分，说明高变形量时滑移与孪生复合开动的模式又发生了其他的变化,有待进一步探索和分析。可见，各种模拟参数随应变的渐变模式也是反应应力理论值得重视的特征。

4.3.3 铁铝合金的不均匀织构

Fe-28%Al-2%Cr 合金是一种立方晶体结构的有序铁基合金，其在室温下会含有一定程度的 Fe_3Al 有序结构，因此变形抗力极大，通常需要在较高的温度作塑性变形加工。这种合金的再结晶温度也很高，即使在 600℃也很难发生再结晶，所以在此温度进行的变形加工也不属于热变形，而属于冷变形。因不是在室温的冷变形，通常称为温变形。Fe-28%Al-2%Cr 合金的塑性变形晶体学机制与体心立方金属很相似，一般认为可以借助{110}<111>和{112}<111>两种类型滑移系的开动完成塑性变形。较高温度导致变形抗力下降，使变形织构的均匀性对变形几何条件比较敏感，变形中易出现不均匀织构。

将 Fe-28%Al-2%Cr 合金板在 600℃做 80%大道次压下量、快速温轧变形[25,26]，图 4.20 展示了温轧后织构的等φ_2全截面图，包括靠近中心层(s = 0.19)和靠近表层(s = 0.88)的织构。可以看出，变形织构的分布非常不均匀。靠近中心层的织构主要为{100}<001>、{112}<110>、{111}<110>、{111}<112>等织构组分[图 4.20(a)]，与图 4.16(a)所示的冷轧钢板织构相似。而轧板表层出现了剪切织构，主要表现为{112}<111>和{110}<001>等织构组分[图 4.20(b)]，这种织构常见于中低轧制变形量时的铝板正常织构[图 4.8(a)]。图 4.21 在φ_1 = 90°、φ_2 = 45°取向线中展示了不均匀织构沿轧板厚度方向的演变，自中心层至表层随 s 值升高，{112}<111>和{110}<001>织构增强，而{001}<110>及{111}<112>剪切织构减弱，在表层和中心层之间也是正常轧制织构和剪切织构混合在一起的状态，与图 4.13 所示铝板不均匀织构的规律正好相反[25,26]。

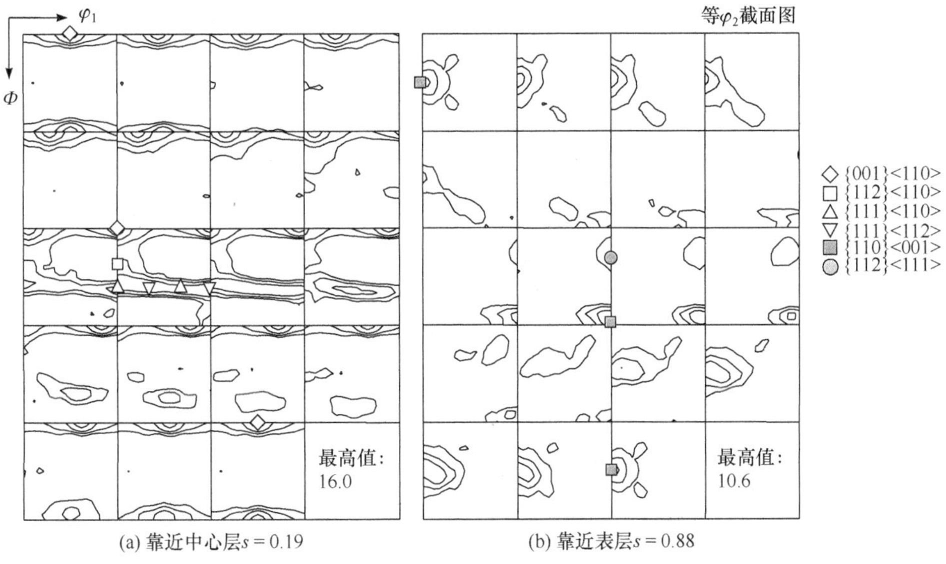

图 4.20　Fe-28%Al-2%Cr 合金板 80%轧制织构

等φ_2全截面图，密度水平：2, 4, 7, 12

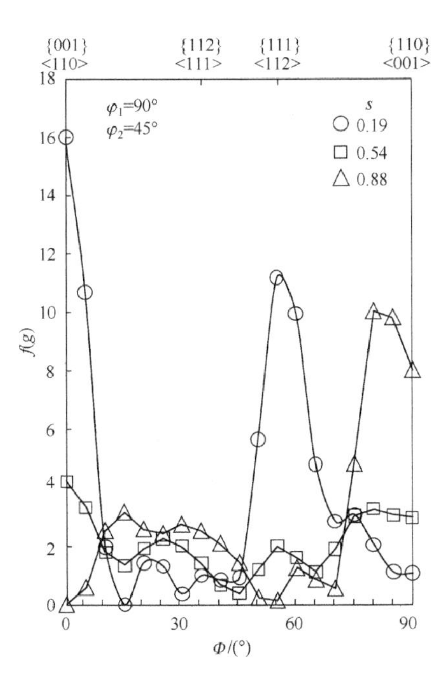

图 4.21　不均匀织构沿 Fe-28%Al-2%Cr 合金轧板厚度方向的演变

φ_1 = 90°、φ_2 = 45°取向线分析

一般认为，Fe-28%Al-2%Cr 合金含有 Fe_3Al 有序结构，{110}<111>滑移系的开动是冷变形的基本晶体学机制，只有在较高的变形温度下，{112}<111>滑移系才会开动[26-28]。只有了解了其塑性变形晶体学特征才能较合理地模拟其塑性变形的晶体学过程及相应织构的形成。温轧变形时轧板中心层始终保持比较高的温度，因此{112}<111>滑移系会有所开动。但轧制过程中轧板表层的快速散热导致其很容易实际上是低温轧制，因此不需要考虑{112}<111>滑移系开动的可能。

600℃时 Fe-28%Al-2%Cr 合金的力学性能参数约为σ_s = 107 MPa 和σ_b = 305 MPa[29-31]，切变模量 G = 82 GPa[32]，柏氏矢量的长度 b = 0.24824 nm[33]。采用反应应力理论模拟织构时，对中心层经优化的模拟参数为α_{12} = 0.8、α_{23} = 0、α_{31} = 0.1、α_{22} = 0.05，采用式(4.5)计算平均位错间距，除上述参数外，其他参

数不变。采用式(4.11)计算{110}<111>与{112}<111>滑移系的相对取向因子，其中$\Delta\mu = 0.15$、$\varepsilon_b^p = 3.0$。对表层只有{110}<111>滑移系开动，大道次压下不仅导致很大的剪切外应力，而且会引起晶粒间更大的反应应力。经优化的模拟参数为$\alpha_{12} = \alpha_{23} = \alpha_{31} = 1$、$\alpha_{22} = 0.9$，平均位错间距的计算方法不变；鉴于大道次压下快速轧制产生的表面强切应力，采用式(4.8)计算外应力张量的变化时有$\theta = 42°$。

图 4.22(a)和(b)分别给出了基于反应应力理论及上述参数模拟计算中心层和表层织构的结果。可以看出，模拟计算基本再现了图 4.20 所示的试验检测结果，包括中心层的{100}<001>、{112}<110>、{111}<110>、{111}<112>等织构组分[图 4.20(a)]，以及表层的{001}<110>和{111}<112>剪切织构[图 4.20(b)]。模拟计算再次展示出反应应力理论阐述和展示不同材料在不同条件下的塑性变形晶体学过程和变形织构形成的能力。当然，图 4.22 的模拟只是初步的示意性结果，还有进一步优化和完善模拟参数的空间。

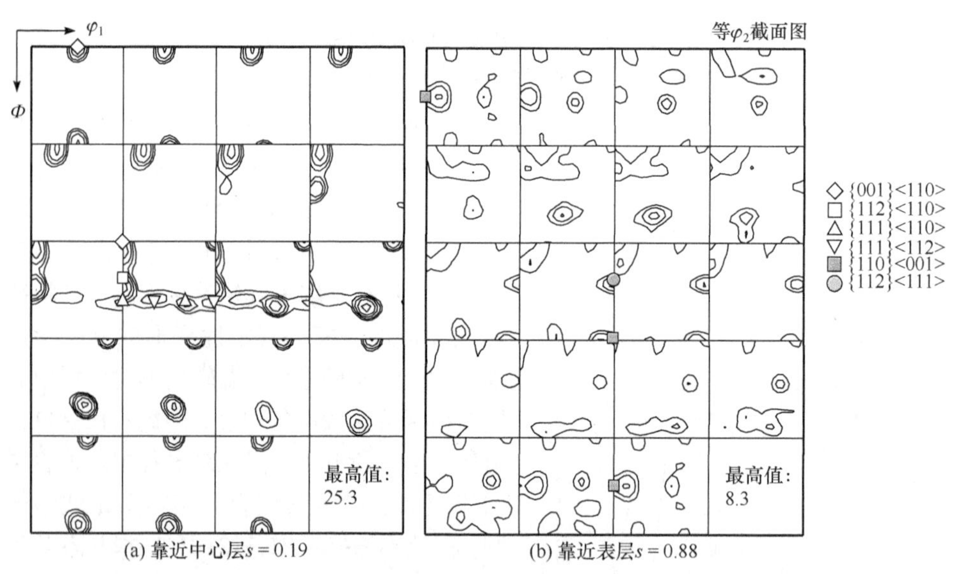

图 4.22　Fe-28%Al-2%Cr 合金板 80%轧制织构基于反应应力理论的模拟计算

等φ_2全截面图，密度水平：2, 4, 7, 12, 20

4.3.4　立方结构钛合金的三向锻压变形

在参考坐标系 O-x_1-x_2-x_3 内如果一个金属多晶体只是沿某一方向，如沿 x_3 方向承受外部压力载荷，表示变形晶粒所承受的外应力和内部反应应力的式(3.35)就转变为

$$
\left[\sigma_{ij}\right]=\sigma_{\mathrm{s}}\begin{bmatrix}0&0&0\\0&0&0\\0&0&-1\end{bmatrix}-\sigma_{\mathrm{s}}\frac{2\mu d}{b}\begin{bmatrix}\varepsilon_{11}^{\mathrm{p}}&\varepsilon_{12}^{\mathrm{p}}&\varepsilon_{13}^{\mathrm{p}}\\\varepsilon_{21}^{\mathrm{p}}&\varepsilon_{22}^{\mathrm{p}}&\varepsilon_{23}^{\mathrm{p}}\\\varepsilon_{31}^{\mathrm{p}}&\varepsilon_{32}^{\mathrm{p}}&0\end{bmatrix}=\sigma_{\mathrm{s}}\begin{bmatrix}-2\mu\varepsilon_{11}^{\mathrm{p}}\dfrac{d}{b}&-2\mu\varepsilon_{12}^{\mathrm{p}}\dfrac{d}{b}&-2\mu\varepsilon_{13}^{\mathrm{p}}\dfrac{d}{b}\\-2\mu\varepsilon_{21}^{\mathrm{p}}\dfrac{d}{b}&-2\mu\varepsilon_{22}^{\mathrm{p}}\dfrac{d}{b}&-2\mu\varepsilon_{23}^{\mathrm{p}}\dfrac{d}{b}\\-2\mu\varepsilon_{31}^{\mathrm{p}}\dfrac{d}{b}&-2\mu\varepsilon_{32}^{\mathrm{p}}\dfrac{d}{b}&-\dfrac{1}{2}\end{bmatrix}
\tag{4.15}
$$

同时表示变形晶粒所承受变形应力张量中各应力分量的上限的式(4.4)转变为

$$
\left[\sigma_{ij}\right]_{\mathrm{lim}}=\begin{bmatrix}\left|\sigma_{11}\right|\leqslant\alpha_{11}\sigma_{\mathrm{y}}/2&\left|\sigma_{12}\right|\leqslant\alpha_{12}\sigma_{\mathrm{y}}/2&\left|\sigma_{13}\right|\leqslant\alpha_{13}\sigma_{\mathrm{y}}/2\\\left|\sigma_{21}\right|\leqslant\alpha_{21}\sigma_{\mathrm{y}}/2&\left|\sigma_{22}\right|\leqslant\alpha_{22}\sigma_{\mathrm{y}}/2&\left|\sigma_{23}\right|\leqslant\alpha_{23}\sigma_{\mathrm{y}}/2\\\left|\sigma_{31}\right|\leqslant\alpha_{31}\sigma_{\mathrm{y}}/2&\left|\sigma_{32}\right|\leqslant\alpha_{32}\sigma_{\mathrm{y}}/2&\sigma_{33}\equiv-\sigma_{\mathrm{y}}/2\end{bmatrix}
\tag{4.16}
$$

基于式(4.15)和式(4.16)就可以借助反应应力理论对单轴外部压应力作用下金属多晶体塑性变形的过程及织构的形成做模拟计算。以单轴压力为特征的外应力张量具备绕 x_3 方向的轴对称性，因此恒有 $\alpha_{11}\equiv\alpha_{22}$、$\alpha_{23}\equiv\alpha_{31}$。如果锻压过程是在三个方向轮换做压缩变形，其变形晶体学和织构形成会比较复杂。现以 TC18 钛合金为例，阐述和说明相关模拟计算过程。

在航空航天领域广泛用作结构材料的 TC18 钛合金 Ti-5Al-5Mo-5V-1Cr-1Fe 是由密排六方结构 α 相和立方结构 β 相组成的两相合金。室温下 β 相约 60%，840℃占 70%～80%，870℃以上则为 100%。热锻压是 TC18 合金常规的加工环节，将 TC18 合金加热到 100%为立方 β 相的 900℃，做如图 4.23 所示的三向锻压变形。热锻压过程中会有回复和少量动态再结晶出现，但短时的热锻变形使锻后组织仍以保持变形状态为主；随变形温度的起伏会有少量六方 α 相析出，但并不影响观察 β 相的变形织构[34]。

如图 4.23 所示，以 $O\text{-}x_1\text{-}x_2\text{-}x_3$ 为参考坐标系，先将试样沿 x_3 方向做 40%压下量的锻压变形[图 4.23(a)]，再沿 x_2 方向锻压 40%[图 4.23(b)]，最后沿 x_1 方向锻压 40%[图 4.23(d)]。相应的模拟计算过程如下。先模拟沿 x_3 方向做 40%锻压变形时取向数据库内所有取向的变化，并计算取向分布函数[图 4.23(a)]。然后，将所有变形后的取向绕 x_1 方向旋转 90°后模拟沿 x_2 方向锻压 40%变形过程的取向变化[图 4.23(b)]；将所有模拟后的变形取向绕 x_1 方向反向旋转 90°后恢复到初始坐标状态的取向，并计算第二次锻压后的取向分布函数[图 4.23(c)]。随后，将图 4.23(b)状态的变形取向绕 x_3 方向旋转 90°后模拟沿 x_1 方向锻压 40%变形过程的取向变化[图 4.23(d)]；将所有模拟后的变形取向先绕 x_3 方向反向旋转 90°[图 4.23(e)]、再

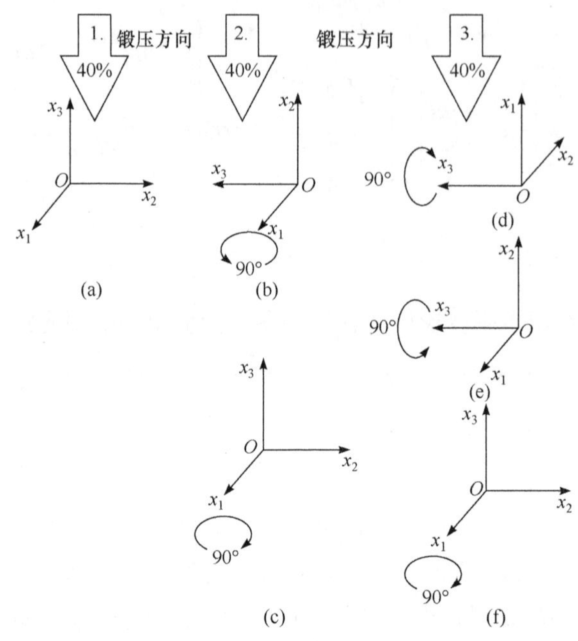

图 4.23　TC18 钛合金三向锻压加工流程及织构观察示意图

(a)、(b)、(d)显示三次锻压方向与样品坐标系的关系；(c)、(e)、(f)为三次锻压后观察织构所使用的样品坐标系

绕 x_1 方向反向旋转 90°后恢复到初始坐标状态的取向，并计算第三次锻压后的取向分布函数[图 4.23(f)]。总之，三次锻压变形后观察织构时始终是处于 O-x_1-x_2-x_3 参考坐标系的初始状态。

900℃时 TC18 钛合金的力学性能参数约为 $\sigma_s = 45$ MPa 和 $\sigma_b = 75$ MPa，切变模量 $G = 22.61$ GPa，其柏氏矢量的长度 $b = 0.28601$ nm[34]。采用反应应力理论模拟织构时，对试样中心层经优化的模拟参数为 $\alpha_{12} = 0.8$、$\alpha_{23} \equiv \alpha_{31} = 0$、$\alpha_{22} \equiv \alpha_{11} = 0$、$1/n=1/8$，采用式(4.10)固定的关系计算{110}<111>与{112}<111>滑移系相对取向因子，采用式(4.5)计算平均位错间距，40%锻压的真应变 $-\varepsilon_{33} = 0.511$，模拟步长 $\Delta\varepsilon_{33} = 0.001$，其他参数不变。模拟三次锻压织构的随机织构含量依次为 60%、70%、80%。

图 4.24(a)给出的取向分布函数 $\varphi_2 = 0°$ 与 $\varphi_2 = 45°$ 截面图上的取向位置，图 4.24(b)则是该截面上的实测三次锻压后的织构，显示出锻压生成了{100}<001>和{110}<223>两种织构。图 4.24(c)、(d)、(e)分别是基于反应应力理论模拟出的第一次、第二次、第三次锻压后的织构，显示出三向锻压变形使织构演变、形成并稳定下来，最终模拟计算出来的织构[图 4.24(e)]与试验检测织构[图 4.24(b)]基本一致。相关的模拟过程也可以用于其他可转化成单向外载荷作用下塑性变形织构的模拟计算。

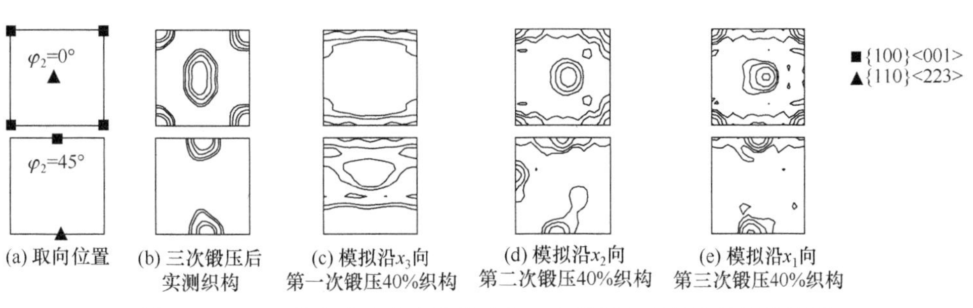

(a) 取向位置　(b) 三次锻压后实测织构　(c) 模拟沿x_3向第一次锻压40%织构　(d) 模拟沿x_2向第二次锻压40%织构　(e) 模拟沿x_1向第三次锻压40%织构

图 4.24　TC18 钛合金中立方结构 β 相三向锻压加工过程的织构及其基于反应应力理论的模拟计算

φ_2 = 0°与φ_2 = 45°截面图，函数等值线水平：1, 2, 4, 8

4.4　密排六方金属的塑性变形晶体学

诸如面心立方、体心立方等立方金属都具有比较高的对称性。例如，存在三个<100>、六个<110>、四个<111>等若干晶体学特征相同的方向。因此，在多个方向上或多种取向状态下立方金属会表现出相同或类似的塑性变形行为。另外，立方金属在塑性变形过程中能够开动的塑性变形系的种类也比较单一，如面心立方金属的滑移系为{111}<110>、孪生系为{111}<112>，体心立方金属则以<111>方向的滑移和{112}<111>孪生为主要的塑性变形晶体学机制(表 1.1、表 1.2)。高对称性和有限的塑性变形系类型有利于预测其塑性变形的晶体学行为，为分析变形过程中晶粒取向的演变和变形织构的形成提供了方便。具有密排六方晶体结构的许多金属多晶体及其合金都是用量较大且非常重要的工程材料。例如，镁合金是重要的轻质结构材料，锆合金是良好的耐蚀、导热、低中子吸收截面的核工程材料，钛合金是重要的超高比强度材料等。与立方金属相比，密排六方金属的对称性明显降低。例如，密排六方金属只在一个方向存在<0001>晶向，只在一个{0001}面上存在<1120>方向族，因此也降低了其塑性变形行为的对称性。另外，密排六方金属在塑性变形过程中能够开动的塑性变形系的种类非常多，如基面{0001}、柱面$\{\bar{1}010\}$、锥面$\{\bar{1}011\}$等不同晶面上的滑移，以及$\{10\bar{1}2\}$、$\{10\bar{1}1\}$等众多晶面上的孪生等(表 1.1、表 1.2)。偏低对称性和种类繁多的塑性变形系明显提升了分析变形过程中晶粒取向演变和变形织构形成的难度。为更好地研究密排六方金属的塑性行为，需先观察和分析其塑性变形过程中可能开动的塑性变形系。

4.4.1　密排六方金属晶体的塑性变形系及其独立性

人们对密排六方金属潜在的塑性变形系已经有了非常广泛而深入的观察和基

础研究。表 4.2 列出了现有文献中所报道的钛、锆、镁等典型密排六方金属冷变形过程中可能开动的滑移系与机械孪生系等塑性变形系，包括拉伸孪生系和压缩孪生系[35-40](参见 1.1.3 小节)。可以看出，在这三种典型密排六方金属中都存在种类繁多的滑移系和孪生系。

表 4.2　典型密排六方金属变形观察中常见的晶体学塑性变形系

密排六方金属	Ti	Zr	Mg	序号/序号组合
单胞常数 *a*/nm	0.2951	0.3232	0.3209	
单胞常数 *c*/nm	0.4683	0.5147	0.5211	
c/*a*	1.587	1.593	1.624	
基面滑移系	$\{0001\}<\bar{1}2\bar{1}0>$	$\{0001\}<\bar{1}2\bar{1}0>$	$\{0001\}<\bar{1}2\bar{1}0>$	**b**
柱面滑移系	$\{\bar{1}010\}<\bar{1}2\bar{1}0>$	$\{\bar{1}010\}<\bar{1}2\bar{1}0>$	$\{\bar{1}010\}<\bar{1}2\bar{1}0>$	**c**
锥面滑移系	$\{01\bar{1}1\}<\bar{1}\bar{1}23>$	$\{01\bar{1}1\}<\bar{1}\bar{1}23>$	$\{01\bar{1}1\}<\bar{1}\bar{1}23>$	**p**
变体锥面滑移系	$\{\bar{1}011\}<\bar{1}2\bar{1}0>$	$\{\bar{1}011\}<\bar{1}2\bar{1}0>$	$\{\bar{1}011\}<\bar{1}2\bar{1}0>$	b + c
	$\{11\bar{2}1\}<\bar{2}113>$		$\{11\bar{2}1\}<\bar{2}113>$	c(反面) + p
	$\{\bar{1}\bar{1}2\bar{2}\}<11\bar{2}\bar{3}>$		$\{11\bar{2}2\}<\bar{1}\bar{1}23>$	p + p
			$\{01\bar{1}2\}<\bar{2}113>$	b + p
			$\{\bar{1}\bar{1}21\}<\bar{2}110>$	b + c(反向) + c(反向)
拉伸孪生系	$\{10\bar{1}2\}<\bar{1}011>$	$\{10\bar{1}2\}<\bar{1}011>$	$\{10\bar{1}2\}<\bar{1}011>$	**1**
	$\{\bar{1}2\bar{1}1\}<1\bar{2}16>$	$\{\bar{1}2\bar{1}1\}<1\bar{2}16>$	$\{\bar{1}2\bar{1}1\}<1\bar{2}16>$	**2**
	$\{11\bar{2}3\}$			1 + 4
压缩孪生系	$\{11\bar{2}2\}<11\bar{2}\bar{3}>$	$\{11\bar{2}2\}<\bar{1}\bar{1}23>$	$\{11\bar{2}2\}<11\bar{2}\bar{3}>$	**3**
	$\{01\bar{1}1\}$	$\{01\bar{1}1\}<01\bar{1}\bar{2}>$	$\{01\bar{1}1\}<01\bar{1}\bar{2}>$	**4**
	$\{11\bar{2}4\}$			1 + 1

注：黑体为可开动的独立塑性变形系。

从表 4.2 可以看出，密排立方金属塑性变形时的晶体学塑性变形系包括了基面滑移系 **b**、柱面滑移系 **c**、锥面滑移系 **p** 以及多种类型的变体锥面滑移系，还包括了不同的拉伸孪生系和压缩孪生系。如此复杂的塑性变形系给相关的塑性变形晶体学行为分析带来了很大困扰。然而，细致观察各种塑性变形系之间的关系，可以发现它们并不都是完全独立的。例如，1 步柱面滑移与 1 步锥面滑移可以组合成 1 步的变体锥面滑移$\{11\bar{2}1\}<\bar{2}113>$[图 4.25(a)]。在体心立方金属中也存在类似的现象(图 2.19)。此外，一个$\{10\bar{1}2\}$面的拉伸孪生系与一个$\{01\bar{1}1\}$面的压缩孪生系组合开动可造成相对于一个$\{11\bar{2}3\}$面拉伸孪生系开动的效果[图 4.25(b)]。

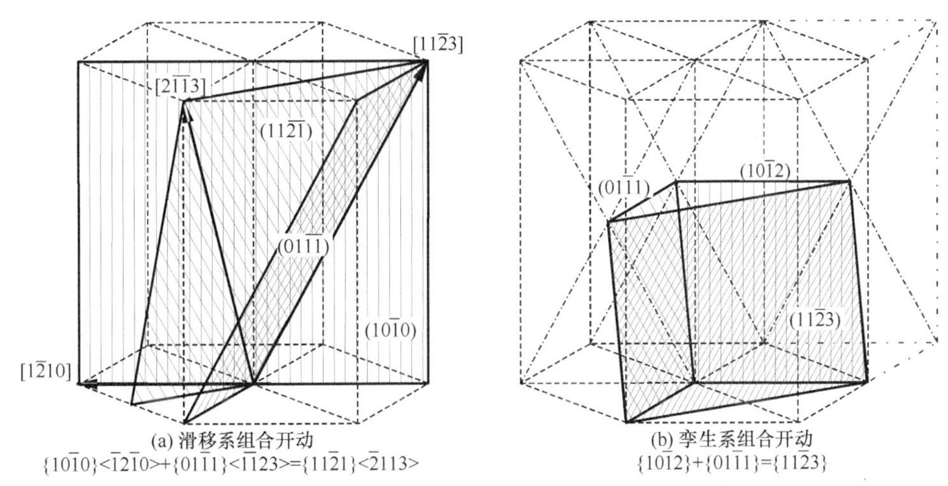

(a) 滑移系组合开动
$\{10\bar{1}0\}<\bar{1}2\bar{1}0>+\{01\bar{1}1\}<\bar{1}\bar{1}23>=\{11\bar{2}1\}<\bar{2}113>$

(b) 孪生系组合开动
$\{10\bar{1}2\}+\{01\bar{1}1\}=\{11\bar{2}3\}$

图 4.25　不同滑移系及不同孪生系的组合开动

表 4.2 最右列以序号组合的方式展示了非独立塑性变形系的开动效果可以借助哪些独立塑性变形系(表 4.2 中用黑体表示)组合而成,其中滑移系组合开动的可能方式为

$$
\begin{aligned}
&\mathrm{b+c}:\{\bar{1}011\}<\bar{1}2\bar{1}0>=\{0001\}<\bar{1}2\bar{1}0>+\{\bar{1}010\}<\bar{1}2\bar{1}0>\\
&\mathrm{c+p}:\{11\bar{2}1\}<\bar{2}113>=\{10\bar{1}0\}<\bar{1}2\bar{1}0>+\{01\bar{1}1\}<\bar{1}\bar{1}23>\\
&\mathrm{p+p}:\{11\bar{2}2\}<\bar{1}\bar{1}23>=\{01\bar{1}1\}<\bar{1}\bar{1}23>+\{10\bar{1}1\}<\bar{1}\bar{1}23>\\
&\mathrm{b+p}:\{01\bar{1}2\}<\bar{2}113>=\{0001\}<\bar{1}2\bar{1}0>+\{01\bar{1}1\}<\bar{1}\bar{1}23>\\
&\mathrm{b+c+c}:\{\bar{1}\bar{1}21\}<\bar{2}110>=\{0001\}<\bar{1}2\bar{1}0>+\{\bar{1}010\}<1\bar{2}10>+\{0\bar{1}10\}<\bar{2}110>
\end{aligned}
\tag{4.17}
$$

孪生系组合开动的可能方式为

$$
\begin{aligned}
&1+4:\{11\bar{2}3\}=\{10\bar{1}2\}+\{01\bar{1}1\}\\
&1+1:\{11\bar{2}4\}=\{10\bar{1}2\}+\{01\bar{1}2\}
\end{aligned}
\tag{4.18}
$$

金属多晶体塑性变形时，晶粒内一个非独立塑性变形系的开动会导致一定的应变张量，并引起晶粒取向的改变。如果按照式(4.17)或式(4.18)的方式，这个非独立塑性变形系的开动由若干独立塑性变形系取代时，所造成的应变张量和取向改变与非独立塑性变形系所造成的结果基本没有差别。因此，注重于仔细分析独立塑性变形系的开动及其各种可能的组合方式，可以放弃对非独立塑性变形系的分析，明显降低分析密排六方金属塑性变形行为的复杂程度，简化相关过程。由表 4.2 可见，独立的塑性变形系包括基面滑移系 **b**、柱面滑移系 **c**、锥面滑移系 **p**，还包括拉伸孪生即孪生 **1** 和孪生 **2**，以及压缩孪生即孪生 **3** 和孪生 **4**。如此仍有 7 种独立的塑性变形系，所以分析密排六方金属塑性变形行为时仍无法回避所面对

的复杂过程。

大量的金属塑性变形研究不断地揭示并报道出了各种可能的晶体学变形机制。然而，多数的这些工作是基于电子显微镜在金属变形体的二维自由表面所做的直接而静态的观察或仅涉及背散射电子分析技术涵盖的特定微观区域有限取向范围内的晶粒[35-43]。借助这类研究虽然可以发现各种开动的晶体学变形机制，但难免会遗漏非自由、三维约束体材料内晶体学变形机制动态开动或复杂组合开动的一些细节过程。另外，变形过程中大量塑性变形系频繁、反复、大规模地开动是一个非常复杂的统计学过程。完成了一个塑性变形加工后，只有当某一种塑性变形系对所完成的变形存在统计意义的贡献时，这种塑性变形系才对塑性变形具备实际意义。例如，在图 4.8(b)所示对近千个取向直至 95%的轧制变形模拟计算过程中经历了接近三百万次塑性变形系的开动计算，如果其中所计算的金属具备密排六方结构，且某一种滑移系或孪生系在数百万次的模拟计算中仅开动过一两次，则从统计上看，无论这个塑性变形系在微观变形结构上是否被观察到，它对于该金属的塑性变形都不具备明显的价值。因此，实验观察到的塑性变形系，包括许多观察单晶体变形时所发现的塑性变形系并不一定具备统计意义，也未必能说明它一定是重要的塑性变形系。只有能够证实所观察到的塑性变形系在大范围变形中具备统计意义的开动频率，才能说明这个塑性变形系的开动是重要的。由此可见，对金属塑性变形行为的微观实验观察与大规模塑性变形系的真实开动行为还存在一定距离。因而，尽管已经取得了大量的观察成果，但人们对密排六方金属塑性变形复杂晶体学机制的整体认识至今仍不够完善。

4.4.2　工业纯钛冷轧织构观察与开动塑性变形系分析

将工业纯钛热锻坯沿三个互相垂直的方向依次做 4 个循环的锻压加工，并从 25%～5%逐渐降低每次循环锻压的压下量；随后再做 600℃最终退火，以获得织构较弱的 20 mm 厚初始材料，用于冷轧变形。退火后获得等轴的晶粒组织，平均尺寸约 100 μm。参照图 4.26(a)的三个取向分布函数等φ_2截面图可以看出，所制作初始材料的织构比较弱，最高函数值刚超过 2，即随机分布的 2 倍多。对该工业纯钛初始材料做 33%、55%、70%、80%压下量的冷轧加工，其相应的轧制真应变$-\varepsilon_{33}$分别为 0.4、0.8、1.2、1.6。图 4.26 显示，随着冷轧变形量的增加，晶粒取向逐渐向各等φ_2截面图的上端，即向低Φ角方向汇集，且着重向左侧汇聚，在$\varphi_2 = 0°$截面上表现为取向$\{\bar{1}2\bar{1}\underline{18}\}\langle 10\bar{1}0\rangle$附近，与之前的观察大体一致(图 1.28)。然而，与高变形量钢板、铝板等立方金属冷轧织构相比，其冷轧 80%时所聚集的取向分布函数值显得比较低，刚超过 8，而 80%冷轧的钢板或铝板则可超过 20(图 1.30、图 1.29)。总之，图 4.26 所示冷轧钛板织构展示出以下几个特征，包括：晶粒取向倾向于向低Φ角聚集、保持低Φ前提下倾向于沿φ_1角较均匀分布、取向密度更多在诸如$\{\bar{1}2\bar{1}\underline{18}\}<10\bar{1}0>$等取向附近聚集、整体取向密度值的积累水平有限[图 4.26(e)最高值略超过 8]。

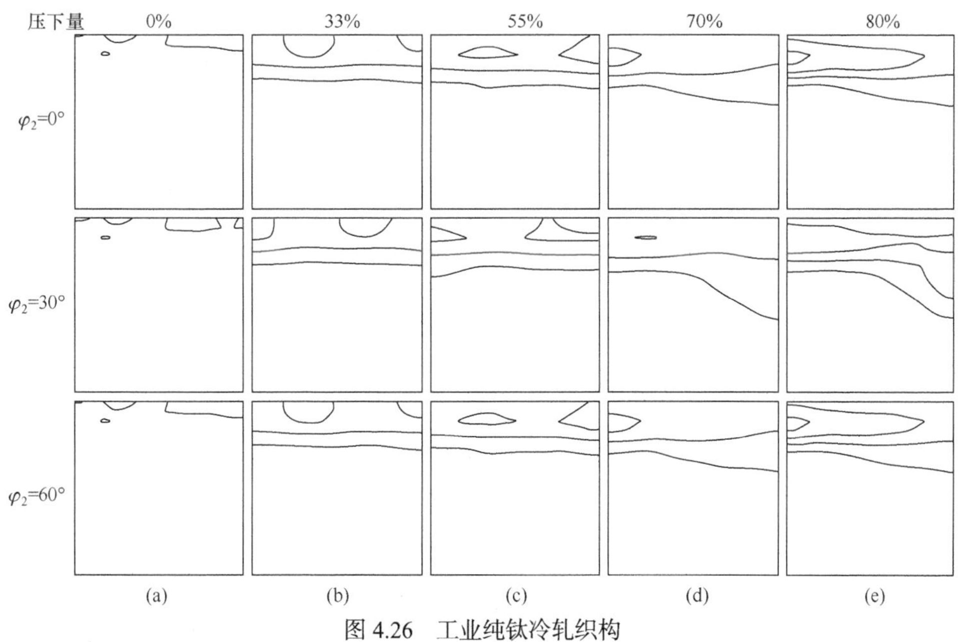

图 4.26　工业纯钛冷轧织构

取向分布函数等φ_2截面图，密度水平：2, 4, 6, 8

当$\Phi = 0°$时纯钛晶粒的{0001}面平行于轧板平面，因此取向向低Φ角方向汇集意味着各晶粒的{0001}面逐渐倾向平行于轧面。在以滑移为主要晶体学机制的纯钛塑性变形过程中，基面滑移系$\{0001\}<\bar{1}2\bar{1}0>$的频繁开动可以造成这种类型的取向变化，即各晶粒滑移面{0001}逐渐转向平行于轧面。如果采用不考虑晶粒间交互作用的萨克斯理论(参见 3.3.1 小节)对取向演变做简单模拟计算，可以初步看出不同塑性变形系开动后晶粒取向演变的趋势及取向汇集的方向。

根据 3.1 节所介绍的原则，在取向空间中选取 1716 个均匀分布的六方晶体取向，所计算取向分布函数的最高值为 1.2，接近理想随机分布状态。以这些取向为起点，以$\Delta\varepsilon_{33} = 0.001$为模拟步长、$-\varepsilon_{33} = 1.2$为总变形量(70%轧制变形)，可以计算各个钛晶粒取向在轧制变形过程中的演变过程，进而获得轧制织构。对工业纯钛模拟的基本计算参数包括：点阵常数$a = 0.2951$ nm、$c = 0.4683$ nm，且有$\sigma_s = 172$ MPa、$\sigma_b = 280$ MPa、$G = 110$ GPa，对基面滑移有$b = 0.2951$ nm。图 4.27(a)给出了纯粹以基面滑移为晶体学机制时所获得的轧制织构，显示出基面滑移确实导致晶粒取向向低Φ角方向迁移的趋势。同时，取向密度沿φ_1角呈较均匀的分布，但尚未达到实际观察到的均匀程度[图 4.26(d)]，且未展现出取向密度在$\{\bar{1}2\bar{1}\underline{18}\}<$

$10\bar{1}0$ >附近聚集的现象。

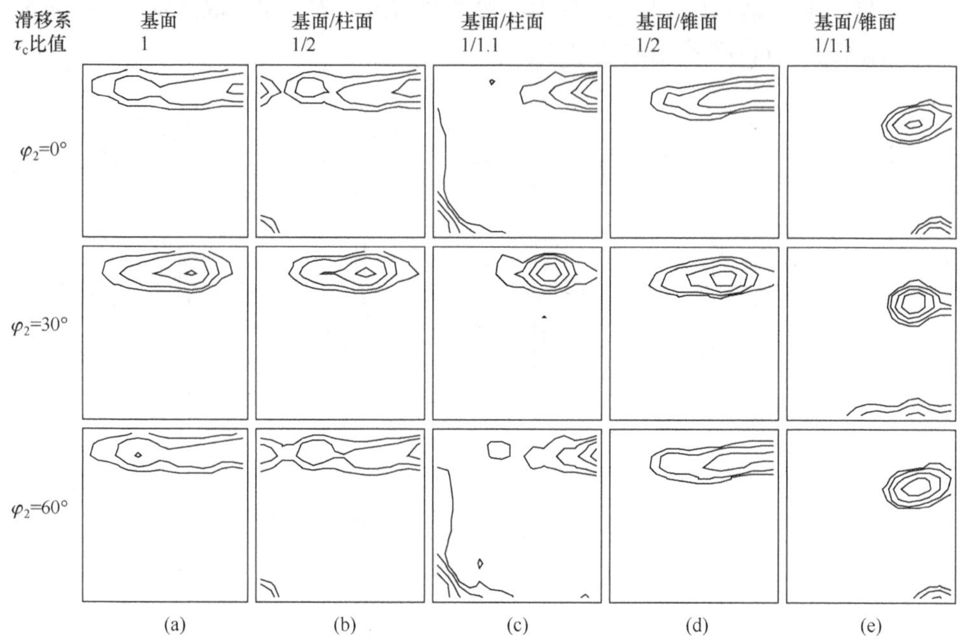

图 4.27　特定临界分切应力τ_c比值条件下借助萨克斯理论计算不同类型滑移系开动所造成 70%(真应变为 1.2)冷轧变形工业纯钛板中的织构取向分布函数等φ_2截面图，密度水平：2, 4, 8, 14, 22

根据 1.1.4 小节所介绍塑性变形系取向因子的几何原理可知，随着晶粒取向的Φ值降低，基面滑移系的取向因子越来越低；当$\Phi = 0°$时，基面滑移系的取向因子变成 0。此时，任何其他的塑性变形系，无论其相对临界分切应力 τ_c 有多高，都有可能取代基面滑移而开动。可见，密排六方金属中何种塑性变形系开动与晶粒的即时取向也有一定联系。例如，{0001}面平行于轧面的取向最不利于基面滑移的开动。

两种或两种以上的塑性变形系都有机会开动的模拟计算必然会涉及各变形系之间相对临界分切应力 τ_c 比值的设定。在文献中针对钛[44-48]、锆[49-55]等密排六方金属不同类型塑性变形系之间临界分切应力比值已有多种报道。然而，在变形过程中临界分切应力属于处在流变状态下的一种切应力，往往并不是一个固定的常数，且会受到变形条件的很大影响，包括变形速率、变形温度、变形程度(加工硬化)、外力加载方式和条件、内应力状态、变形几何条件、金属化学成分、组织结构初始及即时流变状态等众多因素的影响。因此，不同塑性变形系之间的临界分切应力的比值通常也会处于不断的变化过程中。从文献中获得的临界分切应力数值及各变形系之间的比值关系往往不能直接满足模拟计算的需求，仅靠文献数据也很难获得理想的计算结果。由此可见，若要启动一个恰当的模拟计算，仍需要同时探索各塑性变形系的相对临界分切应力，以及各变形系临界分切应力间比值关系的变化规律。

为了解密排六方金属各塑性变形系的影响，需要先简单探索它们分别对多晶体塑性变形行为和相应取向演变有哪些贡献。在以基面滑移为主要晶体学机制的基础上，设柱面滑移也同时开动，且基面与柱面滑移系的临界分切应力比值为 1/2。图 4.27(b)给出了相应的轧制织构模拟结果。图 4.27(b)显示，柱面滑移的适当开动有利于晶粒取向在低Φ角附近聚集，也有利于$\{\bar{1}2\bar{1}\underline{18}\}\langle 10\bar{1}0\rangle$织构的出现，但同时出现了少量$\{\bar{1}2\bar{1}0\}\langle 10\bar{1}0\rangle$织构，即{0°, 90°, 0°}织构(图 1.28)，与图 4.26 的实际观察不符。把基面与柱面滑移系的临界分切应力比改为 1/1.1，即进一步提高柱面滑移开动的活跃程度，则$\{\bar{1}2\bar{1}0\}\langle 10\bar{1}0\rangle$织构变成了主要织构，其余织构组分的特征进一步远离了实际观察到的取向密度分布[图 4.27(c)]。设基面与锥面滑移同时开动，且基面与锥面滑移系的临界分切应力比也是 1/2，则取向密度分布区域向取向分布函数截面图的右侧收缩[图 4.27(d)]，不符合实际的密度分布[图 4.26(d)]。把基面与锥面滑移系的临界分切应力比改为 1/1.1，即进一步提高锥面滑移开动的活跃程度，则取向密度进一步向右侧或右下侧收缩[图 4.27(e)]，有悖于实际观察。与真实轧制织构对照(图 4.26)，分析这些独立滑移系的开动效果可以看到，基面滑移应该是主要的晶体学变形机制，可以存在适量的柱面滑移以确保$\{\bar{1}2\bar{1}\underline{18}\}\langle 10\bar{1}0\rangle$织构的稳定性，但锥面滑移应该非常不活跃。

在密排六方金属的塑性变形中机械孪生是极为重要的晶体学变形机制。设基面滑移与孪生 **1** 同时开动，且基面滑移与孪生 **1** 的临界分切应力比是 1/2，则取向密度分布区域向$\Phi = 0°$方向蔓延分布[图 4.28(a)]，非常符合实际密度分布情况[图 4.26(d)]。若此时把孪生 **1** 换成孪生 **2**，则所获得取向密度的分布状态[图 4.28(b)]与只有基面滑移系开动时的情况没有明显区别[图 4.27(a)]，说明此时孪生 **2** 并不十分活跃。进一步降低孪生 **2** 的临界分切应力，即把基面滑移与孪生 **2** 的临界分切应力比改为 1/1.1，以提高孪生 **2** 的活跃程度，则取向密度明显向$\Phi = 0°$方向蔓延分布[图 4.28(c)]，更加符合实际密度分布[图 4.26(d)]。设基面滑移与孪生 **3** 或孪生 **4** 同时开动，且与孪生 **3** 或孪生 **4** 的临界分切应力比分别都是 1/2，则模拟计算结果都显示出取向密度分布明显向右下侧收缩的趋势[图 4.28(d)、(e)]，其中孪生 **4** 造成的这种趋势更为明显，均偏离了真实的密度分布。与真实轧制织构对照(图 4.26)，分析这些独立孪生系的开动效果可以看到，孪生 **1** 和孪生 **2** 这两类孪生应该是非常活跃的晶体学变形机制，而孪生 **3** 和孪生 **4** 这两类孪生则应该非常不活跃。

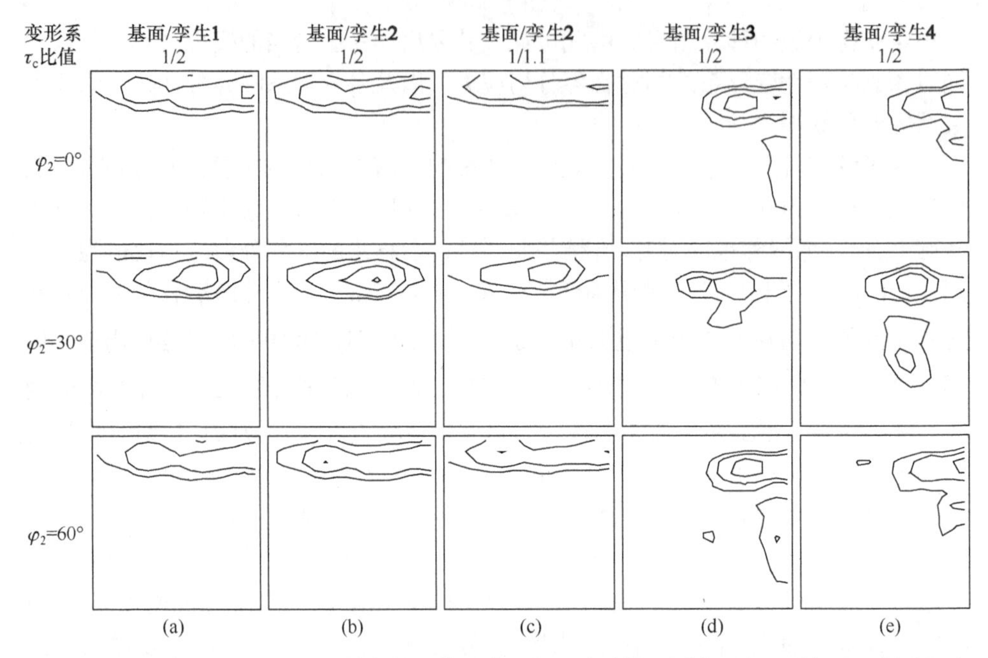

图 4.28 特定临界分切应力τ_c比值条件下借助萨克斯理论计算不同类型孪生系与基面滑移组合开动所造成 70%(真应变为 1.2)冷轧变形工业纯钛板中的织构

取向分布函数等φ_2截面图；密度水平：2, 4, 8, 14

4.4.3 纯钛及纯锆板冷轧织构的模拟计算

初步了解了各独立塑性变形系影响晶粒取向演变的大致趋势，可以开始构建模拟钛板冷轧织构形成的晶体学过程。但仍需要先探讨密排六方金属与之前各种立方金属在塑性变形晶体学行为方面的重要差异。

大量机械孪生的出现是密排六方金属区别于立方金属的重要塑性变形特征。在黄铜、奥氏体不锈钢、纯铁、镍合金等立方金属的塑性变形过程中都会出现机械孪生，但其共同的特征在于孪生的种类非常单一，因而其可能存在的孪生系数目及其开动的频率比较低，绝大部分塑性变形量主要仍由滑移系承担。孪生的出现往往是借助其可瞬时大幅度调整取向的效应，把处于滑移硬取向的晶粒调整成滑移软取向晶粒，以便滑移得以继续开动，并完成所需的塑性变形；孪生本身对塑性变形总量的贡献非常有限。因此，4.3.2 小节模拟奥氏体不锈钢中孪生系开动造成取向演变时，只考虑了切变晶体取向的演变而忽略了母晶体取向的演变，这种忽略导致的误差并未妨碍模拟计算揭示出滑移和孪生复合开动时多晶体的塑性行为和取向演变的大致过程(图 4.19)。然而表 4.2 显示，密排六方金属中存在多种不同类型的孪生，且至少有 4 种独立的孪生系，表明变形过程中孪生发生的频率非常高。塑性变形会导致变形织构的形成和锋锐化，而孪生的频繁出现会使不断锋锐的织构变得漫散化，这使变形织构中得以保留一定程度的随机织构组分，且与实际观察到的密排六方金属中较弱变形织构的现象相符(图 4.26)。

频繁出现的大量孪生不仅造成了由切变晶体构成的孪生体群(参见 2.2.3 小节)，而且必然也会产生大量由母晶体构成的孪生母体群(图 2.9)，并对后续的塑性变形行为产生重要而不可忽略的影响。因此，在密排六方金属塑性变形行为的模拟计算中不能再回避或忽视孪生母晶体的存在，需对其做专门的处理。每一次孪生的出现都会使一个晶粒变成一个切变晶体和母晶体“对”，或称孪生体母体对，即一个晶粒取向变成了两个取向。对变形中大量取向演变的上千步模拟计算过程中，如果针对每次孪生所造成的孪生体母体对都分别做后续的计算，则不仅因所需处理的取向越来越多，至其数量最终达到难以合理处理的规模，而且还会不断提升后续处理的难度和复杂程度。对于一些常见的金属塑性加工过程来说，往往需要寻求一种快捷而具有统计意义的简便处理方法，以便简洁地解析出相应塑性行为的主要特征。

设想孪生在一个变形晶粒内出现后，孪生体和母体各占该晶粒体积的一半，随后两者各自从自身的取向出发继续变形；这样一来，一个经历了孪生切变，而另一个未曾有此经历。如果从统计的角度认为，全部孪生体的取向分布与全部母体的取向分布的演变过程均继续统计性地遵循各自变形过程的取向演变规律，则可以简化地如此分开处理孪生体与母体的取向演变：双重选取相同的初始均匀取向组，变形过程中一组取向发生所有可能的孪生取向演变，从不考虑相应母体的取向，另一组从不考虑孪生的发生，所有取向只随滑移系的开动而改变，以代表母体的取向演变。之后把两组取向合在一起计算整体取向分布函数，并视为考虑了频繁孪生效应的模拟计算结果。这种简化操作并不是一种细致、严谨的处理方法，但从统计的角度观察，一定程度地包含并兼顾了孪生体和母体两类取向的演变过程，在工程应用上有可能成为能大体反映相关塑性变形过程的简洁处理方式。

塑性变形过程中无论开动与否，各种塑性变形系始终都不同程度地承受着由外载荷和晶粒间交互作用而引起的、有利于推动其开动的切应力。如表 4.2 所示，密排六方金属中存在大量不同种类的塑性变形系，晶粒间的交互作用产生的反应应力更容易遇到晶界区域正处于软取向的变形系，并频繁地触发其局域开动。与立方金属的变形相比，在密排六方金属的晶粒间积累起很高的反应应力之前已经有变形系被局域性触发，使反应应力难以持续地单调积累。基于这种现象，在依据反应应力理论做模拟计算时需要在式(4.4)中 α_{ij} 的低值范围寻找适当的模拟参数。

根据 4.4.2 小节的分析可以估计出，冷变形多晶体钛主要的塑性变形机制应该是基面滑移，并伴随着有限活跃程度的柱面滑移，锥面滑移应该极不活跃；同时孪生 **1** 和孪生 **2** 应该是非常活跃的孪生变形机制，但孪生 **3** 和孪生 **4** 基本不会开动。因此，经尝试和筛选后确定，基面滑移/柱面滑移/孪生 **1**/孪生 **2** 等各塑性变形系开动的相对临界分切应力比为 1∶25∶0.9∶1，借以保持各变形系间的相对活跃程度。选择两组由 1716 个均匀分布取向组成的起始均匀取向组，一组的取向演变涉及滑移和孪生，另一组仅涉及滑移。频繁交替出现的孪生会造成所计算取向变化的随机化倾向，两组取向数据经差异化演变后叠加整合的取向密度也会展现密度分布进一步随机化的倾向。晶粒间交互作用产生的取向随机化现象(参见 4.1 节)会淹没于密排六方金属特有的这种随机化倾向中，因此这里对冷变形织构的模拟计算并不需要再额外添加随机组分。针对钛板的冷轧织构并参照反应应力理论，在α_{ij}的低值范围内经尝试和筛选后确定相应的模拟参数为$\alpha_{12}=0.3$、$\alpha_{23}=\alpha_{31}=0.1$、$1/n=1/4$、$\alpha_{22}=0$。根据这些模拟参数，图 4.29 给出了针对图 4.26 所示实验观察工业纯钛冷轧织构的模拟计算结果。

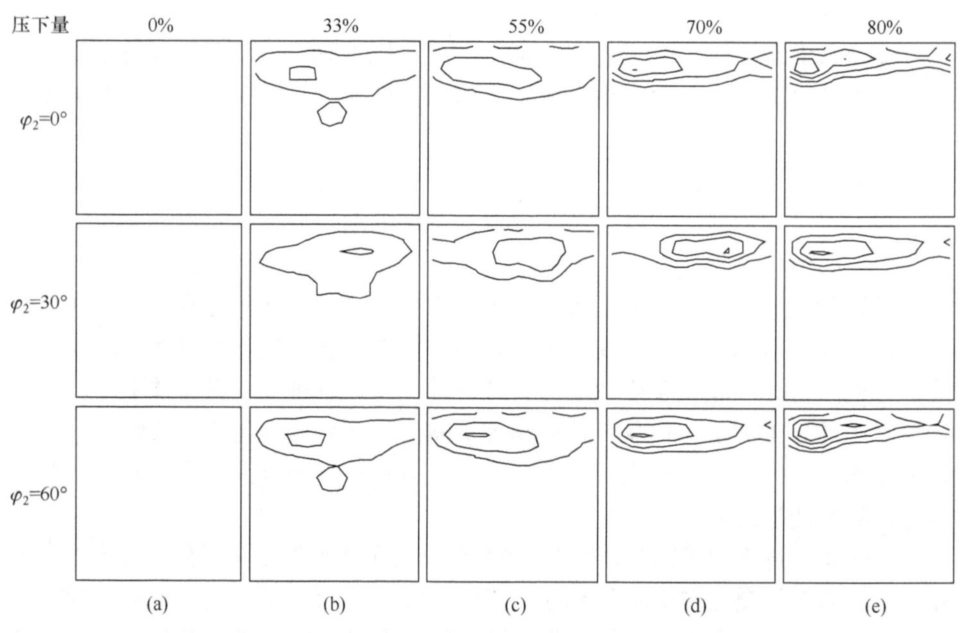

图 4.29　基于反应应力理论计算的工业纯钛冷轧织构

塑性变形系临界分切应力τ_c比值[基面/柱面/孪生 1/孪生 2]：1/25/0.9/1；$\alpha_{12}=0.3$、$\alpha_{23}=\alpha_{31}=0.1$、$\alpha_{22}=0$；取向分布函数等$\varphi_2$截面图，密度水平：2, 4, 6, 8

将图 4.29 与图 4.26 做对比可以看到，模拟计算大致再现或反映出工业纯钛冷变形的基本塑性行为和取向演变过程，其中观察到晶粒取向倾向于向低Φ角聚集、保持低Φ前提下倾向于沿φ_1角较均匀分布、取向密度更多在诸如

$\{\bar{1}2\bar{1}\underline{18}\}\langle 10\bar{1}0\rangle$取向附近聚集、整体取向密度值的积累水平有限[图 4.29(e)最高值有限度地超过了 8]等主要的实测织构特征。需要强调的是，晶粒间反应应力对织构的形成具有重要的影响，如果去掉反应应力，仅以萨克斯理论做同样计算所获得的结果显示(图 4.30)，取向密度虽保持向低Φ角聚集，但沿φ_1角分布不均匀、不倾向于在$\{\bar{1}2\bar{1}\underline{18}\}\langle 10\bar{1}0\rangle$附近聚集、整体取向密度值偏高[图 4.30(e)最高值超过了 15]。

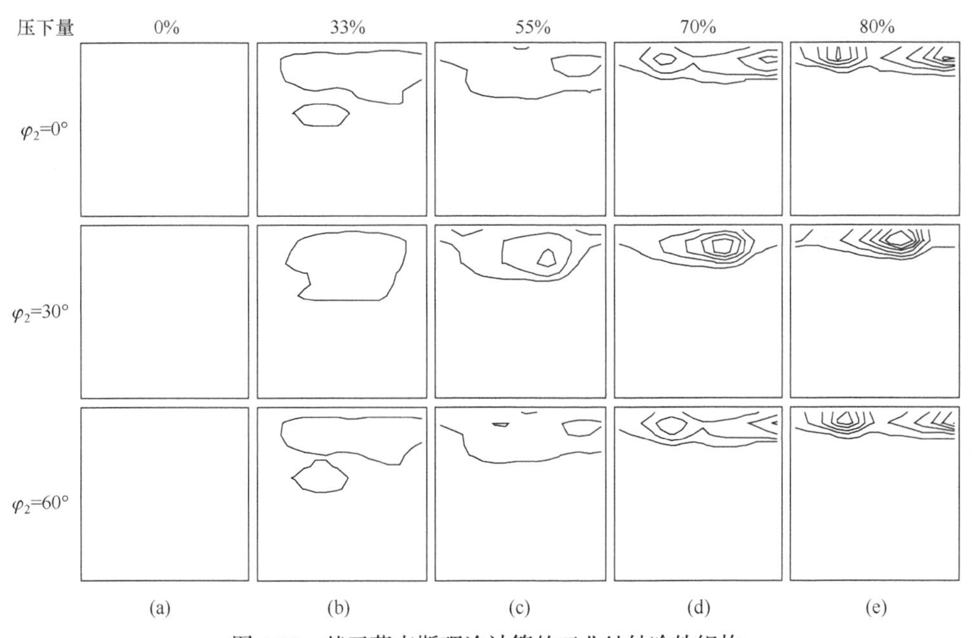

图 4.30　基于萨克斯理论计算的工业纯钛冷轧织构

塑性变形系临界分切应力τ_c比值[基面/柱面/孪生 1/孪生 2]：1/25/0.9/1；取向分布函数等φ_2截面图，密度水平：2, 4, 6, 8, 10, 12

选择工业纯锆热轧板，其平均晶粒尺寸约 11.1 μm。由图 4.31(a)的取向分布函数等φ_2截面图可以看出，该工业纯锆板内存在些许漫散的初始织构，取向密度倾向于在轧制中较稳定的低Φ角区分布。对该工业锆板做 30.3%、52.3%、65.0%压下量的冷轧加工，其相应的轧制真应变$-\varepsilon_{33}$分别为 0.361、0.741、1.050。图 4.31 显示，随着冷轧变形量的增加，晶粒取向逐渐向各等φ_2截面图低Φ角方向汇集，但着重汇聚于φ_2截面图的右端，在$\varphi_2 = 0°$截面上表现为在取向$\{\bar{1}2\bar{1}\underline{10}\}\langle 5\bar{1}053\rangle$附近聚集，冷轧 65.0%时所聚集的取向分布函数值仍比较低，在 10 左右。图 4.31 所示冷轧锆板的织构特征包括：晶粒取向倾向于向低Φ角聚集、保持低Φ前提下倾向于沿φ_1角较均匀分布、取向密度更多在诸如$\{\bar{1}2\bar{1}\underline{10}\}\langle 5\bar{1}053\rangle$附近等截面图的右侧聚集、整体取向密度值的积累水平有限[图 4.31(d)最高值接近 10]，同时初始织构在轧制变形过程中保持了较高的稳定性。

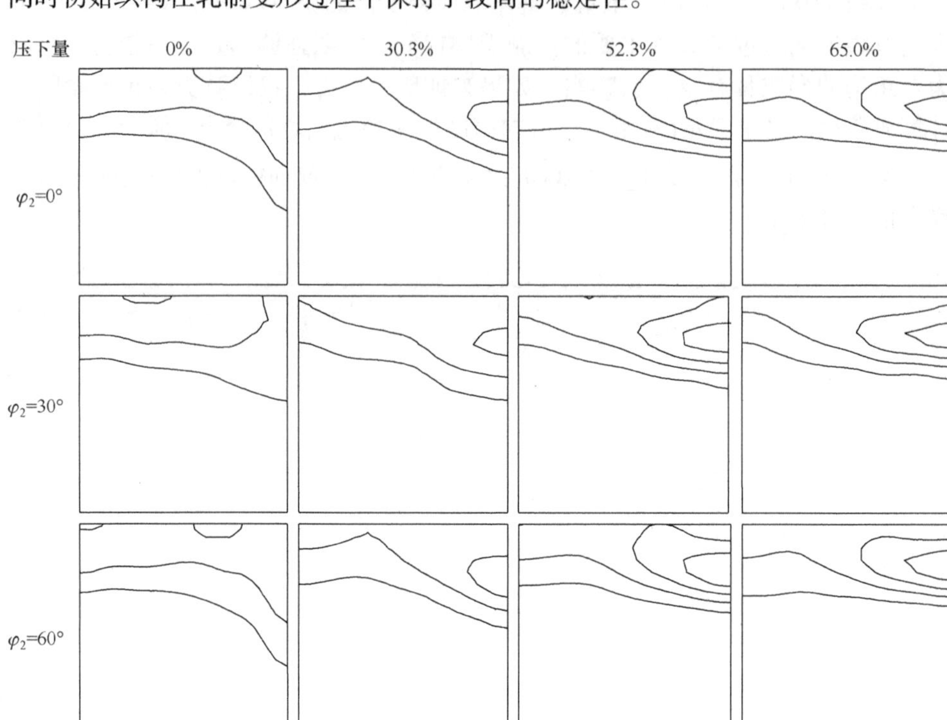

图 4.31　细晶粒工业纯锆冷轧织构

取向分布函数等φ_2截面图，密度水平：2, 4, 6

对于同属于密排六方金属的锆，其可开动的塑性变形系与钛非常相似(表 4.2)。但锆与钛的单胞常数不同，其各变形系的相对临界分切应力及开动的活跃程度有别于钛，因此开动后所造成的取向演变方向和幅度也会有所差异。根据 4.4.2 小节的分析可以估计出，冷变形多晶体锆主要的塑性变形机制仍应是基面滑移、柱面滑移、孪生 **1** 和孪生 **2**。另外，轧制变形后晶粒取向着重在诸如φ_2 = 0°截面右侧的$\{\bar{1}2\bar{1}\underline{10}\}<5\overline{10}53>$等取向附近聚集[图 4.31(d)]；根据图 4.27 与图 4.28 所做的各塑性变形系对取向演变影响的分析可知，还需要开动锥面滑移和孪生 3，以实现相应的取向演变。

对工业纯锆模拟的基本计算参数包括：点阵常数 a = 0.3232 nm、c = 0.5147 nm，且有σ_s = 400 MPa、σ_b = 600 MPa、G = 33.6 GPa，对基面滑移有 b = 0.3232 nm。经尝试和筛选后确定，基面滑移/柱面滑移/锥面滑移/孪生 **1**/孪生 **2**/孪生 **3** 等各塑性变形系开动的相对临界分切应力比为 1 ∶ 3.13 ∶ 4.17 ∶ 1.67 ∶ 1.05 ∶ 4.17，借以保持各变形系间的相对活跃程度。选择两组由 1716 个均匀分布取向组成的起始均匀取向组，一组的取向演变涉及滑移和孪生，另一组仅涉及滑移且不在模拟结果中添加随机组分。另外，参照反应应力理论，在α_{ij}的低值范围内经尝试和筛选后确定，相应的模拟参数为：$\alpha_{12} = 0.3$、$\alpha_{23} = \alpha_{31} = \alpha_{22} = 0.2$、$1/n=1/1.4$。根据这些模拟参数,图 4.32 给出了针对图 4.31 所示实验观察工业纯锆冷轧织构的模拟计算结果。

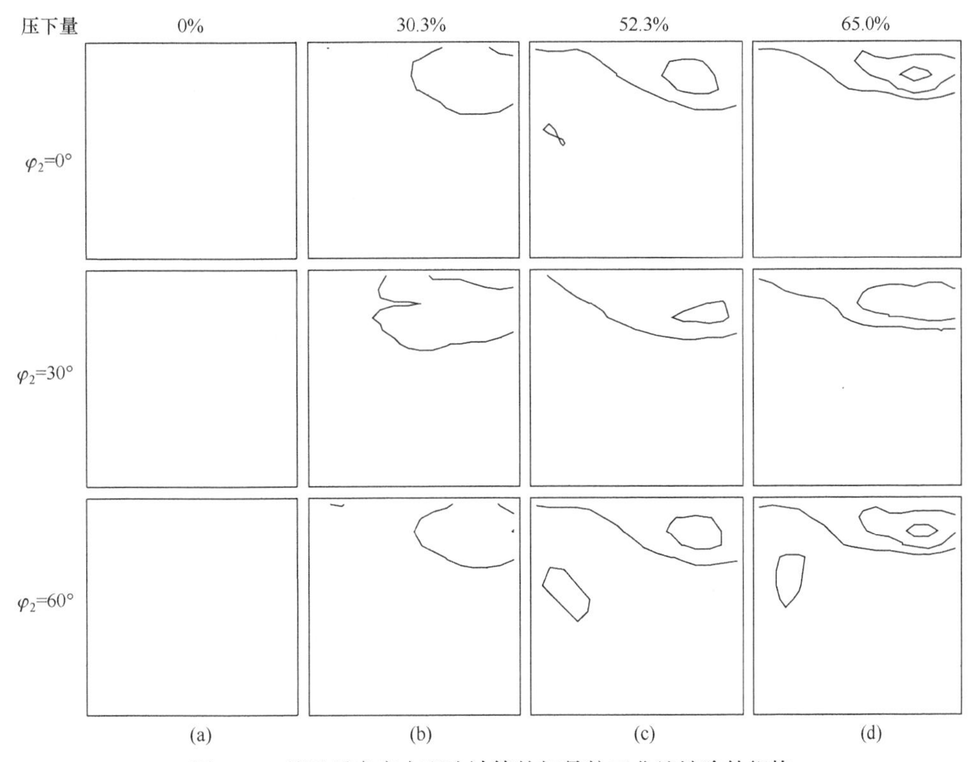

图 4.32　基于反应应力理论计算的细晶粒工业纯锆冷轧织构

塑性变形系临界分切应力τ_c比值[基面/柱面/锥面/孪生 1/孪生 2/孪生 3]：1/3.13/4.17/1.67/1.05/4.17；$\alpha_{12} = 0.3$、$\alpha_{23} = \alpha_{31} = \alpha_{22} = 0.2$；取向分布函数等$\varphi_2$截面图，密度水平：2, 4, 6

将图 4.32 与图 4.31 做对比可以看到,模拟计算大致再现了工业纯锆冷变形的基本塑性行为和取向演变过程，其中观察到晶粒取向倾向于向低Φ角聚集、保持低Φ前提下倾向于沿φ_1角较均匀分布、取向密度更多在诸如$\{\bar{1}2\bar{1}\underline{10}\}\langle 5\overline{10}53\rangle$等右侧附近聚集、整体取向密度值的积累水平有限[图 4.32(d)最高值仅接近 7]等主要的实测织构特征。需要强调的是，图 4.32 所示模拟计算的出发点是完全随机分布的初始取向[图 4.32(a)]，而工业纯锆板在冷轧变形前已存在些许漫散的较稳定初始织构，进而略增大了冷轧变形后该区域内的取向密度分布值。对比冷轧变形前后的结果仍然可以体会到，基于反应应力理论的分析和模拟计算仍可使模拟结果[图 4.32(d)]大致符合实际观察[图 4.31(d)]。

以上对密排六方金属冷轧织构的模拟计算显示，最终结果仍然与实验观察存在种种差异。迄今，对于金属塑性变形晶体学原理的了解尚未能使人们获得更加理想的针对密排六方金属的模拟计算结果。另外，除了所提及的初始织构的影响外，在反应应力理论中各α_{ij}参数在变形过程中可能是变化的(参见 4.3.2 小节)、不同塑性变形系也会存在各自不同的加工硬化率(参见 4.3.1 小节)、轧制变形时轧板表面的外部切应力可能会导致主应力状态绕轧板横向偏转(参见 4.2.3 小节)，这些在本节中尚未考虑的因素都会对最终形成的轧制织构产生重要影响。但是可以看出，仅靠上述简单而初步的分析已经能够帮助人们不断地了解密排六方金属塑性变形的晶体学机制。同时可以看到，目前还存在很大的进一步深入探索塑性变形晶体学原理的空间。需要认识到，在结合金属材料的具体加工工程问题时，待加工金属的晶粒尺寸和组织结构状态、变形的润滑条件、被加工金属的几何尺寸、塑性变形加工工具的几何尺寸、变形温度等许多外在条件也都会对塑性变形系的开动及相应的变形晶体学行为产生重要影响。因此，还需要不断探索相关的晶体学理论，以便为解决塑性加工工程的实际问题奠定坚实的理论基础。

参 考 文 献

[1] Mao W. The currently predominant Taylor principles should be disregarded in the study of plastic deformation of metals. Frontiers of Materials Science, 2018, 12(3): 322-326.

[2] 毛卫民. 无机材料晶体结构学概论. 北京: 高等教育出版社, 2019.

[3] 王润. 金属材料物理性能. 北京: 冶金工业出版社,1985.

[4] 徐可为, 陈瑾. 镁合金残余应力测定及不同晶面弹性常数的实验研究. 稀有金属材料与工程, 1990, (5): 11-16.

[5] Hermann R, Hermann H, Calin M, et al. Elastic constants of single crystalline β-$Ti_{70}Nb_{30}$. Scripta Materialia, 2012, 66: 198-201.

[6] Hornbogen E, Warlimont H. Metallkunde. 2nd ed. New York: Springer-Verlag, 1991.

[7] 毛卫民, 何业东. 电容器铝箔加工的材料学原理. 北京: 高等教育出版社, 2012.

[8] 毛卫民, 杨平. 电工钢的材料学原理. 北京: 高等教育出版社, 2013.

[9] Mao W. Intergranular mechanical equilibrium during the rolling deformation of polycrystalline metals based on Taylor principles. Materials Science and Engineering: A, 2016, 672: 129-134.

[10] Mao W. On the Taylor principles for plastic deformation of polycrystalline metals. Frontiers of Materials Science, 2016, 10(4): 335-345.

[11] Mao W. Influence of intergranular mechanical interactions on orientation stabilities during rolling of pure aluminum. Metals, 2019, 9(477): 1-10.

[12] 王龙甫. 弹性理论. 2 版. 北京: 科学出版社, 1984.

[13] Mao W, Yang P. Formation mechanisms of recrystallization textures in aluminum sheets based on theories of oriented nucleation and oriented growth. Transactions of Nonferrous Metals Society of China, 2014, 24: 1635-1644.

[14] Mao W. Formation of recrystallization cube texture in high purity FCC metal sheets. Journal of

Materials Engineering and Performance, 1999, 8: 556-560.

[15] MaoW. Rolling texture development in aluminum. Chinese Journal of Metal Science and Technology, 1991, 7: 101-112.

[16] Mao W. Modeling of rolling texture in aluminum. Materials Science and Engineering: A, 1998, 257: 171-177.

[17] Hirsch J, Lücke K. Mechanism of deformation and development of rolling texture in polycrystalline fcc metals. Acta Metallurgica, 1988, 36: 2863-2927.

[18] 毛卫民. 非均匀轧制铝板中的织构. 中国有色金属学报, 1992, 2: 86-89.

[19] Lücke K, Pospiech J, Virnich K H, et al. On the problem of the reproduction of the true orientation distribution from pole figures. Acta Metallurgica, 1981, 29: 167-185.

[20] 李一鸣, 任慧平, 毛卫民. 冷轧铝板剪切织构形成机制和组织特点. 内蒙古科技大学学报, 2019, 38(4): 331-336.

[21] Franciosi P. Glide mechanisms in b. c. c. crystals: An investigation of the case of α-iron through multi-slip and latent hardening test. Acta Metallurgica, 1983, 31(9): 1331-1342.

[22] 毛卫民, 陈冷, 余永宁. 体心立方金属位错滑移时反应应力对取向变化的影响. 科学通报, 2002, 47: 1540-1544.

[23] 任慧平, 李一鸣, 毛卫民. 轧制过程中钢板不同晶体学变形机制的交互作用. 内蒙古科技大学学报, 2019, 38(4): 337-343.

[24] Sun G, Du L, Hu J, et al. On the influence of deformation mechanism during cold and warm rolling on annealing behavior of a 304 stainless steel. Materials Science and Engineering: A, 2019, 746: 341-355.

[25] Mao W, Sun Z. Inhomogenity of rolling texture in Fe-28Al-2Cr alloy. Scripta Metallurgica et Materialia, 1993, 29: 217-220,

[26] 毛卫民. 金属材料的晶体学织构与各向异性. 北京: 科学出版社, 2002.

[27] Kad D K, Schoenfeld S R, Asaro R J, et al. Deformation textures in Fe_3Al alloys: An assessment of dominant slip system activity in the 900~1325 K temperature range of hot work. Acta Materialia, 1997, 45(4): 1333-1350.

[28] Kobayashi S, Zaefferer S, Schneider A, et al. Slip system determination by rolling texture measureme around the strength peak temperature in a Fe_3Al-based alloy. Materials Science and Engineering: A, 2004, 387-389: 950-954.

[29] 刘茂森, 胡菊祥, 涂江平, 等. 添加元素对 Fe_3Al 金属间化合物高温性能的影响. 上海有色金属, 1994, 15(2): 73-76.

[30] Schneider A, Falat L, Sauthoff G, et al. Microstructures and mechanical properties of Fe_3Al-based Fe-Al-C alloys. Intermetallics, 2005, 13: 1322-1333.

[31] Hratochvíl P, Málek P, Cieslar M, et al. High temperature mechanical properties of Zr alloyed Fe_3Al-type iron aluminide. Intermetallics, 2007, 15: 333-337.

[32] Yoo M H, Koeppe M, Hartig C, et al. Effect of temperature on elastic constants and dislocation properties of Fe-30% Al single crystals. Acta Materialia, 1997, 45(10): 4323-4332.

[33] 杨王玥, 盛丽珍, 黄原定, 等. 代位原子在 Fe_3Al 亚点阵中的占位与合金的塑性. 材料研究学报, 1996, 10(4): 351-356.

[34] 陈立全. TC18 钛合金锻造过程有限元模拟和织构预测. 北京: 北京科技大学, 2019.

[35] Jahedi M, McWilliams B A, Moy P, et al. Deformation twinning in rolled WE43-T5 rare earth magnesium alloy: Influence on strain hardening and texture evolution. Acta Materialia, 2017, 131: 221-232.

[36] He J, Mao Y, Gao Y, et al. Effect of rolling paths and pass reductions on the microstructure and texture evolutions of AZ31 sheet with an initial asymmetrical texture distribution. Journal of Alloys and Compounds, 2019, 786: 394-408.

[37] 李麦海, 王兴. 锆合金变形机理及其板材织构演化规律. 钛工业进展, 2012, 29(6): 6-10.

[38] Chai L, Luan B, Xiao D, el al. Microstructural and textural evolution of commercially pure Zr sheet rolled at room and liquid nitrogen temperatures. Materials and Design, 2015, 85: 296-308.

[39] Dyakonov G S, Mironov S, Semenova I P, el al. EBSD analysis of grain-refinement mechanisms operating during equal-channel angular pressing of commercial-purity titanium. Acta Materialia, 2019, 173: 174-183.

[40] Luo J, Song X, Zhu L, et al. Twinning behavior of a basal textured commercially pure titanium alloy TA2 at ambient and cryogenic temperatures. Journal of Iron and Steel Research, International, 2016, 23(1): 74-77.

[41] Wang R, Mao P, Liu Y, el al. Influence of pre-twinning on high strain rate compressive behavior of AZ31 Mg-alloys. Materials Science and Engineering: A, 2019, 742: 309-317.

[42] Yang H, Kano S, Chai L, el al. Interaction between slip and f1012g tensile twinning in Zr alloy: Quasi in situ electron backscatter diffraction study under uniaxial tensile test. Journal of Alloys and Compounds, 2019, 782: 659-666.

[43] Ghosh A. Anisotropic tensile and ratcheting behavior of commercially pure titanium processed via cross rolling and annealing. International Journal of Fatigue, 2019, 120: 12-22.

[44] Coghe F, Tirry W, Rabet L, et al. Importance of twinning in static and dynamic compression of a Ti-6A-4V titanium alloy with an equiaxed microstructure. Materials Science and Engineering: A, 2012, 537: 1-10.

[45] Qin H, Jonas J J. Variant selection during secondary and tertiary twinning in pure titanium. Acta Materialia, 2014, 75: 198-211.

[46] Amouzou K E K, Richeton T, Roth A, et al. Micromechanical modeling of hardening mechanisms in commercially pure α-titanium in tensile condition. International Journal of Plasticity, 2016, 80: 222-240.

[47] Won J W, Choi S W, Yeom J T, et al. Anisotropic twinning and slip behaviors and their relative activities in rolled alpha-phase titanium. Materials Science and Engineering: A, 2017, 698: 54-62.

[48] Wang L, Zheng Z, Phukan H, et al. Direct measurement of critical resolved shear stress of prismatic and basal slip in polycrystalline Ti using high energy X-ray diffraction microscopy. Acta Materialia, 2017, 132: 598-610.

[49] Beyerlein I J, Tomé C N. A dislocation-based constitutive law for pure Zr including temperature effects. International Journal of Plasticity, 2008, 24: 867-895.

[50] Gloaguen D, Berchi T, Girard E, et al. Examination of residual stresses and texture in zirconium

alloy cladding tubes after a large plastic deformation: Experimental and numerical study. Journal of Nuclear Materials, 2008, 374: 138-146.

[51] Xu F, Holt R A, Daymond M R. Modeling texture evolution during uni-axial deformation of Zircaloy-2. Journal of Nuclear Materials, 2009, 394: 9-19.

[52] Singh J, Mahesh S, Roy S, et al. Temperature dependence of work hardening in sparsely twinning zirconium. Acta Materialia, 2017, 123: 337-349.

[53] Zeng Q, Luan B, Wang Y. Effect of initial orientation on dynamic recrystallization of a zirconium alloy during hot deformation. Materials Characterization, 2018, 145: 444-453.

[54] He W, Chapuis A, Chen X, et al. Effect of loading direction on the deformation and annealing behavior of a zirconium alloy. Materials Science and Engineering: A, 2018, 734: 364-373.

[55] Thool K, Patra A, Fullwood D, et al. The role of crystallographic orientations on heterogeneous deformation in a zirconium alloy: A combined experimental and modeling study. International Journal of Plasticity, 2020, 133: 102785.

符 号 表

符号	含义
A_c	立方晶体弹性各向异性参数
A_h	六方晶体弹性各向异性参数
b	柏氏矢量长度
$\boldsymbol{b}$	滑移方向单位矢量
$\boldsymbol{B}$	柏氏矢量
C_{mn}	弹性系数
d	平均位错间距
e	起始取向
E	杨氏模量
$f(\varphi_1, \Phi, \varphi_2)$	极密度分布函数
f_t	孪生切变晶体体积分数
g	取向
G	剪切模量
$h\ k\ l$	归一化米勒指数($h^2+k^2+l^2=1$)
HKL	整数化米勒指数
$\boldsymbol{K}_1$	孪生面法向单位矢量
$\boldsymbol{K}_2$	孪生第二不畸变面法向单位矢量
l	滑移带平均间距
$\boldsymbol{l}$	滑移线单位矢量
$\boldsymbol{n}$	滑移面法向单位矢量
$\boldsymbol{ND}$	轧板法向单位矢量
P	多重性因子
$p(\alpha,\beta)$	极密度分布函数
R	反应应力系数
$r\ s\ t$	归一化米勒指数($r^2+s^2+t^2=1$)
$\boldsymbol{RD}$	轧板轧向单位矢量

续表

符号	含义
s	沿轧板厚度的位置参数
S	参考坐标系
$\boldsymbol{t}$	同时垂直于 $\boldsymbol{b}$ 和 $\boldsymbol{n}$ 方向的单位矢量
$\boldsymbol{TD}$	轧板横向单位矢量
$\boldsymbol{u}$	位移矢量
$u\ v\ w$	归一化米勒指数($u^2+v^2+w^2=1$)
W	残留弹性应变能
x_1、x_2、x_3	空间直角坐标系的坐标轴
α	极图纬度角
α_{ij}	反应应力上限系数
α、β、γ	取向线名称
β	极图经度角
γ	取向差角
γ_{t}	孪晶取向差角
γ_{ij}	切应变
δ_{p}	球面三角小区
δ_{s}	滑移切应变(δ_i、δ_k、$\delta_{1,2,3,\cdots,n}$)
δ_{t}	孪生切应变
Δg	取向差
Δs	滑移量
ε_{ij}	应变(张量)
$\varepsilon_{33}^{\mathrm{p}}$	塑性应变(张量)
$\varepsilon_{33}^{\mathrm{e}}$	弹性应变(张量)
$\boldsymbol{\eta}_1$	孪生方向单位矢量
θ	偏转角
θ_v	体积变化($\varepsilon_{11}+\varepsilon_{22}+\varepsilon_{33}$)
μ	取向因子
ν	泊松比
ρ	位错密度
σ_{ij}	应力(张量)

续表

符号	含义
σ_s	屈服应力
σ_y	流变应力
τ	切应力
τ_c	临界分切应力
φ_1	取向的欧拉角
φ_2	取向的欧拉角
Φ	取向的欧拉角
$\psi(\alpha,\beta)$	极图投影点位置
ω	K_1与K_2夹角
ω_k	刚性旋转角

注：上述符号的其他变体及其他符号在文中出现时请参阅即时对符号意义的说明。